Arbeitsbuch Mathematik

Stochastik

Oberstufe

AF771844

Felix Fähnrich
Dieter Markert
Carsten Thein

Ernst Klett Verlag
Stuttgart · Leipzig

Inhalt

Ich kann's ☑

Grundlagen

Wahrscheinlichkeit

Ich kann …

Bedingte Wahrscheinlichkeit

Ich kann …

Binomialverteilung

Ich kann …

Ich kann's ☑

Hypothesentest

Grundlagen

Hier lernst du Grundlagen, die du für die Stochastik der Oberstufe brauchst.

Runden

Häufig musst du Wahrscheinlichkeiten, falls diese in Dezimalschreibweise angegeben werden sollen, runden.
Steht dabei eine Stelle nach der zu rundenden Stelle eine 0, 1, 2, 3 oder 4 wird abgerundet. Steht dagegen eine Stelle nach der zu rundenden Stelle eine 5, 6, 7, 8 oder 9 wird aufgerundet.

SO GEHT'S

○ **1** **Beispiel**
Runde die Zahl 0,7399 auf

a) eine Nachkommastelle,
b) zwei Nachkommastellen,
c) drei Nachkommastellen.

Betrachte die Stelle nach der zu rundenden Stelle:

a) 0,7399 ≈ 0,7

b) 0,7399 ≈ 0,74

c) 0,7399 ≈ 0,740 = 0,74

Du bist dran
Runde die Zahl 0,4983 auf

a) eine Nachkommastelle,
b) zwei Nachkommastellen,
c) drei Nachkommastellen.

Tipp
Steht an der zu rundenden Stelle eine 9 und wird aufgerundet, so wird diese Stelle zu 0 und die Stelle links davon erhöht sich um 1. ☺

○ **2** Runde die Zahl jeweils auf eine, zwei und drei Nachkommastellen.

a) 0,4082 **b)** 0,9817 **c)** 0,0453

◒ **3** Runde die Dezimalzahl auf vier Nachkommastellen.

a) 0,41782 **b)** 0,37295 **c)** 0,00007 **d)** 0,99999

Tipp
In der Wahrscheinlichkeitsrechnung rundet man häufig auf vier Nachkommastellen, da dann Prozentzahlen noch mit zwei Nachkommastellen angegeben werden können.

Umrechnen in Prozentschreibweise

Um einen Bruch in Prozentschreibweise umzuwandeln, erweiterst du ihn auf den Nenner 100. Die Zahl im Zähler ist dann die gesuchte Zahl. Kannst du den Nenner nicht auf 100 erweitern, berechne den Bruch mit dem Taschenrechner, indem du den Zähler durch den Nenner dividierst.
Um eine Zahl von Dezimalzahlschreibweise in Prozentschreibweise umzuwandeln, verschiebst du das Komma um zwei Stellen nach rechts.

Erklärfilm
Dezimalschreibweise
p5cn9z

SO GEHT'S

○ **1** **Beispiel**
a) Schreibe den Bruch $\frac{2}{5}$ in Prozentschreibweise.
b) Schreibe den Bruch $\frac{9}{16}$ in Prozentschreibweise.

a) Erweitere den Bruch auf den Nenner 100 und schreibe ihn in Prozentschreibweise:

$\frac{2}{5} = \frac{2 \cdot 20}{5 \cdot 20} = \frac{40}{100} = 40\,\%$

b) Berechne mit dem Taschenrechner:

$9 : 16 = 0{,}5625 = 56{,}25\,\%$

Du bist dran
a) Schreibe den Bruch $\frac{7}{20}$ in Prozentschreibweise.
b) Schreibe den Bruch $\frac{7}{13}$ in Prozentschreibweise.

Tipp
Folgende Umrechnungen solltst du auswendig können.

$\frac{1}{2} = 50\,\%$

$\frac{1}{3} = 33{,}3\,\%$

$\frac{1}{4} = 25\,\%$

$\frac{1}{5} = 20\,\%$

$\frac{1}{8} = 12{,}5\,\%$

$\frac{1}{10} = 10\,\%$

○ **2** Schreibe den Bruch in Prozentschreibweise.

a) $\frac{4}{20}$ **b)** $\frac{3}{10}$ **c)** $\frac{2}{25}$ **d)** $\frac{3}{4}$ **e)** $\frac{7}{50}$ **f)** $\frac{12}{200}$

○ **3** Schreibe den Bruch mithilfe eines Taschenrechners in Prozentschreibweise.

a) $\frac{3}{7}$ **b)** $\frac{2}{13}$ **c)** $\frac{5}{6}$ **d)** $\frac{23}{14}$ **e)** $\frac{7}{16}$ **f)** $\frac{5}{17}$

◐ **4** Schreibe den Bruch in Prozentschreibweise, ohne den Bruch auf den Nenner 100 zu erweitern.

a) $\frac{2}{4}$ **b)** $\frac{3}{5}$ **c)** $\frac{3}{8}$ **d)** $\frac{7}{10}$ **e)** $\frac{2}{3}$ **f)** $\frac{2}{2}$

Erklärfilm
Multiplikation von Brüchen
p5cn9z

Multiplizieren von Brüchen

Beim Multiplizieren von Brüchen rechnest du einfach Zähler mal Zähler und Nenner mal Nenner. Eventuell kannst du vor dem Multiplizieren bereits kürzen.

SO GEHT'S

○ **1** **Beispiel**
Berechne.

a) $\frac{2}{5} \cdot \frac{3}{7}$ b) $\frac{8}{3} \cdot \frac{27}{4}$

a) Multipliziere die beiden Zähler und Nenner miteinander:

$\frac{2}{5} \cdot \frac{3}{7} = \frac{2 \cdot 3}{5 \cdot 7} = \frac{6}{35}$

b) Kürze vor dem Multiplizieren die Brüche über Kreuz:

$\frac{\not{8}^{2}}{\not{3}_{1}} \cdot \frac{\not{27}^{9}}{\not{4}_{1}} = \frac{2 \cdot 9}{1 \cdot 1} = \frac{18}{1} = 18$

Du bist dran
Berechne.

a) $\frac{1}{3} \cdot \frac{7}{9}$ b) $\frac{30}{7} \cdot \frac{21}{5}$

○ **2** Berechne.

a) $\frac{1}{3} \cdot \frac{2}{5}$ **b)** $\frac{4}{3} \cdot \frac{5}{9}$ **c)** $4 \cdot \frac{5}{9}$ **d)** $\frac{7}{2} \cdot \frac{3}{4}$

Tipp
In Aufgabe 3 ist es sinnvoll, vor dem Multiplizieren zu kürzen.

◐ **3** Berechne.

a) $\frac{8}{5} \cdot \frac{15}{2}$ **b)** $\frac{10}{4} \cdot \frac{16}{5}$ **c)** $\frac{12}{13} \cdot \frac{39}{48}$ **d)** $\frac{132}{7} \cdot \frac{35}{66}$

Erklärfilm
Division von Brüchen
p5cn9z

Dividieren von Brüchen

Du dividierst durch einen Bruch, indem du mit dem Kehrbruch multiplizierst.

SO GEHT'S

○ **1** **Beispiel**
Berechne.

a) $\frac{2}{5} : \frac{3}{7}$ b) $\frac{4}{9} : \frac{8}{3}$

a) Multipliziere mit dem Kehrbruch:

$\frac{2}{5} : \frac{3}{7} = \frac{2}{5} \cdot \frac{7}{3} = \frac{2 \cdot 7}{5 \cdot 3} = \frac{14}{15}$

b) Multipliziere mit dem Kehrbruch und kürze die Brüche über Kreuz:

$\frac{4}{9} : \frac{8}{3} = \frac{\not{4}^{1}}{\not{9}_{3}} \cdot \frac{\not{3}^{1}}{\not{8}_{2}} = \frac{1 \cdot 1}{3 \cdot 2} = \frac{1}{6}$

Du bist dran
Berechne.

a) $\frac{3}{4} : \frac{2}{9}$ b) $\frac{5}{8} : \frac{15}{12}$

TIPPS ZUM LÖSEN DER AUFGABEN 1, 2, 3

2 f) Hier musst du den Bruch auf den Nenner 100 kürzen. **3 a)** Dividiere Zähler und Nenner mit dem Taschenrechner. **2 c)** Eine ganze Zahl multiplizierst du mit einem Bruch, indem du die Zahl mit dem Zähler multiplizierst oder die Zahl als Bruch mit dem Nenner 1 schreibst, z. B. $4 = \frac{4}{1}$.

Tipp
Durch eine ganze Zahl dividierst du, indem du entweder den Nenner des ersten Bruchs mit dieser Zahl multiplizierst oder die Zahl als Bruch mit dem Nenner 1 schreibst.

○ **2** Berechne.

a) $\frac{1}{7} : \frac{1}{9}$ **b)** $\frac{2}{3} : \frac{5}{4}$ **c)** $\frac{3}{8} : 2$ **d)** $5 : \frac{3}{4}$

◒ **3** Berechne.

a) $\frac{2}{9} : \frac{4}{3}$ **b)** $\frac{14}{5} : \frac{7}{20}$ **c)** $\frac{144}{35} : \frac{12}{7}$ **d)** $\frac{16}{5} : 4$ **e)** $\frac{96}{75} : \frac{8}{5}$

Addieren und Subtrahieren von Brüchen

Erklärfilm
Addition und Subtraktion von Brüchen
p5cn9z

Beim Addieren und Subtrahieren von Brüchen bringst du die Brüche zunächst auf einen gemeinsamen Nenner. Diesen erhältst du zum Beispiel, indem du einfach die beiden Nenner miteinander multiplizierst. Anschließend addierst bzw. subtrahierst du die Zähler.

SO GEHT'S

○ **1** **Beispiel**

a) $\frac{5}{7} + \frac{1}{5}$ b) $\frac{5}{4} - \frac{1}{20}$

a) Ermittle einen gemeinsamen Nenner:

$5 \cdot 7 = 35.$

Erweitere beide Brüche auf den gemeinsamen Nenner und addiere bzw. subtrahiere die Zähler:

$\frac{5}{7} + \frac{1}{5} = \frac{25}{35} + \frac{7}{35} = \frac{25 + 7}{35} = \frac{32}{35}$

b) Ermittle einen gemeinsamen Nenner:

Die Zahl 4 ist in der Zahl 20 enthalten. Deswegen ist 20 ein gemeinsamer Nenner.

Erweitere beide Brüche auf den gemeinsamen Nenner und addiere bzw. subtrahiere die Zähler:

$\frac{5}{4} - \frac{1}{20} = \frac{25}{20} - \frac{1}{20} = \frac{25 - 1}{20} = \frac{24}{20} = \frac{6}{5}$

Du bist dran

a) $\frac{5}{3} + \frac{1}{8}$ b) $\frac{5}{12} - \frac{1}{4}$

Tipp
Der kleinste gemeinsame Nenner wird auch „Hauptnenner" genannt. Dabei handelt es sich nicht immer um das Produkt der beiden Nenner.

Tipp
Kürze Endergebnisse soweit wie möglich.

○ **2** Berechne.

a) $\frac{3}{4} + \frac{2}{9}$ **b)** $\frac{3}{4} + \frac{5}{6}$ **c)** $\frac{5}{3} - \frac{5}{6}$ **d)** $\frac{5}{7} - \frac{10}{14}$ **e)** $\frac{3}{5} + \frac{5}{8}$

◒ **3** Berechne.

a) $\frac{3}{8} + \frac{1}{2} - \frac{1}{4}$ **b)** $\frac{4}{9} + \frac{1}{3} - \frac{1}{9}$ **c)** $\frac{2}{3} + \frac{1}{4} - \frac{5}{12}$

TIPPS ZUM LÖSEN DER AUFGABE 2

2 b) $4 \cdot 6 = 24$ ist ein möglicher gemeinsamer Nenner, aber nicht der Hauptnenner.
c) $3 \cdot 6 = 18$ ist ein möglicher gemeinsamer Nenner, aber nicht der Hauptnenner.
d) Anstatt $\frac{5}{7}$ zu erweitern, kannst du auch $\frac{10}{14}$ kürzen.

Lösen von Exponentialgleichungen mit dem Logarithmus

Exponentialgleichungen der Form $a^x = b$ kannst du ganz einfach mit deinem Taschenrechner lösen.

SO GEHT'S

○ **1** **Beispiel**
Löse die Gleichung.
$0{,}68^x = 0{,}47$

Löse die Aufgabe direkt mit dem Logarithmusbefehl deines Taschenrechners:

$x = \log_{0,68}(0{,}47) \approx 1{,}9577$

oder

$x = \frac{\log(0{,}47)}{\log(0{,}68)} \approx 1{,}9577$

Du bist dran
Löse die Gleichung.
$1{,}8^x = 3{,}4$

Tipp
$\log(0{,}47)$ steht für $\log_{10}(0{,}47)$ und ist eine in vielen Taschenrechnern bereits vorhandene Rechenoperation.

Tipp
$\log_a(b) = \frac{\log(b)}{\log(a)}$

○ **2** Berechne.
a) $\log_7(2)$ **b)** $\log_3(5)$ **c)** $\log_3(0{,}36)$ **d)** $\log_{0,7}(0{,}24)$

○ **3** Löse die Gleichung.
a) $3^x = 5$ **b)** $2{,}3^x = 8$ **c)** $2{,}45^x = 5{,}478$ **d)** $10^x = 2{,}345$

Absolute und relative Häufigkeiten

Die absolute Häufigkeit bezieht sich immer auf eine tatsächliche Anzahl. Dividiert man diese durch die Gesamtanzahl, so erhält man die relative Häufigkeit. Die relative Häufigkeit wird auch oft als Anteil bezeichnet.

SO GEHT'S

○ **1** **Beispiel**
An einer Schule kommen von den insgesamt 800 Schülerinnen und Schülern 280 mit dem Fahrrad.

a) Berechne den Anteil der mit dem Fahrrad ankommenden Schülerinnen und Schüler.
b) An der benachbarten Realschule ist die relative Häufigkeit der Radfahrer gleich. Berechne die Anzahl der Schülerinnen und Schüler, die mit dem Rad fahren, wenn es insgesamt 1200 Schülerinnen und Schüler an dieser Schule gibt.

a) Berechne die relative Häufigkeit:

$280 : 800 = \frac{280}{800} = \frac{7}{20}$

b) Berechne die absolute Häufigkeit:

$1200 \cdot \frac{7}{20} = \frac{{}^{60}\cancel{1200} \cdot 7}{\cancel{20}_1} = \frac{60 \cdot 7}{1} = 420$

Du bist dran
In der Jahrgangsstufe 5 einer Schule können 12 der 90 Schülerinnen und Schüler nicht richtig schwimmen.

a) Berechne Anteil der Schülerinnen und Schüler, die nicht richtig schwimmen können.
b) In der Klassenstufe 6 ist die relative Häufigkeit der Schülerinnen und Schüler, die nicht richtig schwimmen können, gleich. Berechne deren Anzahl, wenn es in dieser Klassenstufe insgesamt 105 Schülerinnen und Schüler gibt.

Tipp
Die relative Häufigkeit wird meist als Bruch angegeben, kann aber auch in Dezimal- oder Prozentschreibweise angegeben werden.

○ **2** Bei einer Verkehrskontrolle wurden 860 Fahrzeuge kontrolliert.
a) Insgesamt 40 der kontrollierten Fahrzeuge hatten defekte Scheinwerfer. Berechne den Anteil.
b) Ein Viertel der 860 Fahrzeuge war zu schnell unterwegs. Gib die Anzahl dieser Fahrzeuge an.

Zufallsexperiment, Wahrscheinlichkeit und Ergebnis

Bei einem **Zufallsexperiment** sind mehrere **Ergebnisse** möglich und man kann nicht vorhersagen, welches Ergebnis eintritt. Jedem Ergebnis wird eine **Wahrscheinlichkeit** zugeordnet. Sie gibt an, welche relative Häufigkeit man bei vielen Durchführungen erwartet. Die Wahrscheinlichkeit ist immer eine Zahl zwischen 0 und 1.

SO GEHT'S

○ **1** **Beispiel**

Das abgebildete Glücksrad wird einmal gedreht.

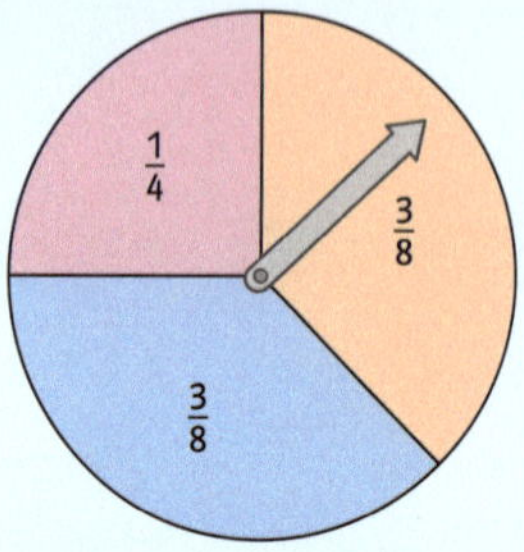

a) Gib die Ergebnisse und die zugehörigen Wahrscheinlichkeiten in einer Tabelle an.

b) Das Glücksrad wird 800-mal gedreht. Wie oft kann man das gelbe Feld erwarten?

a) Stelle die Tabelle mit den Ergebnissen und den zugehörigen Wahrscheinlichkeiten auf:

Ergebnis	rot	gelb	blau
Wahrscheinlichkeit	$\frac{1}{4}$	$\frac{3}{8}$	$\frac{3}{8}$

b) Multipliziere die Anzahl der Durchführungen mit der Wahrscheinlichkeit für dieses Ergebnis:

$800 \cdot \frac{3}{8} = \frac{800 \cdot 3}{8} = \frac{100 \cdot 3}{1} = 300.$

Bei 800 Drehungen kann man das gelbe Feld 300-mal erwarten.

Du bist dran

Das abgebildete Glücksrad wird einmal gedreht.

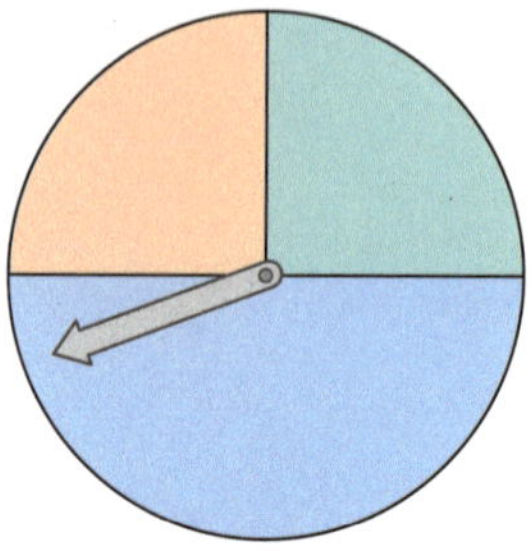

a) Gib die Ergebnisse und die zugehörigen Wahrscheinlichkeiten in einer Tabelle an.

b) Das Glücksrad wird 400-mal gedreht. Wie oft kann man das gelbe Feld erwarten?

🌐 **Erklärfilm**
Ergebnismengen und Wahrscheinlichkeiten
p5cn9z

○ **2** Ein idealer sechsseitiger Würfel wird einmal geworfen.

a) Gib die Ergebnisse und die zugehörige Wahrscheinlichkeit in einer Tabelle an.

b) Der Würfel wird 600-mal geworfen. Wie oft kann man die Zahl „5" erwarten?

◐ **3** Das abgebildete Glücksrad wird einmal gedreht.

a) Gib die Ergebnisse und die zugehörige Wahrscheinlichkeit in einer Tabelle an.

b) Das Glücksrad wird 1200-mal gedreht. Wie oft kann man das blaue Feld erwarten?

Ereignis und Gegenereignis

Häufig werden verschiedene Ergebnisse von Zufallsexperimenten zu sogenannten Ereignissen zusammengefasst.
So können die Ergebnisse 2, 4, 6 beim Würfeln mit einem normalen Würfel das Ereignis „alle geraden Zahlen" bilden. Das Gegenereignis dazu „alle ungeraden Zahlen" sind die Würfe mit 1, 3, 5.

SO GEHT'S

○ **1**

Beispiel

Ein herkömmlicher Spielwürfel mit den Zahlen 1 bis 6 wird geworfen.

a) Gib die Ereignismenge und die Wahrscheinlichkeit für das Ereignis E: „Die Augenzahl ist größer als 4" an.
b) Benenne das Gegenereignis $\overline{E}$ und gib seine Ereignismenge an.
c) Gib die Wahrscheinlichkeit für das Gegenereignis $\overline{E}$ an.

a) Notiere die zum Ereignis gehörenden Ergebnisse:

E = {5; 6}

Berechne die Wahrscheinlichkeit dieses Ereignisses, indem du die Anzahl der im Ereignis enthaltenen Ergebnisse durch die Gesamtzahl der Ergebnisse teilst:

$P(E) = \frac{2}{6} = \frac{1}{3}$

b) Notiere das Gegenereignis und gib seine Ereignismenge an:

$\overline{E}$: „Die Augenzahl ist 4 oder kleiner."

$\overline{E}$ = {1; 2; 3; 4}

c) Gib die Wahrscheinlichkeit für das Gegenereignis an:

$P(\overline{E}) = \frac{4}{6} = \frac{2}{3}$

Du bist dran

Ein tetraederförmiger Würfel mit den Zahlen 1 bis 4 wird geworfen.

a) Gib die Ereignismenge und die Wahrscheinlichkeit für das Ereignis E: „Die Augenzahl ist 2 oder größer" an.
b) Benenne das Gegenereignis $\overline{E}$ und gib seine Ereignismenge an.
c) Gib die Wahrscheinlichkeit für das Gegenereignis $\overline{E}$ an.

Tipp
Die Summe der Wahrscheinlichkeiten von Ereignis und Gegenereignis ist 1, es gilt also: $P(E) + P(\overline{E}) = 1$

2 Das abgebildete Glücksrad wird gedreht.

a) Gib die Ereignismenge und die Wahrscheinlichkeit des Ereignisses E:
„Die Zahl liegt auf einem grünen Feld" an.

b) Benenne das Gegenereignis $\overline{E}$ und gib seine Wahrscheinlichkeit an.

3 Aus der abgebildeten Urne wird eine Kugel gezogen.

a) Gib die Ereignismenge und die Wahrscheinlichkeit des Ereignisses E: „Die gezogene Zahl ist eine Primzahl" an.

b) Benenne das Gegenereignis $\overline{E}$ und gib seine Wahrscheinlichkeit an, ohne seine Ereignismenge zu notieren.

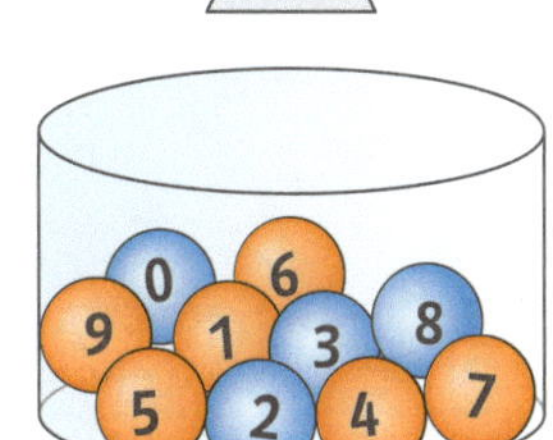

Schnitt- und Vereinigungsmenge

Aus zwei oder mehr Mengen können Schnittmengen und Vereinigungsmengen gebildet werden:
In E ∩ F sind alle Ergebnisse enthalten, die zu E **und** F gehören.
In E ∪ F sind alle Ergebnisse enthalten, die zu E **oder** F gehören.

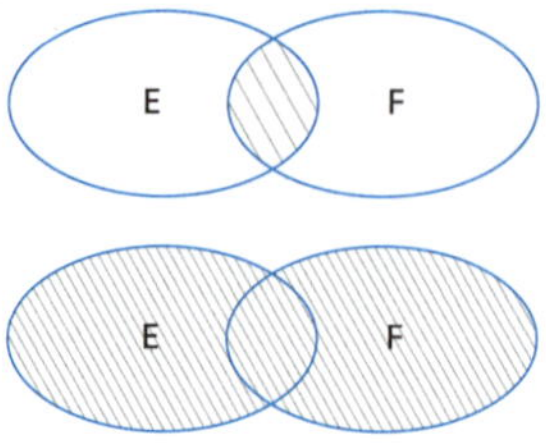

SO GEHT'S

○ **1** **Beispiel**

Das abgebildete Glücksrad wird gedreht.

a) Gib die Ereignismenge des Ereignisses E: „Die Zahl ist durch drei teilbar" an.
b) Gib die Ereignismenge des Ereignisses F: „Die Zahl liegt auf einem blauen Feld" an.
c) Gib die Schnittmenge E ∩ F an.
d) Gib die Vereinigungsmenge E ∪ F an.

a) Notiere die zum Ereignis E gehörenden Ergebnisse:

E = {0; 3; 6; 9; 12; 15}

b) Notiere die zum Ereignis F gehörenden Ergebnisse:

F = {0; 3; 5; 8; 12; 15}

c) Bilde die Schnittmenge beider Ereignisse:

E ∩ F = {0; 3; 12; 15}

d) Bilde die Vereinigungsmenge beider Ereignisse:

E ∪ F = {0; 3; 5; 6; 8; 9; 12; 15}

Du bist dran

Das abgebildete Glücksrad wird gedreht.

a) Gib die Ereignismenge des Ereignisses E: „Die Zahl ist durch zwei teilbar" an.
b) Gib die Ereignismenge des Ereignisses F: „Die Zahl liegt auf einem roten Feld" an.
c) Gib die Schnittmenge E ∩ F an.
d) Gib die Vereinigungsmenge E ∪ F an.

Tipp
Primzahlen sind alle natürlichen Zahlen größer als 1, die nur durch 1 und sich selbst teilbar sind: 2, 3, 5, 7, …

◒ **2** Ein Beutel enthält 10 Kugeln mit den Zahlen 0 bis 9. Es wird eine Kugel gezogen.
a) Gib die folgenden Ereignismengen an:
A: „Die Zahl ist eine Primzahl."
B: „Die Zahl ist gerade."
C: „Die Zahl ist durch 5 teilbar."
b) Bilde die folgenden Schnitt- bzw. Vereinigungsmengen:
A ∩ B, B ∩ C, B ∪ C, A ∪ C.

Säulendiagramme

Zur Veranschaulichung und Analyse von Datenmengen zeichnet man häufig Säulendiagramme.

SO GEHT'S

○ **1** **Beispiel**
Die Tabelle zeigt die Schüleranzahlen aller siebten Klassen eines Gymnasiums.

7 a	7 b	7 c	7 d
20	18	28	30

Zeichne ein Säulendiagramm.

Zeichne ein Koordinatensystem mit einer passenden Skalierung:

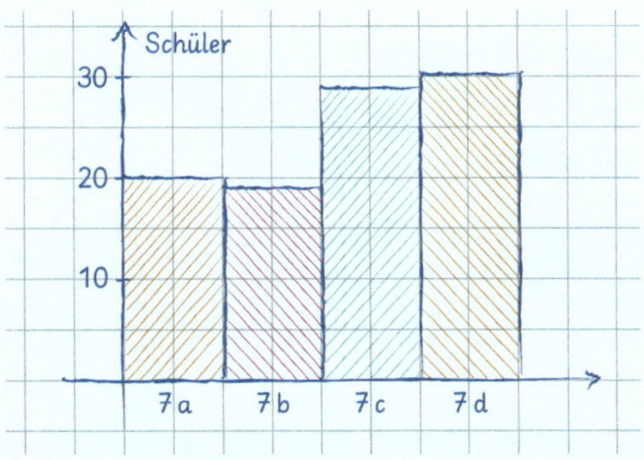

Du bist dran
Die Tabelle zeigt die Anzahl der Schülerinnen und Schüler die in der Mittagspause die Hausaufgabenbetreuung besuchen.

MO	DI	MI	DO	FR
12	10	15	9	4

Zeichne ein Säulendiagramm.

Tipp
Die Anzahl an Schülerinnen und Schülern bestimmt jeweils die Höhe der zugehörigen Säule.

○ **2** Die Werte in der Tabelle entsprechen der Anzahl der monatlichen Regentage in der zweiten Jahreshälfte in Karlsruhe.

Juli	August	September
12	9	14
Oktober	November	Dezember
16	14	5

Übertrage die Werte in ein Säulendiagramm.

Mittelwert

Der Mittelwert wird berechnet, indem man die Summe aller Werte durch die Anzahl an Ereignissen dividiert.
Der Mittelwert wird manchmal auch als arithmetisches Mittel oder Durchschnitt bezeichnet.

SO GEHT'S

○ **1** **Beispiel**
Die Tabelle zeigt die Schüleranzahlen aller achten Klassen eines Gymnasiums.

8 a	8 b	8 c	8 d
20	19	15	22

Wie groß sind die Klassen im Mittel?

Berechne die Gesamtzahl der Schülerinnen und Schüler:

20 + 19 + 15 + 22 = 76

Berechne den Mittelwert der Schülerzahlen:

76 : 4 = 19

Du bist dran
Die Tabelle zeigt die Anzahl der Schülerinnen und Schüler, die in der Mittagspause die Mensa besuchen.

MO	DI	MI	DO	FR
12	20	32	18	8

Wie viele Schülerinnen und Schüler nehmen durchschnittlich teil?

○ **2** Berechne den Mittelwert der Zahlen. (Runde gegebenenfalls auf 4 Nachkommastellen.)
a) 4; 6; 5; 0; 5; 12; 3
b) 12; 8; 15; 10; 30;
c) 0,0478; 0,0372; 0,1027; 0,5572; 0,0006

○ **3** Die Werte in der Tabelle entsprechen der Anzahl der monatlichen Regentage in der ersten Jahreshälfte in Stuttgart.

Januar	Februar	März
18	15	12
April	Mai	Juni
14	4	6

Wie viele Regentage gab es im Monat im Mittel?

SCHRITT 1

Ich kann die Wahrscheinlichkeiten von Laplace-Experimenten berechnen.

Hier lernst du, wie du die Wahrscheinlichkeit berechnen kannst, dass beim Würfeln eine Zahl fällt, die gerade und größer als 3 ist.

→ Umrechnen in Prozentschreibweise (in den Grundlagen)

DAS BRAUCHST DU WIEDER

Beispiele: $0{,}12 = 12\,\%$; $0{,}405 = 40{,}5\,\%$ $\quad$ $0{,}2 =$ ____ $\quad$ $0{,}084 =$ ____

$\frac{2}{5} = \frac{2 \cdot 20}{5 \cdot 20} = \frac{40}{100} = 0{,}40 = 40\,\%$ $\quad$ $\frac{3}{10} =$ ____ $\quad$ $\frac{1}{4} =$ ____

DARUM GEHT'S

Beim Berechnen von Wahrscheinlichkeiten von Zufallsexperimenten verwendest du folgende Formel:

Wahrscheinlichkeit eines Ereignisses E: $P(E) = \frac{\text{Anzahl der günstigen Ergebnisse}}{\text{Anzahl aller möglichen Ergebnisse}}$

Die Wahrscheinlichkeit für das Eintreten eines bestimmten Ereignisses ist das Verhältnis der Anzahl der günstigen Ergebnisse zu allen möglichen Ergebnissen.
Günstige Ergebnisse können beim Würfeln zum Beispiel „gerade Zahl" oder „eine 1 oder 6" sein. Alle Ergebnisse, die nicht günstig sind, bilden das **Gegenereignis** $\overline{E}$: $P(\overline{E}) = 1 - P(E)$.

Erklärfilm
Ergebnismenge und Wahrscheinlichkeiten
p5cn9z

Wahrscheinlichkeit

Diese Strategie kannst du immer dann verwenden, wenn du die möglichen und günstigen Ergebnisse direkt abzählen kannst.

SO GEHT'S

○ **1** **Beispiel**
Ein Spielwürfel wird einmal geworfen. Bestimme die Wahrscheinlichkeit, eine gerade Zahl zu werfen.

Lege das Ereignis fest:

Ereignis E: Die Zahl ist gerade.

Notiere die möglichen und günstigen Ergebnisse sowie deren Anzahl:

Mögliche Ergebnisse des Würfels: 1, 2, 3, 4, 5, 6
Anzahl = 6
Günstige Ergebnisse des Würfels: 2, 4, 6
Anzahl = 3

Berechne die Wahrscheinlichkeit:

$P(E) = \frac{\text{Anzahl der günstigen Ergebnisse}}{\text{Anzahl aller möglichen Ergebnisse}}$

$= \frac{3}{6} = \frac{1}{2} = 0{,}5 = 50\,\%$

Du bist dran
Ein Spielwürfel wird einmal geworfen. Bestimme die Wahrscheinlichkeit, eine „1" oder eine „6" zu werfen.

Tipp
Du kannst eine Dezimalzahl immer als Prozentzahl schreiben, wenn du das Komma um zwei Stellen nach rechts verschiebst.

○ **2** Ein Rosen-Strauß besteht aus drei roten, zwei rosaroten und zwei weißen Rosen. Du ziehst eine Rose ohne hinzuschauen aus dem Strauß. Gib die Wahrscheinlichkeit an, dass die Rose
a) rot ist, **b)** nicht weiß ist.

3 Ein Pokerkarten-Spiel besteht aus 52 Karten, je 13 Herz-, Pik-, Kreuz- und Karo-Karten. Du ziehst eine Karte. Berechne die Wahrscheinlichkeit des Ereignisses.
a) Die Karte ist eine Herz-Karte.
b) Die Karte ist rot.
c) Die Karte ist ein Ass.

4 Ein **Dodekaeder** (regelmäßiger Körper mit 12 Seiten) wird als Spielwürfel mit den Zahlen 1 bis 12 benutzt. Berechne die Wahrscheinlichkeit folgender Ereignisse.
a) Die Zahl ist 2-stellig.
b) Die Zahl ist durch 3 teilbar.
c) Die Zahl ist größer als 8.

5 Beim Werfen mit zwei Würfeln gibt es $6 \cdot 6 = 36$ Ergebnisse.
a) Schreibe alle möglichen Ergebnisse mit einer „1" auf.
b) Gib die Wahrscheinlichkeit dafür an, dass kein Würfel eine „1" zeigt.
c) Ordne den Ereignissen A, B und C die passende Wahrscheinlichkeit zu.
A: Pasch (zwei gleiche Zahlen)
B: Beide Würfel zeigen eine gerade Zahl.
C: Der Abstand der beiden Zahlen ist gleich 2.

(I) $\frac{6}{36}$ (II) $\frac{8}{36}$ (III) $\frac{9}{36}$

Wahrscheinlichkeit eines Ereignisses mit „und"

Die hier beschriebene Strategie verwendest du immer dann, wenn du die Wahrscheinlichkeit von zwei gleichzeitig auftretenden Ereignissen berechnen sollst, die durch **„und"** verbunden sind. Beschreibung mit **„und"** bedeutet: Nur die Ergebnisse, die zu beiden Ereignissen gehören, sind die günstigen.
Bei UND ist nach der **Schnittmenge** $E \cap F$ gesucht. Das sind hier alle Zahlen, die sowohl zu E wie auch zu F gehören.

SO GEHT'S

6

Beispiel
20 Karten mit den Zahlen von 1 bis 20 liegen verdeckt auf dem Tisch. Eine Karte wird aufgedeckt. Bestimme die Wahrscheinlichkeit, dass die Zahl durch 3 teilbar **und** gerade ist.

Stelle alle möglichen Ergebnisse beider Ereignisse auf:

Ereignis E: Die Zahl ist durch 3 teilbar.
$E = \{3; 6; 9; 12; 15; 18\}$
Ereignis F: Die Zahl ist gerade.
$F = \{2; 4; 6; 8; 10; 12; 14; 16; 18; 20\}$

Schreibe die Schnittmenge auf:

$E \cap F = \{6; 12; 18\} \rightarrow$ Anzahl = 3

Berechne die Wahrscheinlichkeit:

$P(E \cap F) = \frac{3}{20} = 0{,}15 = 15\,\%$

Du bist dran
20 Karten mit den Zahlen von 1 bis 20 liegen verdeckt auf dem Tisch. Eine Karte wird aufgedeckt. Bestimme die Wahrscheinlichkeit, dass die Zahl durch 5 teilbar **und** ungerade ist.

TIPPS ZUM LÖSEN DER AUFGABEN 3 UND 5

3 b) Die Hälfte aller Karten in einem Pokerspiel ist rot, die andere ist schwarz.
5 a) Du musst immer z. B. „12" und „21" unterscheiden, auch wenn die Würfel völlig gleich sind.
c) Auch hier musst du z. B. zwischen „13" und „31" unterscheiden.

○ **7** Die Abbildung zeigt die Anzahl an Elementen zweier Mengen E und F sowie ihrer Schnittmenge.
Berechne folgende Wahrscheinlichkeiten:
a) P(E)
b) $P(E \cap F)$

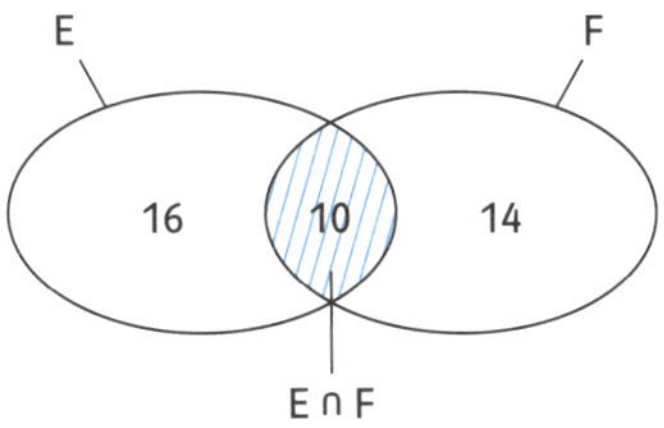

○ **8** Aus den oben beschriebenen Poker-Karten wird eine Karte gezogen.
Berechne die Wahrscheinlichkeit des Ereignisses.
a) Die Karte ist rot und ein Ass.
b) Die Karte ist rot und eine Herz-Karte.
c) Die Karte ist rot und hat eine Zahl.

Tipp
Primzahlen sind alle natürlichen Zahlen größer als 1, die nur durch 1 und sich selbst teilbar sind: 2, 3, 5, 7, …

◒ **9** In einem Beutel liegen jeweils fünf rote, gelbe und blaue von 1 bis 5 nummerierte Kugeln.
Bestimme die Wahrscheinlichkeit,
a) eine Kugel zu ziehen, die rot ist und eine ungerade Zahl hat,
b) eine Kugel zu ziehen, die nicht rot ist und eine **Primzahl** zeigt.

◒ **10** Du wirfst zwei Würfel. Bestimme die Wahrscheinlichkeit, dass beide Zahlen ungerade sind und ein Würfel eine Eins zeigt.

◒ **11** In einer gemischten Hobby-Sportgruppe mit sechs Herren und vier Damen spielen vier der Herren und zwei der Damen Tischtennis. Von diesen vier Herren sind zwei noch Jugendliche. Bestimme die Wahrscheinlichkeit für die Auswahl einer Person, für die folgendes gilt:
A: Die Person ist weiblich und spielt kein Tischtennis.
B: Die Person ist männlich und spielt Tischtennis.
C: Die Person ist männlich und kein Jugendlicher.

● **12** Es werden ein roter und ein weißer Würfel geworfen. Berechne die Wahrscheinlichkeit für folgende Ereignisse:
A: Der rote Würfel zeigt eine größere Zahl an als der weiße.
B: Der rote Würfel zeigt eine gerade Zahl und der weiße eine Zahl kleiner als 3.
C: Der rote Würfel zeigt keine „6", aber die Summe beider Würfel ist 7.

● **13** Für das Abschlussfest einer Schule sollen ein Theater- und ein Musikstück eingeübt werden. Es melden sich insgesamt 48 Schülerinnen und Schüler. Am Theaterstück nehmen 30, am Musikstück 36 Schülerinnen beziehungsweise Schüler teil.
a) Wie viele Schülerinnen und Schüler nehmen an beiden Vorführungen teil?
b) Wie groß ist die Wahrscheinlichkeit, dass Pia in beiden Gruppen ist?

TIPPS ZUM LÖSEN DER AUFGABE 8

8 b) Alle Herz-Karten sind rot. **c)** Insgesamt haben 36 Karten eine Zahl, aber nicht alle sind rot. ☹

SCHRITT 2

Ich kann die Wahrscheinlichkeiten bei Ereignissen mit „oder" berechnen.

Hier lernst du, wie du die Wahrscheinlichkeit berechnen kannst, wenn zwei Ereignisse mit „oder" verbunden sind. Zum Beispiel kannst du die Wahrscheinlichkeit berechnen, dass beim Würfeln eine „3" oder eine gerade Zahl fällt.

→ Schnittmenge und Vereinigungsmenge (in den Grundlagen)

DAS BRAUCHST DU WIEDER

Beispiele:

E = {2; 4; 6; 8, 10}, F = {1; 2; 3; 6}

Schnittmenge E ∩ F = {2; 6}

Vereinigungsmenge
E ∪ F = {1; 2; 3; 4; 6; 8, 10}

E = {6; 12; 18, 24; 30}, F = {6; 15; 30}

E ∩ F = ____________________

E ∪ F = ____________________

DARUM GEHT'S

Zwei gleichzeitig eintretende Ereignisse können durch „und" oder durch „oder" verknüpft sein. Den Fall mit „und" hast du bereits im 1. Lernschritt kennengelernt. Beschreibung mit „oder" bedeutet: Die Ergebnisse von beiden Ereignissen gehören zu den günstigen Ergebnissen.
Bei „oder" ist nach der Vereinigungsmenge E ∪ F gesucht.
Das sind alle Elemente, die in E oder in F vorkommen.
Für die Verknüpfung mit „oder" gilt der

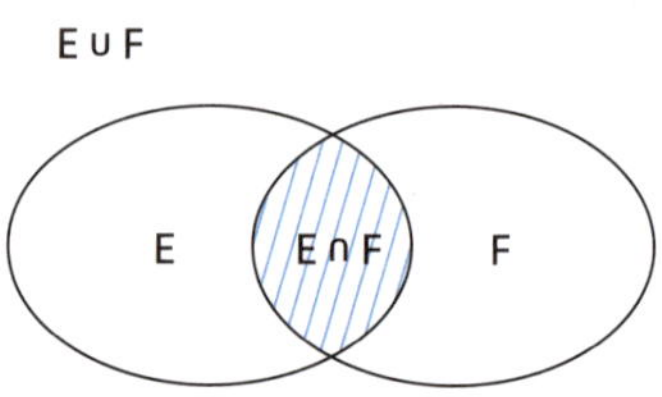

Additionssatz: P(E ∪ F) = P(E) + P(F) − P(E ∩ F)

Den Durchschnitt musst du einmal abziehen, da er sonst 2-mal gezählt wird, wie du an der Abbildung erkennen kannst.

Wahrscheinlichkeit eines Ereignisses mit „oder"

Sind zwei gleichzeitig eintretende Ereignisse durch „oder" verbunden, kannst du als Strategie den Additionssatz anwenden oder wie bei „und" alle günstigen Ergebnisse abzählen.

SO GEHT'S

○ 1 **Beispiel**
20 Karten mit den Zahlen von 1 bis 20 liegen verdeckt auf dem Tisch. Eine Karte wird aufgedeckt. Bestimme die Wahrscheinlichkeit, dass die Zahl durch 5 teilbar **oder** eine Primzahl ist?

Notiere alle möglichen Ergebnisse der Ereignisse sowie deren Anzahl:

Ereignis E: Die Zahl ist durch 5 teilbar.
E = {5; 10; 15; 20}. Anzahl = 4
Ereignis F: Die Zahl ist eine Primzahl.
F = {2; 3; 5; 7; 11; 13; 17; 19}.
Anzahl = 8

1. Strategie: Berechne die Wahrscheinlichkeit durch Abzählen.
Stelle die Vereinigungsmenge auf:

E ∪ F = {2; 3; 5; 7; 10; 11; 13; 15; 17; 19; 20}
Anzahl = 11

Du bist dran
20 Karten mit den Zahlen von 1 bis 20 liegen verdeckt auf dem Tisch. Eine Karte wird aufgedeckt. Bestimme die Wahrscheinlichkeit, dass die Zahl durch 5 teilbar **oder** keine Primzahl ist?

Tipp
Hierbei musst du besonders aufpassen, dass du keine Zahl vergisst.

> **Tipp**
> Die 2. Strategie brauchst du immer dann, wenn nicht die einzelnen Elemente, sondern nur die Anzahlen der Ereignismengen und der Durchschnittmenge angegeben sind.

Berechne die Wahrscheinlichkeit:

$P(E \cup F) = \frac{11}{20} = 0{,}55 = 55\,\%$

2. Strategie: Berechne die Wahrscheinlichkeit mit dem Additionssatz.
Stelle die Schnittmenge auf:

$E \cap F = \{5\}$; Anzahl = 1

Verwende den Additionssatz:

$P(E \cup F) = \frac{4}{20} + \frac{8}{20} - \frac{1}{20} = \frac{11}{20}$

○ **2** In einer Urne liegen fünf von 1 bis 5 nummerierte weiße und drei von 1 bis 3 nummerierte rote Kugeln. Du greifst eine Kugel heraus. Bestimme die Wahrscheinlichkeit, dass die Kugel
a) weiß ist oder die Nummer 3 hat,
b) rot ist oder die Nummer 4 hat,
c) rot ist oder eine Nummer kleiner als 3 hat.

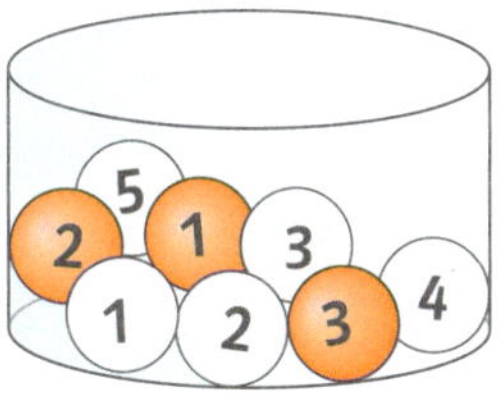

○ **3** Bei einem Spiel mit Buchstaben darfst du von deinem Gegenspieler einen Buchstaben ziehen, ohne dass du ihn sehen kannst. Dein Gegenspieler hat acht Buchstaben vor sich liegen: a, e, e, k, m, r, r, z.
Bestimme die Wahrscheinlichkeit, dass der gezogene Buchstabe
a) ein Vokal oder „k" ist.
b) ein Vokal oder ein „e" ist.
c) ein Vokal oder ein Konsonant ist.

> **Tipp**
> Ein Satz Poker-Karten besteht aus 52 Karten: 13 Karo, 13 Herz, 13 Pik und 13 Kreuz.

◒ **4** Aus einem Satz Poker-Karten wird eine Karte gezogen.
Berechne die Wahrscheinlichkeit des Ereignisses.
a) Die Karte ist rot oder ein Ass.
b) Die Karte ist rot oder eine Herz-Karte.
c) Die Karte ist rot oder hat eine Zahl.

◒ **5** Es werden zwei Würfel geworfen. Berechne die Wahrscheinlichkeit des Ereignisses.
a) Ein Würfel zeigt eine „6" oder die Summe beider Würfel ist größer als 9.
b) Ein Würfel zeigt eine „1" oder die Differenz beider Würfel ist 1.
c) Beide Würfel zeigen die gleiche Zahl oder beide Zahlen sind ungerade.

● **6** Die Schülerinnen einer Klasse können einen freiwilligen Zusatz-Kurs wählen. Von 30 Schülerinnen wählen 13 den Musik-Kurs, 9 den Theater-Kurs und zwei wählen beide Kurse.
Du lernst eine Schülerin der Klasse kennen. Bestimme die Wahrscheinlichkeit, dass sie
a) einen Zusatz-Kurs,
b) weder den Musik- noch den Theater-Kurs gewählt hat.

● **7** Die Teilnehmer einer Reisegruppe haben zur Auswahl, ob sie einen Besuch im Museum machen oder eine Kirche besichtigen.
Erfahrungsgemäß wollen 80 % ins Museum, 65 % in die Kirche und 50 % beides.
Du triffst einen der Teilnehmer im Café. Bestimme die Wahrscheinlichkeit, dass derjenige weder im Museum noch in der Kirche war.

TIPPS ZUM LÖSEN DER AUFGABEN 4, 5 UND 6

4 a) Es gibt 26 rote Karten und 4 Asse, aber die Anzahl der günstigen Ergebnisse ist nicht 30.
b) Alle Herz-Karten sind rot. **5** Am Besten schreibst du dir alle günstigen Ergebnisse auf.
6 Weder – noch bedeutet: keins von beiden. Du musst daher zunächst herausfinden, wie viele Schülerinnen insgesamt den Theater- oder den Musikkurs besucht haben.

SCHRITT 3

Ich kann die Wahrscheinlichkeit für mehrstufige Zufallsexperimente berechnen (Pfadregel).

Hier lernst du die Wahrscheinlichkeit dafür zu berechnen, dass du beim Würfeln dreimal hintereinander eine Sechs wirfst.

→ Multiplizieren von Brüchen (in den Grundlagen)

DAS BRAUCHST DU WIEDER

Allgemein: $\frac{a}{b} \cdot \frac{c}{d} = \frac{a \cdot c}{b \cdot d}$

Kürzen eines Bruchs: Zähler und Nenner durch die gleiche Zahl dividieren.

Beispiele:

$\frac{1}{2} \cdot \frac{3}{4} = \frac{1 \cdot 3}{2 \cdot 4} = \frac{3}{8}$ $\qquad \frac{3}{4} \cdot \frac{3}{5} =$ ____ $\qquad \frac{1}{4} \cdot \frac{1}{2} =$ ____

$\frac{4}{6} = \frac{2 \cdot 2}{3 \cdot 2} = \frac{2}{3}$ $\qquad \frac{5}{10} =$ ____ $\qquad \frac{6}{8} =$ ____

$\frac{3}{4} \cdot \frac{1}{3} =$ ____ $\qquad \frac{4}{9} \cdot \frac{3}{8} =$ ____

$\frac{3}{4} \cdot \frac{2}{5} = \frac{3 \cdot \cancel{2}^{1}}{{}_{2}\cancel{4} \cdot 5} = \frac{3}{10}$

Tipp
Manchmal kannst du auch kürzen.

Erklärfilm
Mehrstufige Zufallsexperimente – Die Pfadregel
p5cn9z

DARUM GEHT'S

Wenn man ein Experiment, zum Beispiel das Ziehen von Kugeln aus einer Urne, mit roten und blauen Kugeln, mehrmals hintereinander ausführt, spricht man von einem mehrstufigen Zufallsexperiment. Die Ergebnisse eines mehrstufigen Zufallsexperiments setzen sich aus den Teilergebnissen zusammen.
Zum Beispiel setzt sich das Ergebnis rrr nach dreimaligem Ziehen aus den drei einzelnen Ergebnissen r, r, r zusammen. Die einzelnen Ergebnisse bilden einen Pfad für das Ergebnis rrr.
Die Wahrscheinlichkeit für die Aufeinanderfolge von n Teilergebnissen r, r, …, r (im Beispiel n = 3), ist das Produkt der einzelnen Wahrscheinlichkeiten längs des dazugehörigen Pfades.

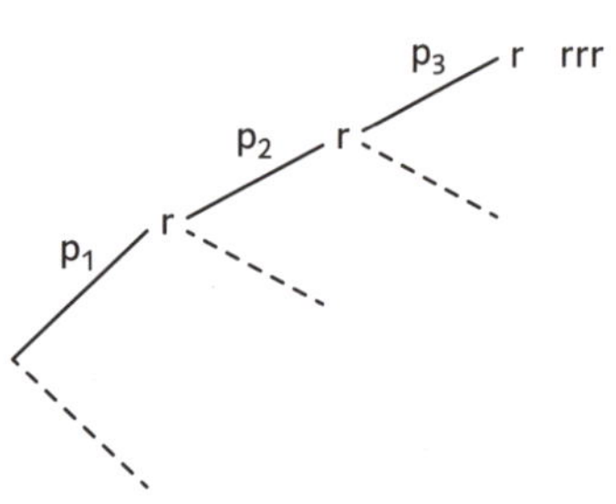

$P(rrr) = p_1 \cdot p_2 \cdot p_3$

Pfadregel: $P(E) = p_1 \cdot p_2 \cdot \ldots \cdot p_n$

Tipp
Im nächsten Lernschritt wird durch Ergänzen der anderen Pfade ein Baumdiagramm daraus.

Ziehen mit Zurücklegen

In diesen Fällen bleibt die Anzahl der möglichen Ergebnisse gleich.

Tipp
Das bedeutet: Du legst die gezogene Kugel oder Karte wieder zurück. Die Ausgangssituation für das nächste Ergebnis ist dann wieder die gleiche.

SO GEHT'S

○ 1 **Beispiel**
Ein Spielwürfel wird dreimal geworfen. Bestimme die Wahrscheinlichkeit, dreimal eine Zahl größer als 4 zu erhalten.

Lege das Ereignis fest:

Ereignis E: Es erscheint 3-mal „5“ oder „6“.

Du bist dran
Ein Spielwürfel wird dreimal geworfen. Bestimme die Wahrscheinlichkeit, dreimal eine Zahl größer als 3 zu erhalten.

Notiere die möglichen und günstigen Ergebnisse sowie ihre Anzahl für 1-mal würfeln:

Mögliche Ergebnisse des Würfels:
1, 2, 3, 4, 5, 6
Anzahl = 6
Günstige Ergebnisse des Würfels: 5, 6
Anzahl = 2

Berechne die Wahrscheinlichkeit für einen Wurf:

$p = \frac{2}{6} = \frac{1}{3}$

Berechne die Wahrscheinlichkeit des Ereignisses: Multipliziere die (gleichen) Wahrscheinlichkeiten der drei Würfe:

$P(E) = \frac{1}{3} \cdot \frac{1}{3} \cdot \frac{1}{3} = \frac{1}{27} \approx$

$0{,}0370 = 3{,}70\,\%$

○ **2** Eine Münze wird 3-mal geworfen.

a) Bestimme die Wahrscheinlichkeit des Ereignisses.
A: 3-mal Zahl
B: Zahl-Kopf-Zahl
C: Zahl-Zahl-Kopf

b) Gib mithilfe der Pfadregel eine Begründung dafür an, dass die Wahrscheinlichkeit für die Ereignisse A, B und C gleich groß ist.

Tipp
Ein Satz Poker-Karten besteht aus 52 Karten: 13 Karo, 13 Herz, 13 Pik und 13 Kreuz

○ **3** Aus den Poker-Karten wird viermal eine Karte gezogen und wieder zurückgelegt. Berechne die Wahrscheinlichkeit des Ereignisses.

a) Die Karte ist jedes Mal eine Herz-Karte.

b) Die Karte ist jedes Mal rot.

c) Die Karte ist beim ersten Mal rot, dann schwarz, dann rot und dann wieder schwarz.

◒ **4** Jonas isst sehr gern Pfannkuchen mit Apfelmus darin. Seine Mutter hat sechs Pfannkuchen gebacken, vier mit Apfelmus und zwei mit Marmelade. Er nimmt sich zwei Pfannkuchen. Wie groß ist die Wahrscheinlichkeit, dass beide mit Apfelmus gefüllt sind?

◒ **5** In einer Schachtel liegen sieben Armreife, drei goldene und vier silberne. Ein Mädchen nimmt zum genaueren Anschauen dreimal hintereinander einen Armreif heraus und legt ihn wieder zurück.
Gib an, welcher Term die Wahrscheinlichkeit beschreibt, dass sie zuerst zwei goldene und dann einen silbernen Reifen angeschaut hat. Begründe deine Antwort.

a) $2 \cdot \frac{3}{7} \cdot \frac{4}{7}$ **b)** $\frac{3}{7} \cdot \frac{3}{7} \cdot \frac{4}{7}$ **c)** $2 \cdot \left(\frac{3}{7}\right)^2 \cdot \frac{4}{7}$ **d)** $3 \cdot \left(\frac{3}{7}\right)^2 \cdot \frac{4}{7}$

◒ **6** Aus einem Beutel mit 2 roten, 3 blauen und 5 schwarzen Bällen darf ein Kind dreimal ziehen und muss nach jedem Zug den Ball wieder zurücklegen. Bestimme die Wahrscheinlichkeit der folgenden Ereignisse.
E: Alle drei Bälle sind schwarz.
F: Die ersten beiden Bälle sind schwarz, der dritte Ball ist blau.
G: Der erste Ball ist schwarz, der zweite blau und der dritte rot.

TIPPS ZUM LÖSEN DER AUFGABEN 2 UND 5

2 b) Überlege dir, wie viele Pfade es jeweils für die drei Ereignisse gibt. **5 d)** Dieser Term wäre es, wenn die Reihenfolge egal wäre. Das ist hier aber nicht der Fall.

7 Beim dreimaligen Würfeln ist bereits zweimal eine Sechs gefallen. Ist die Wahrscheinlichkeit für eine dritte Sechs

a) $P(6) = \frac{1}{6}$ oder **b)** $P(666) = \left(\frac{1}{6}\right)^3$?

Beschreibe den Unterschied zwischen a) und b).

Ziehen ohne Zurücklegen

Hierbei wird mit jedem Zug die Anzahl der möglichen Ergebnisse um 1 kleiner.

SO GEHT'S

Tipp
Das Werfen eines Würfels ist immer ein Ziehen mit Zurücklegen. Bei anderen Experimenten, wie dem Ziehen von Kugeln, gibt es sowohl das Ziehen mit als auch das Ziehen ohne Zurücklegen.

8 **Beispiel**
Aus einer Urne mit 7 roten und drei weißen Kugeln werden nacheinander drei Kugeln gezogen, ohne sie zurückzulegen. Bestimme die Wahrscheinlichkeit, drei rote (r) Kugeln zu ziehen.

Lege das Ereignis fest:

Ereignis E: Die Kugel ist 3-mal rot.

Notiere die Anzahl der möglichen und günstigen Ergebnisse für den 1. Zug:

Anzahl der möglichen Ergebnisse: 10
Anzahl der günstigen Ergebnisse: 7

Berechne die Wahrscheinlichkeit für den 1. Zug:

$p_1 = \frac{7}{10}$

Notiere die Anzahl der möglichen und günstigen Ergebnisse für den 2. Zug:

In der Urne sind noch 6 rote und 3 weiße Kugeln.
Anzahl der möglichen Ergebnisse: 9
Anzahl der günstigen Ergebnisse: 6

Berechne die Wahrscheinlichkeit für den 2. Zug:

$p_2 = \frac{6}{9}$

Notiere die Anzahl der möglichen und günstigen Ergebnisse für den 3. Zug:

In der Urne sind noch 5 rote und 3 weiße Kugeln.
Anzahl der möglichen Ergebnisse: 8
Anzahl der günstigen Ergebnisse: 5

Berechne die Wahrscheinlichkeit für den 3. Zug:

$p_3 = \frac{5}{8}$

Berechne mit der Pfadregel die Wahrscheinlichkeit des Ereignisses:.

$P(E) = P(rrr) = p_1 \cdot p_2 \cdot p_3$
$= \frac{7}{10} \cdot \frac{6}{9} \cdot \frac{5}{8} \approx 0{,}2917 = 29{,}17\,\%$

Du bist dran
Aus einer Urne mit 7 roten und drei weißen Kugeln werden nacheinander drei Kugeln gezogen, ohne sie zurückzulegen. Bestimme die Wahrscheinlichkeit, drei weiße (w) Kugeln zu ziehen.

9 Bei einem Spiel darf Raphael von seinem Mitspieler, der die Königskarte hat, drei von dessen fünf Karten ziehen. Wie groß ist die Wahrscheinlichkeit, dass er die Königskarte zieht?

10 In einer Klasse eines Mädchen-Gymnasiums haben 11 Schülerinnen Französisch, 8 Schülerinnen Spanisch und sechs Schülerinnen Russisch als zweite Fremdsprache. Es werden fünf Schülerinnen ausgewählt. Bestimme die Wahrscheinlichkeit, dass unter den Fünf keine ist, die Russisch lernt.

Tipp
Ein Satz Poker-Karten besteht aus 52 Karten: 13 Karo, 13 Herz, 13 Pik und 13 Kreuz

11 Aus den Poker-Karten wird dreimal eine Karte gezogen und nicht wieder zurückgelegt. Berechne die Wahrscheinlichkeit des Ereignisses.

a) Die Karte ist jedes Mal eine Herz-Karte.

b) Die Karte ist jedes Mal rot.

c) Die Karte ist beim ersten Mal rot, dann schwarz und dann wieder rot.

12 Aus einem Beutel mit 2 roten, 3 blauen und 5 schwarzen Bällen darf ein Kind dreimal ziehen, ohne den gezogenen Ball wieder zurücklegen zu müssen. Bestimme die Wahrscheinlichkeit der folgenden Ereignisse.

A: Alle drei Bälle sind schwarz.

B: Die ersten beiden Bälle sind schwarz, der dritte Ball ist blau.

C: Der erste Ball ist schwarz, der zweite blau und der dritte rot.

13 Du darfst aus einer Serie mit Fotos von Sportlern drei Fotos ziehen, ohne ihren Aufdruck zu sehen. Unter den Fotos sind 5 Fußballer, 4 Schwimmer und 3 Leichtathleten.
Gib an, welche drei Fotos die Wahrscheinlichkeiten beschreiben.
In manchen Fällen gibt es mehrere Möglichkeiten. Nenne alle Möglichkeiten.

a) $\frac{3}{12} \cdot \frac{4}{11} \cdot \frac{5}{10}$ **b)** $\frac{3}{12} \cdot \frac{2}{11} \cdot \frac{4}{10}$ **c)** $\frac{5}{12} \cdot \frac{4}{11} \cdot \frac{3}{10}$ **d)** $\frac{5}{12} \cdot \frac{3}{11} \cdot \frac{4}{10}$

Tipp
Beim Ziehen ohne Zurücklegen enden irgendwann die Bäume, hier nach 4 Zügen.

14 Von vier Streichhölzern ist eines kürzer als die anderen. Vier Spieler ziehen nacheinander. Wer das kürzere zieht, hat verloren. Prüfe, ob es für dich ein Nachteil ist, wenn du als Letzter ziehst.

TIPPS ZUM LÖSEN DER AUFGABEN 9, 11 UND 14

9 Hier ist es hilfreich, das Gegenereignis zu berechnen. **11** Vorsicht: Nach dem Ziehen einer roten Karte bleibt die Anzahl der schwarzen Karten unverändert, aber die Anzahl aller Karten hat sich geändert. **14** Berechne für jeden Spieler getrennt die Wahrscheinlichkeit, dass er verliert. Der 2. Spieler zum Beispiel kann nur verlieren, wenn der 1. Spieler ein längeres Streichholz gezogen, also nicht verloren hat.

SCHRITT 4

Ich kann zusammengesetzte Experimente mit einem Baumdiagramm darstellen.

Hier lernst du, wie du die Ergebnisse der im Lernschritt 3 nacheinander ausgeführten Zufallsexperimente, zum Beispiel alle Ergebnisse des dreimaligen Werfens einer Münze, an einem Baumdiagramm ablesen kannst.

→ Pfadregel (in Schritt 3)

→ Addieren von Brüchen (in den Grundlagen)

DAS BRAUCHST DU WIEDER

Allgemein: $\frac{a}{c} + \frac{b}{c} = \frac{a+b}{c}$ $\qquad \frac{a}{b} + \frac{c}{d} = \frac{a \cdot d + c \cdot b}{b \cdot d}$

Beispiele:

$\frac{1}{5} + \frac{3}{5} = \frac{1+3}{5} = \frac{4}{5}$ $\qquad \frac{1}{3} + \frac{2}{3} =$ ____ $\qquad \frac{1}{6} + \frac{4}{6} =$ ____

$\frac{2}{5} + \frac{3}{4} = \frac{2 \cdot 4 + 3 \cdot 5}{5 \cdot 4} = \frac{23}{20} = 1\,\frac{3}{20} = 1{,}15$ $\qquad \frac{1}{2} + \frac{2}{5} =$ ____ $\qquad \frac{2}{3} + \frac{1}{8} =$ ____

$\frac{1}{4} + \frac{3}{8} = \frac{2}{8} + \frac{3}{8} = \frac{2+3}{8} = \frac{5}{8}$ $\qquad \frac{2}{3} + \frac{1}{6} =$ ____ $\qquad \frac{1}{2} + \frac{1}{4} =$ ____

Tipp
Manchmal kannst du durch geeignetes Erweitern kleinere Nenner für die Rechnung nutzen oder kürzen.

Erklärfilm
Ereignisse – Die Summenregel
p5cn9z

DARUM GEHT'S

Mit einem Baumdiagramm kannst du dir einen Überblick über alle Ergebnisse und deren Wahrscheinlichkeiten verschaffen. In der Abbildung bilden je zwei aneinanderhängende Äste des Baumes einen Pfad, für den die Pfadregel gilt.

Summenregel: Gibt es für ein Ereignis mehrere Ergebnisse, musst du die jeweiligen Wahrscheinlichkeiten am Ende des Pfades addieren, um die Wahrscheinlichkeit des Ereignisses zu erhalten.

Die Wahrscheinlichkeiten aller Pfade zusammen ergeben immer 1.

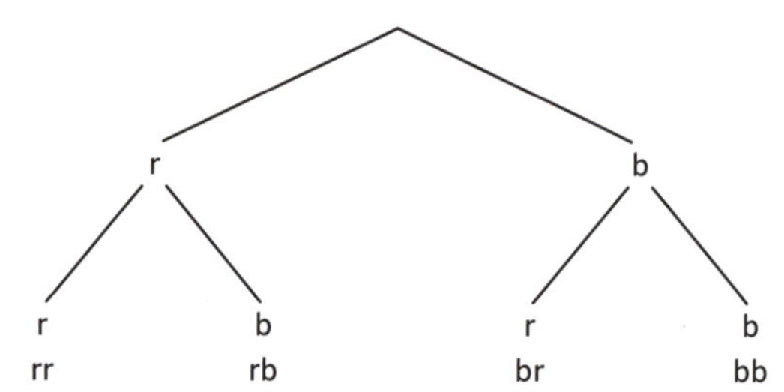

Tipp
Das gilt auch für jede einzelne Verzweigung: Wenn p die Wahrscheinlichkeit für „r" ist, ist 1-p die Wahrscheinlichkeit für „b".

Baumdiagramm

Wenn ein Experiment mehrmals ausgeführt wird, kannst du für jedes einzelne Ergebnis einen Ast zeichnen. Alle möglichen Äste zusammen ergeben das Baumdiagramm.

SO GEHT'S

○ 1 **Beispiel**
Auf dem Tisch liegen verdeckt fünf Karten, zwei Asse (A) und drei Damen (D). Zwei Karten werden nacheinander aufgedeckt, ohne sie wieder umzudrehen. Trage alle Ergebnisse in ein Baumdiagramm ein und gib die Wahrscheinlichkeit für das Ereignis E an.
E: Ein Ass und eine Dame sind aufgedeckt.

Schreibe die möglichen Ergebnisse auf:

A, D

Bestimme die Wahrscheinlichkeiten für den ersten Zug:

1. Ergebnis: Ass. $P(A) = \frac{2}{5}$
2. Ergebnis: Dame. $P(D) = \frac{3}{5}$

Du bist dran
Auf dem Tisch liegen verdeckt sechs Karten, drei Asse (A) und drei Damen (D). Zwei Karten werden nacheinander aufgedeckt, ohne sie wieder umzudrehen. Trage alle Ergebnisse in ein Baumdiagramm ein und gib die Wahrscheinlichkeit für das Ereignis E an.
E: Zwei Damen sind aufgedeckt.

Da die Karten nicht wieder umgedreht werden, handelt es sich hier um ein Ziehen ohne Zurücklegen.
Notiere den Stand vor dem zweiten Zug:

Für den 2. Zug sind noch 4 Karten verdeckt,
beim 1. Ergebnis: 1 Ass und 3 Damen,
beim 2. Ergebnis: 2 Asse und 2 Damen.

Für jedes Ergebnis gibt es wieder zwei mögliche Ergebnisse.
Bestimme die Wahrscheinlichkeiten für den zweiten Zug:

nach dem 1. Ergebnis: $P(A) = \frac{1}{4}$;
$P(D) = \frac{3}{4}$
nach dem 2. Ergebnis: $P(A) = \frac{2}{4}$;
$P(D) = \frac{2}{4}$

Zeichne das Baumdiagramm und schreibe ans Ende jedes Pfades das Ergebnis und die Wahrscheinlichkeiten:

Tipp
Du kannst die Äste zur Seite oder nach unten zeichnen.

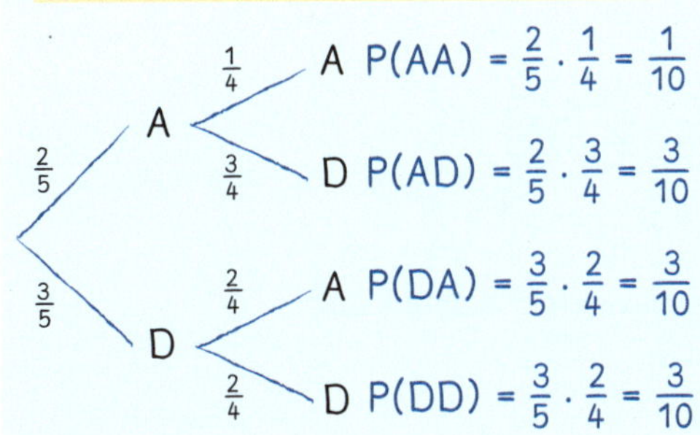

Schreibe alle Ergebnisse für das Ereignis E auf:

AD, DA

Lies die Wahrscheinlichkeiten der günstigen Ergebnisse am Baumdiagramm ab und addiere sie:

$P(E) = P(AD) + P(DA) = \frac{3}{10} + \frac{3}{10} = \frac{6}{10}$
$= 0{,}6 = 60\,\%$

○ **2** Eine Münze wird 3-mal geworfen.
a) Stelle alle Ergebnisse für Zahl (Z) und Wappen (W) in einem Baumdiagramm dar.
b) Notiere alle Ergebnisse, bei denen genau 2-mal „Zahl" vorkommt.
c) Bestimme die Wahrscheinlichkeit, dass genau 2-mal Zahl vorkommt.

◒ **3** In einer Vase befinden sich 10 Blumen, 5 rote, 3 gelbe, 2 weiße. Jemand nimmt, ohne hinzuschauen, zwei Blumen heraus. Stelle die möglichen Ergebnisse in einem Baumdiagramm dar. Bestimme die Wahrscheinlichkeit, dass die zwei Blumen unterschiedliche Farben haben.

◒ **4** Bestimme die fehlenden Wahrscheinlichkeiten an den Ästen und berechne die Wahrscheinlichkeiten der Ergebnisse am Ende der Äste.

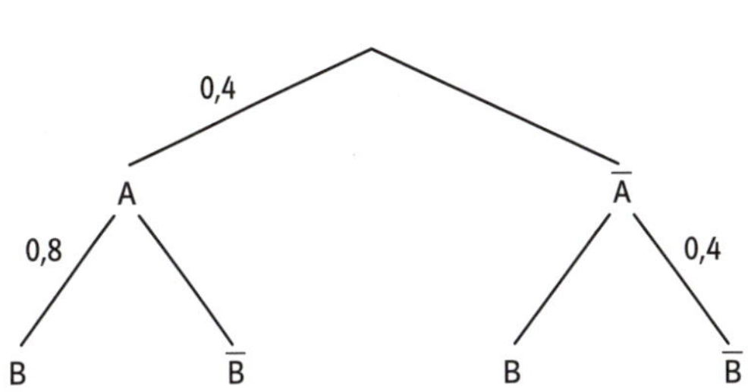

Teilbaum

Wenn bei mehreren möglichen Ergebnissen nicht alle in Betracht gezogen werden, brauchst du auch nicht für jedes einen Ast zu zeichnen.

SO GEHT'S

Tipp
Du kannst „Dame" und „Bube" zu dem Ergebnis $\overline{K}$ („Nicht-König") zusammenfassen.

Tipp
Das Baumdiagramm sieht immer noch ziemlich kompliziert aus, aber es würde bei Eintragen aller Äste (also für König, Dame und Bube) noch viel komplizierter aussehen ☺. Deshalb beschränken wir uns auf König (K) und Nicht-König ($\overline{K}$).

○ **5** **Beispiel**

Auf dem Tisch liegen verdeckt vier Könige, drei Damen und zwei Buben. Du deckst drei Karten auf, ohne sie wieder umzudrehen. Trage alle möglichen Ergebnisse für das Ziehen eines Königs in einen Teilbaum ein. Gib die Wahrscheinlichkeit dafür an, dass du genau zwei Könige aufgedeckt hast.

Hier interessiert nur das Ergebnis „König" (K) und „Nicht-König" ($\overline{K}$)
Bestimme die Wahrscheinlichkeiten für den 1. Zug:

$P(K) = \frac{4}{9}$; $P(\overline{K}) = \frac{5}{9}$

Für den 2. Zug liegen noch 8 Karten auf dem Tisch.

Bestimme die Wahrscheinlichkeiten für den 2. Zug:

K aufgedeckt: $P(K) = \frac{3}{8}$; $P(\overline{K}) = \frac{5}{8}$

$\overline{K}$ aufgedeckt: $P(K) = \frac{4}{8}$; $P(\overline{K}) = \frac{4}{8}$

Für den 3. Zug liegen noch 7 Karten auf dem Tisch.

Bestimme die Wahrscheinlichkeiten für den 3. Zug:

KK aufgedeckt: $P(K) = \frac{2}{7}$; $P(\overline{K}) = \frac{5}{7}$

$K\overline{K}$ aufgedeckt: $P(K) = \frac{3}{7}$; $P(\overline{K}) = \frac{4}{7}$

$\overline{K}K$ aufgedeckt: $P(K) = \frac{3}{7}$; $P(\overline{K}) = \frac{4}{7}$

$\overline{KK}$ aufgedeckt: $P(K) = \frac{4}{7}$; $P(\overline{K}) = \frac{3}{7}$

Zeichne das dazugehörige Baumdiagramm:

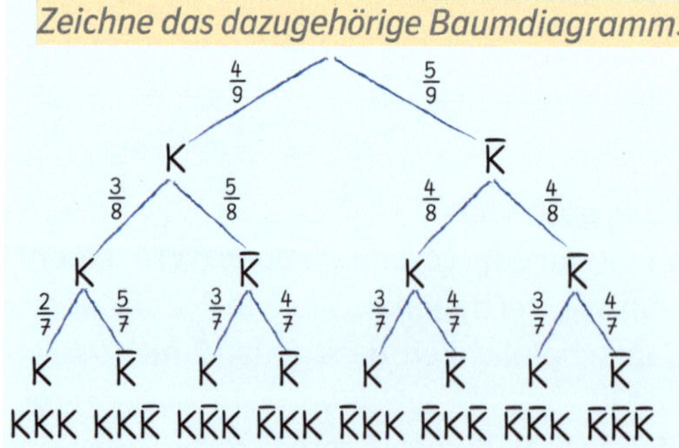

Schreibe alle Ergebnisse für das Ereignis E auf:

$KK\overline{K}$, $K\overline{K}K$, $\overline{K}KK$

Bestimme die Wahrscheinlichkeiten mit der Summenregel und der Pfadregel:

$P(E) = P(KK\overline{K}) + P(K\overline{K}K) + P(\overline{K}KK)$

$= \frac{4}{9} \cdot \frac{3}{8} \cdot \frac{5}{7} + \frac{4}{9} \cdot \frac{5}{8} \cdot \frac{3}{7} + \frac{5}{9} \cdot \frac{4}{8} \cdot \frac{3}{7}$

$= \frac{5}{14} \approx 0{,}357 = 35{,}7\,\%$

Du bist dran

Auf dem Tisch liegen verdeckt drei Könige, zwei Damen und zwei Buben. Du deckst drei Karten auf, ohne sie wieder umzudrehen. Trage alle möglichen Ergebnisse für das Ziehen eines Königs in einen Teilbaum ein. Gib die Wahrscheinlichkeit dafür an, dass du genau zwei Könige aufgedeckt hast.

6 Du ziehst drei Karten aus einem Stapel mit jeweils 10 Herz-, Karo-, Kreuz- und Pik-Karten, ohne sie zurückzulegen. Zeichne einen Teilbaum mit den Ästen „Herz" und „Nicht Herz". Bestimme die Wahrscheinlichkeit, genau eine Herz-Karte zu ziehen.

7 Ein Glücksrad hat drei Felder mit drei verschiedenen Farben.
1. Feld: 90° rot, 2. Feld: 120° blau, 3. Feld: 150° weiß.
Du darfst dreimal drehen. Beschreibe, welches Ereignis die Wahrscheinlichkeiten beschreiben.

a) $\left(\frac{1}{3}\right)^3$ **b)** $3 \cdot \frac{1}{4} \cdot \left(\frac{3}{4}\right)^2$ **c)** $3 \cdot \frac{1}{4} \cdot \left(\frac{5}{12}\right)^2$

8 In einer Urne befinden sich 1 weiße, 2 gelbe, 2 blaue und 3 grüne Kugeln. Du darfst zweimal mit verbundenen Augen eine Kugel ziehen, ohne sie zurückzulegen. Zeichne jeweils einen geeigneten Teilbaum. Bestimme die Wahrscheinlichkeit,

a) genau einmal eine blaue Kugel zu ziehen.
b) die weiße Kugel zu ziehen.
c) genau eine grüne und eine weiße Kugel zu ziehen.

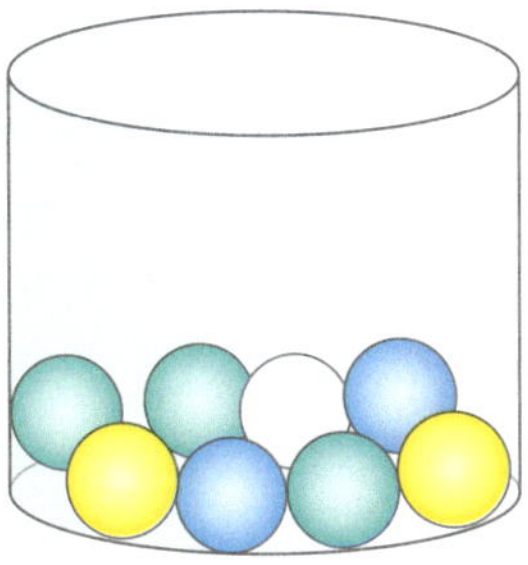

9 Ein Spielwürfel wird geworfen. Bestimme die Wahrscheinlichkeit, dass erst beim 5. Mal eine Sechs auftritt.

Tipp
Bei vielen Losen und wenigen Versuchen kannst du die Wahrscheinlichkeit für einen Gewinn als konstant betrachten, obwohl sie sich in Wirklichkeit mit jedem Zug (Ziehen ohne Zurücklegen) geringfügig verändert.

10 Bei einer Lotterie mit 25 % Gewinnen darf Raphael so lange ziehen, bis er einen Gewinn gezogen hat. Bestimme die Wahrscheinlichkeit, dass er erst beim 4. Versuch einen Gewinn zieht.

11 Die Flächen eines Tetraeders sind mit den Zahlen 1 bis 4 beschriftet. Als gewürfelt gilt die Zahl, die an der unteren Kante steht. Der Würfel wird viermal geworfen.

a) Mit welcher Wahrscheinlichkeit erhält man viermal die gleiche Ziffer?
b) Wie groß ist die Wahrscheinlichkeit, mindestens einmal eine Zahl größer als 1 zu würfeln?

12 Von 21 Schülern einer Klasse haben sechs ihre Hausaufgaben nicht gemacht. Zu Beginn der Stunde werden 3 Schüler kontrolliert. Bestimme die Wahrscheinlichkeiten der Ereignisse.

A: Alle drei haben keine Hausaufgaben.
B: Genau ein Schüler ohne Hausaufgaben wird erwischt.
C: Höchstens ein Schüler ohne Hausaufgaben wird erwischt.

TIPPS ZUM LÖSEN DER AUFGABEN 7, 8 UND 9

7 $\frac{150}{360} = \frac{5}{12}$. **8 c)** Hier musst du 3 Äste zeichnen. **9** Hier werden nicht alle 5 Möglichkeiten, eine Sechs zu werfen, betrachtet, sondern nur die eine, bei der viermal keine Sechs aufgetreten ist. Der Teilbaum besteht hier nur aus einem Ast.

SCHRITT 5

Ich kann Zufallsgrößen und ihren Erwartungswert bestimmen.

Hier lernst du, wie du den Durchschnitt der Ergebnisse eines Glücksrads berechnen kannst, auf dem 180° rot, 120° gelb und 60° blau gefärbt sind. Dazu wird zum Beispiel rot der Wert 1, blau der Wert 2 und gelb der Wert 3 zugeordnet.

→ Mittelwert (in den Grundlagen)

DAS BRAUCHST DU WIEDER

Allgemein: $m = \frac{1}{n} \cdot (a_1 + a_2 + \ldots + a_n)$

Beispiele: Durchschnittliches Ergebnis beim Würfel:

$m = \frac{1}{6} \cdot (1 + 2 + \ldots + 6) = \frac{1}{6} \cdot 21 = 3{,}5$

Durchschnitt von 1, 3, 5, 7 und 9: m = ____________________

Durchschnitt von 2, 2, 2, 3, 4 und 5: m = ____________________

DARUM GEHT'S

Neben Zahlen beim Würfeln haben wir bisher als Ergebnisse von Zufallsexperimenten unter anderem Spielkarten und Farben betrachtet. Mit letzteren kannst du aber nicht rechnen. Daher muss ihnen ein Zahlenwert zugeordnet werden. Die Zusammenfassung aller Zahlenwerte ist die **Zufallsgröße** X.

Der Begriff „Zufallsgröße" ist sehr nahe an der Ergebnismenge, die du bereits kennst, enthält aber nur Zahlen. Zum Beispiel gibt es beim Glücksrad als Ergebnis die Farben rot, blau und gelb. Die Zufallsgröße ordnet jeder Farbe einen Wert zu, etwa rot = 1, blau = 3 und gelb = −2. Die einzelnen Werte von X, hier 1, 3, und −2, werden mit x_i bezeichnet, ihre Wahrscheinlichkeiten mit $P(X = x_i)$.

Der **Erwartungswert** E(X) von X ist die Zahl, die die Zufallsgröße im Mittel annimmt. Bei unbegrenzter Wiederholung des Experiments ergibt er sich als Durchschnitt aller Ergebnisse. Zur Berechnung musst du die Ergebnisse mit den jeweiligen Wahrscheinlichkeiten $P(X = x_1)$, $P(X = x_2)$, … multiplizieren und dann addieren.

Erwartungswert: $E(X) = x_1 \cdot P(X = x_1) + x_2 \cdot P(X = x_2) + \ldots + x_n \cdot P(X = x_n)$

Tipp
Da beim Würfeln die Wahrscheinlichkeit für jede Augenzahl gleich ist, ist der oben berechnete Durchschnitt 3,5 gleich dem Erwartungswert des einmaligen Würfelwurfs.

Erklärfilm
Der Erwartungswert
p5cn9z

Zufallsgröße und Berechnen des Erwartungswerts

Es ist wichtig, immer zuerst alle möglichen Werte x_i der Zufallsgröße zu notieren. Für die Berechnung des Erwartungswerts ist es eine vorteilhafte Strategie, die Werte x_i und ihre Wahrscheinlichkeiten in eine Tabelle zu schreiben. Dann kannst du übersichtlich die Produkte $x_i \cdot P(X = x_i)$ bilden und addieren.

SO GEHT'S

○ 1 **Beispiel**
Du sollst von einem Spielwürfel mit geänderter Aufschrift den Erwartungswert bestimmen. Auf den sechs Seiten des Würfels steht 3-mal eine „1", 2-mal eine „2" und einmal eine „3".

Du bist dran
Du sollst von einem Spielwürfel mit geänderter Aufschrift den Erwartungswert bestimmen. Auf den sechs Seiten des Würfels steht 2-mal eine „1", 2-mal eine „2" und jeweils 1-mal eine „3" und eine „4".

Notiere die Zufallsgröße X und die Wahrscheinlichkeiten:

$X = \{1; 2; 3\}$

$P(\text{eine beliebige Seite des Würfels}) = \frac{1}{6}$

$P(X = 1) = 3 \cdot \frac{1}{6} = \frac{3}{6}$

$P(X = 2) = 2 \cdot \frac{1}{6} = \frac{2}{6}$

$P(X = 3) = 1 \cdot \frac{1}{6} = \frac{1}{6}$

Stelle eine Tabelle auf. Schreibe in die
1. Zeile: die Werte xi der Zufallsvariablen,
2. Zeile: die Wahrscheinlichkeiten $P(X = x_i)$ dieser Werte,
3. Zeile: die Produkte $x_i \cdot P(X = x_i)$.

x_i	1	2	3
$P(X = x_i)$	$\frac{3}{6}$	$\frac{2}{6}$	$\frac{1}{6}$
$x_i \cdot P(X = x_i)$	$\frac{3}{6}$	$\frac{4}{6}$	$\frac{3}{6}$

Bestimme den Erwartungswert als Summe der 3. Zeile:

$E(X) = \frac{3}{6} + \frac{4}{6} + \frac{3}{6} = \frac{10}{6} = \frac{5}{3} = 1{,}\overline{6}$

Tipp
Wie du schon beim normalen Würfel gesehen hast, muss der Durchschnitt keines der möglichen Ergebnisse sein.

○ **2** Eine Münze wird 5-mal geworfen.
Stelle die Zufallsgröße X auf, die die Anzahl von „Kopf“ beschreibt.

○ **3** Du ziehst von einem Kartenstapel mit 13 schwarzen und 7 roten Karten 10 Karten, ohne sie zurückzulegen.
a) Gib die Zufallsgröße X an, die die Anzahl der möglichen schwarzen Karten beschreibt.
b) Gib die Zufallsgröße Y an, die die Anzahl der möglichen roten Karten beschreibt.

○ **4** In einem Lostopf mit 30 Losen sind 6 Gewinne. Du greifst 10 Lose heraus.
a) Gib die Zufallsgröße X an, die die Anzahl der möglichen Gewinne beschreibt.
b) Gib die Zufallsgröße Y an, die die Anzahl der möglichen Nieten beschreibt.

○ **5** Den 52 Karten eines Pokerspiels wird durch die nebenstehende Tabelle jeweils ein Wert zugeordnet. Eine Karte wird aufgedeckt.
a) Gib die Zufallsgröße X an, die den Wert der Karte beschreibt.
b) Bestimme den Erwartungswert für den Wert einer Karte.

Ass	2 €
10	1 €
Übrige	– 10 ct

○ **6** Auf einem Glücksrad mit 12 gleichen Sektoren steht 6-mal „1“, 4-mal „3“ und 2-mal „5“.
a) Stelle die Zufallsgröße auf.
b) Schreibe die Ergebnisse in eine Tabelle und ermittle den Erwartungswert für ein einmaliges Drehen.

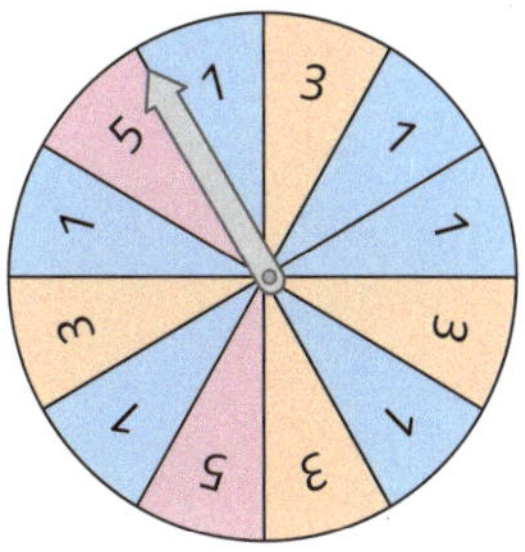

TIPPS ZUM LÖSEN DER AUFGABEN 2 UND 3

2 Vergiss nicht, dass du auch einmal Kopf werfen kannst. **3 a)** Du kannst nicht null schwarze Karten ziehen ☺. **b)** Du kannst nicht mehr als 7 rote Karten ziehen.

7 Bei einem Schulfest kannst du an einer Schießbude mit einem Turm aus Blechdosen Punkte sammeln. Du hast genau drei Würfe. Auf einer Tafel sind die Spielregeln notiert. Du kannst also maximal 9 Punkte erreichen.
Gib die Zufallsgröße X an, die die möglichen Punktzahlen beschreibt.

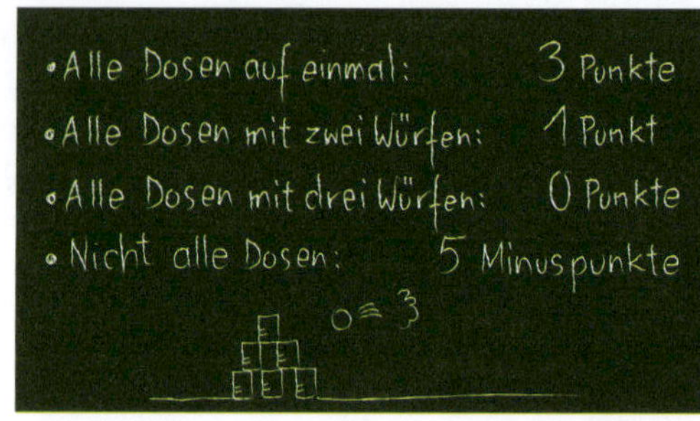

8 Ein Ort in den Bergen plant, weitere Mountainbike-Strecken anzulegen. Um die Bedürfnisse der Touristen besser einschätzen zu können, nimmt man Befragungen in Abhängigkeit von der Länge der Strecke vor. Dazu werden die Strecken von 30 km bis 150 km in 20-km-Intervalle aufgeteilt.
Gib die Zufallsgröße X an, die alle möglichen Streckenlängen beschreibt.

9 In einem Spiel gibt es 50 verschiedenfarbige Kärtchen, 5 rote, 10 gelbe, 15 blaue und 20 grüne.
Die roten zählen 10 Punkte, die gelben 6, die blauen drei und die grünen einen Punkt.
Die Karten werden beim Spiel zufällig von einem Stapel verdeckt gezogen. In jeder Spielrunde zieht jeder Spieler eine Karte, die wieder unter den Stapel gemischt wird. Die erhaltenen Punkte werden addiert.
a) Gib die Zufallsgröße X an, die die Punkte der Kärtchen beschreibt.
b) Welche Punktzahl kannst du nach einer Runde erwarten?
c) Welche Punktzahl kannst du nach 20 Runden erwarten?

10 Ein Lehrer hat sich über mehrere Jahre die Noten der Schüler in den Klausuren notiert.

Note	1	2	3	4	5	6
Anteil	12 %	30 %	26 %	21 %	10 %	1 %

a) Bestimme den Erwartungswert der Durchschnittsnote für die nächste Klausur.
b) Das Ergebnis der nächsten Klausur ist: 4-mal 1, 8-mal 2, 3-mal 3, 3-mal 4, 2-mal 5.
Untersuche, ob das Ergebnis dem Erwartungswert entspricht.

11 Eine Spielbox zeigt, wenn man sie schüttelt, die Zahlen 1 oder 3. Du möchtest herausfinden, mit welcher Wahrscheinlichkeit die beiden Zahlen auftreten. Dazu schüttelst du die Box 100-mal und erhältst als Summe aller Ergebnisse 150. Jetzt kannst du die beiden Wahrscheinlichkeiten herausfinden.

12 In einer Tabelle sind die Ergebnisse eines Glücksrads mit ihren Wahrscheinlichkeiten eingetragen. Zwei Zahlen sind verwischt und können nicht mehr gelesen werden. Es ist jedoch bekannt, dass der Erwartungswert bei einmaligem Drehen des Glücksrads 2,25 beträgt.
Berechne daraus die Wahrscheinlichkeiten für die Zahlen 1 und 3.

k	1	2	3	5
$P(X = k)$	?	0,25	?	0,15

TIPP ZUM LÖSEN DER AUFGABE 9

9 c) Da $E(X)$ gleich bleibt, kannst du von einer Runde auf mehrere schließen.

SCHRITT 6

Ich kann den Erwartungswert für verknüpfte Ergebnisse berechnen.

Hier lernst du, wie du beim Werfen von zwei Würfeln den Erwartungswert des Produkts der beiden Zahlen berechnen kannst.

→ Erwartungswert (in Schritt 5)

DAS BRAUCHST DU WIEDER

Allgemein: $E(X) = x_1 \cdot P(X = x_1) + x_2 \cdot P(X = x_2) + \ldots + x_n \cdot P(X = x_n)$

Beispiele: Auf dem Tisch liegen neun Karten, 2 Asse, 3 Könige und 4 Damen.
Die Karten haben folgende Werte: Ass = 11, Zehn = 10, König = 4, Dame = 3.
Bestimme den Erwartungswert des Zahlenwerts beim Aufdecken einer Karte.

2 Asse, 3 Könige, 4 Damen: $E(X) = 11 \cdot \frac{2}{9} + 4 \cdot \frac{3}{9} + 3 \cdot \frac{4}{9} = \frac{46}{9} = 5,\overline{1}$

8 Karten: 3 Asse, 2 Zehnen, 3 Damen: $E(X) =$ ____________________

7 Karten: 1 Ass, 3 Zehnen, 1 König, 2 Damen: $E(X) =$ ________________

DARUM GEHT'S

Du weißt bereits, was ein Erwartungswert ist und wie er berechnet wird. Bislang waren die Elemente x_i der Zufallsgröße immer gegeben, hier musst du sie und ihre Wahrscheinlichkeiten erst bestimmen. Die Berechnung des Erwartungswerts bleibt die gleiche.

Erwartungswert für verknüpfte Ergebnisse

Bei dieser Strategie bestimmst du zunächst alle Werte x_i der Zufallsgröße X. Dann sammelst du alle Ergebnisse, die zu den jeweiligen x_i gehören, und bestimmst die Wahrscheinlichkeiten $P(X = x_i)$.

SO GEHT'S

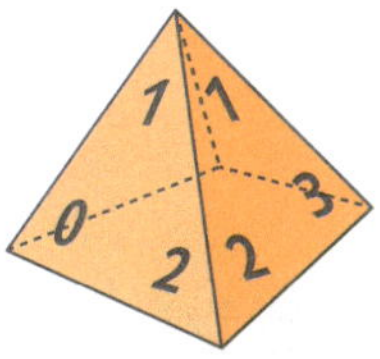

○ 1 **Beispiel**
Ein Spielwürfel hat die Form eines Tetraeders. An den vier Spitzen stehen die Zahlen 0, 1, 2 und 3. Es wird mit zwei Tetraedern gewürfelt. Bestimme den Erwartungswert für das Produkt der beiden Zahlen an der Spitze.

Du bist dran
Ein Spielwürfel hat die Form eines Tetraeders. An den vier Spitzen stehen die Zahlen 0, 1, 2 und 3. Es wird mit zwei Tetraedern gewürfelt. Bestimme den Erwartungswert für die Summe der beiden Zahlen an der Spitze.

Bestimme die möglichen Ergebnisse, deren Anzahl und Wahrscheinlichkeit:

Ergebnisse: (1; 1); (1; 2); (1; 3); (1; 0); (2; 1); (2; 2); (2; 3); (2; 0); (3; 1); (3; 2); (3; 3); (3; 0); (0; 1); (0; 2); (0; 3); (0; 0)

Anzahl = 4 · 4 = 16

Alle Ergebnisse haben die gleiche Wahrscheinlichkeit:

$p = \frac{1}{16}$

Notiere alle möglichen Werte x_i der Zufallsgröße X, die sich bei der Multiplikation bzw. Addition ergeben:

X = {0, 1, 2, 3, 4, 6, 9}

Schreibe in die 1. Spalte alle Ergebnisse, in die 2. Spalte die dazugehörigen Werte (Produkte) für x_i und in die 3. Spalte die Wahrscheinlichkeiten $P(X = x_i)$:

Tipp
Wenn es viele Werte x_i gibt, ist es übersichtlicher sie in einer Spalte untereinander zu schreiben.

Ergebnisse	x_i	$P(X = x_i)$	$x_i \cdot P(X = x_i)$
(0; 0), (0; 1), (1; 0), (0; 2), (2; 0), (0; 3), (3; 0)	0	$\frac{7}{16}$	0
(1; 1)	1	$\frac{1}{16}$	$\frac{1}{16}$
(1; 2), (2; 1)	2	$\frac{2}{16}$	$\frac{4}{16}$
(1; 3), (3; 1)	3	$\frac{2}{16}$	$\frac{6}{16}$
(2; 2)	4	$\frac{1}{16}$	$\frac{4}{16}$
(2; 3), (3; 2)	6	$\frac{2}{16}$	$\frac{12}{16}$
(3; 3)	9	$\frac{1}{16}$	$\frac{9}{16}$

Berechne den Erwartungswert als Summe der rechten Spalte:

$E(X) = \frac{1}{16} + \frac{4}{16} + \frac{6}{16} + \frac{4}{16} + \frac{12}{16} + \frac{9}{16} = \frac{36}{16} = \frac{9}{4} = 2{,}25$

○ **2** Die Seiten eines Spielwürfels sind jeweils 1-mal rot, 2-mal blau und 3-mal gelb gefärbt.
Die Farben bedeuten:
rot: 2 Felder zurück
blau: 2 Felder vorrücken
gelb: 1 Feld vorrücken

a) Berechne den Erwartungswert pro Spielrunde.
b) Wie viele Runden wirst du voraussichtlich benötigen, um 24 Felder vorzurücken?

○ **3** Vor dir liegen verdeckt sechs Karten mit Zauberwörtern darauf: SIMSALABIM, ABRAKADABRA, HOKUSPOKUS, SABBERBRABBEL, ALOHOMORA, BOMBARDA. Du drehst eine Karte um.
a) Gib die Zufallsgröße X an, die die Anzahl der „A" beschreibt.
b) Bestimme den Erwartungswert für die Anzahl der „A".
c) Bestimme den Erwartungswert für die Anzahl der „B".

◐ **4** Vor dir liegen verdeckt drei schwarze und eine rote Karte. Du kannst zwei Karten aufdecken, ohne sie wieder umzudrehen.
a) Gib die Zufallsgröße X an, die die Anzahl der möglichen schwarzen Karten beschreibt.
b) Berechne den Erwartungswert für die Anzahl der aufgedeckten schwarzen Karten.
c) Berechne den Erwartungswert für die Anzahl der aufgedeckten roten Karten.

5 Beim Backen von Omeletts versuchst du jedes Mal, die Omeletts durch Hochwerfen in der Pfanne zu drehen. Es gelingt dir zu 60 %, du zählst das als Treffer. Du hast drei Omeletts gebacken.

a) Gib die Zufallsgröße X an, die die Anzahl der Treffer beschreibt.

b) Mit wie vielen Treffern kannst du rechnen?

6 Du hast einen Schlüsselbund mit vier Schlüsseln und weißt nicht, welcher der richtige ist. Berechne den Erwartungswert für die Anzahl der Versuche, die du brauchst, bis du den passenden gefunden hast.

7 Bei einem Spiel musst du von deinem Nebenmann so lange Karten ziehen, bis du ein Ass gezogen hast. Dein Nebenmann hat noch 4 Karten, davon 2 Asse. Wie oft musst du erwartungsgemäß ziehen?

8 Eine Zufallsvariable ist durch die Tabelle bestimmt, bei der zwei Wahrscheinlichkeiten verloren gegangen sind.

x_i	−10	0	1	2	3	5
$P(X = x_i)$	0,1	0,2	0,1	0,3	p_1	p_2

Untersuche, zwischen welchen Werten der Erwartungswert liegen kann.

9 Von sechs Feldern zum Aufrubbeln bei Rubbellosen sind drei leer und unter den anderen drei ist jeweils ein Preis.

a) Bestimme die Wahrscheinlichkeit, zuerst die drei leeren Felder hintereinander frei zu rubbeln.

b) Wie viele Felder musst du voraussichtlich frei rubbeln, bis du ein Feld mit einem Preis darunter gefunden hast?

10 In einer Urne befinden sich drei rote, vier schwarze und eine weiße Kugel.

a) Bestimme die Wahrscheinlichkeit, bei dreimaligem Ziehen ohne Zurücklegen die weiße Kugel zu ziehen.

b) Für einen Einsatz von 2 € darf man eine Kugel aus der Urne ziehen. Handelt es sich um die weiße Kugel, erhält man 4 €, für eine rote Kugel 2 € und für eine schwarze Kugel 1 €. Wie oft kann man voraussichtlich das Spiel wiederholen, bis man die 2 Euro verloren hat?

TIPPS ZUM LÖSEN DER AUFGABEN 6 UND 8

6 Manchmal können auch die Anzahlen an Versuchen die x_i-Werte der Zufallsgröße darstellen.

8 Beachte, dass alle Wahrscheinlichkeiten zusammen 1 ergeben müssen.

SCHRITT 7

Ich kann erkennen, ob ein Spiel fair ist.

Hier lernst du, ob ein Glücksspiel fair oder für einen der Spieler vorteilhaft ist. Max und Moritz würfeln mit zwei Würfeln und vereinbaren folgende Regel: Sind beide Zahlen gleich oder zeigt ein Würfel eine „3", muss Max an Moritz 1 Euro bezahlen, andernfalls zahlt Moritz an Max 1 Euro. Prüfe, ob das Spiel fair ist.

→ Erwartungswert für verknüpfte Ergebnisse (in Schritt 6)

DAS BRAUCHST DU WIEDER

Allgemein: $E(X) = x_1 \cdot P(X = x_1) + x_2 \cdot P(X = x_2) + \ldots + x_n \cdot P(X = x_n)$

Beispiele: Beim Werfen eines Würfels erhältst du fünf Punkte für eine „6", drei Punkte für eine „1", einen Punkt für alle anderen Zahlen.

$E(X) = 5 \cdot \frac{1}{6} + 3 \cdot \frac{1}{6} + 1 \cdot \frac{4}{6} = \frac{12}{6} = 2$

Voraussichtliche Punktzahl nach 100 Würfen: $100 \cdot 2 = 200$
Voraussichtliche Punktzahl nach 200 Würfen: ____________
Voraussichtliche Punktzahl nach 500 Würfen: ____________

DARUM GEHT'S

Tipp
Jedes Glücksspiel wird vom Betreiber so designt, dass der Erwartungswert negativ ist.

Du kannst den Erwartungswert eines Spiels berechnen. Er kann positiv, negativ oder null sein. Ist der Erwartungswert **E (X) = 0**, dann nennt man das Spiel **fair**, das bedeutet, dass du auf lange Sicht weder verlierst noch gewinnst. Ist der Erwartungswert aus deiner Sichtweise positiv, gewinnst du; ist er negativ, verlierst du auf lange Sicht.

Gewinnchance beim Spiel

Bei dieser Strategie schreibst du zuerst die Ergebnisse, danach die damit verbundenen Geldbeträge x_i und dann die Wahrscheinlichkeiten $P(X = x_i)$ auf.

SO GEHT'S

○ 1 **Beispiel**

Bei einem Würfelspiel mit einem üblichen Würfel darfst du für 1 Euro Einsatz 3-mal würfeln. Es gelten die folgenden Regeln:
eine Sechs: du erhältst 2 Euro
zwei Sechsen: du erhältst 3 Euro
drei Sechsen: du erhältst 6 Euro.
Untersuche, ob das Spiel fair ist.

Definiere die Zufallsgröße X:

X : Gewinne x_i in Euro.

Berechne und notiere alle möglichen Werte x_i, indem du den Einsatz vom Gewinn abziehst:

keine Sechs: -1 €
eine Sechs: 1 €
zwei Sechsen: 2 €
drei Sechsen: 5 €

Du bist dran

Bei einem Würfelspiel mit einem üblichen Würfel darfst du für 1 Euro Einsatz 3-mal würfeln. Es gelten die folgenden Regeln:
eine Sechs: du erhältst 1 Euro
zwei Sechsen: du erhältst 4 Euro
drei Sechsen: du erhältst 10 Euro.
Untersuche, ob das Spiel fair ist.

Stelle eine Tabelle auf und berechne den Erwartungswert:

Anzahl „6"	Gewinn x_i	$P(X = x_i)$	$x_i \cdot P(X = x_i)$
0	-1 €	$\left(\frac{5}{6}\right)^3$	-0,579 €
1	1 €	$3 \cdot \left(\frac{5}{6}\right)^2 \cdot \frac{1}{6}$	0,347 €
2	2 €	$3 \cdot \frac{5}{6} \cdot \left(\frac{1}{6}\right)^2$	0,139 €
3	5 €	$\left(\frac{1}{6}\right)^3$	0,023 €

E(X) = -0,579 € + 0,347 € + 0,139 € + 0,023 € = -0,070 €

Interpretiere den Erwartungswert:

Das Spiel ist nicht fair, du verlierst im Durchschnitt pro Spiel 7 Cent.

Tipp
In einem Spiel kannst du nicht wirklich 7 Cent verlieren. Das Ergebnis bedeutet, dass du nach 100 Spielen im Schnitt 7 € verloren hast.

○ **2** Ein Spielwürfel hat die Form eines Tetraeders. Drei Seiten sind weiß, eine Seite ist grün bemalt. Dir steht eine beliebige Anzahl an Chips zur Verfügung. Landet der Tetraeder beim Werfen auf einer weißen Seite, musst du einen Chip abgeben; landet er auf der grünen Seite, erhältst du drei Chips. Untersuche, ob das Spiel fair ist.

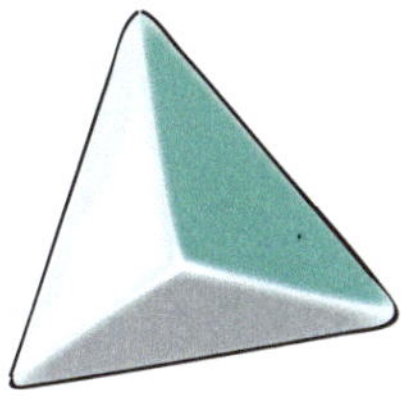

○ **3** Du wirfst drei Münzen gleichzeitig. Die Anzahl der Münzen, die „Zahl" zeigen, ist der Gewinn.
a) Schreibe alle Ergebnisse auf.
b) Berechne den Erwartungswert.
c) Für 3-maliges Werfen der drei Münzen musst du 5 Euro als Einsatz bezahlen. Prüfe, ob das Spiel fair ist.

◒ **4** Du wirfst zwei Würfel für einen Einsatz von 0,50 Euro. Ist die Summe der beiden Zahlen größer oder gleich 10, erhältst du 2 Euro zurück.
a) Untersuche, ob das Spiel fair ist.
b) Bestimme den Auszahlungsbetrag, damit das Spiel fair wird.

◒ **5** In einer Lotterie kannst du mit 10 % der Lose 10 €, mit 10 % der Lose 5 € und mit 20 % der Lose 1 € gewinnen.
Was müssen die Lose kosten, damit der Lotterie-Veranstalter
a) keinen Verlust macht,
b) im Mittel bei 100 Spielen 50 € verdient?

◒ **6** Für ein Schulfest ist ein Glücksrad mit zehn gleich großen Feldern gebaut worden. Auf den zehn Feldern ist 4-mal die „0", 3-mal die „1", 2-mal die „2" und einmal die „4" aufgemalt.
Die aufgetragenen Werte werden jeweils in Euro ausbezahlt.
Wie hoch muss der Einsatz pro Runde sein, damit das Spiel fair ist?

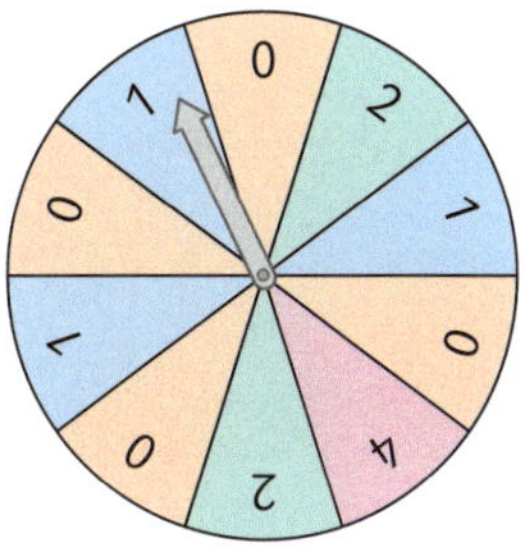

7 In einer Urne befinden sich zwei rote und acht weiße Kugeln. Du darfst zweimal ziehen. Ziehst du eine rote Kugel, musst du 5 Euro bezahlen. Ziehst du eine weiße Kugel, erhältst du 1 Euro.

a) Berechne den zu erwartenden Verlust pro Spiel.

b) Weise nach, dass das Spiel fair wäre, wenn du bei einer roten Kugel nur 4 Euro bezahlen müsstest.

8 Bei einem Glücksspiel mit einem Einsatz von 2 Euro gibt die Zufallsvariable X den Gewinn an. Die Tabelle gibt die Wahrscheinlichkeitsverteilung von X an.

x_i in Euro	-2	-1	0	1	4
$P(X = x_i)$	0,3	0,1	0,3	0,2	0,1

a) Berechne den Erwartungswert von X.

b) Wie groß müsste der Einsatz sein, damit das Spiel fair ist?

c) Ändere den Gewinn von 1 Euro so ab, dass das Spiel bei einem Einsatz von 2 Euro fair wird.

9 Bei dem abgebildeten Glücksrad ist ein Drittel der Fläche blau. Du zahlst für eine Runde 2 Euro und darfst dafür 2-mal drehen.

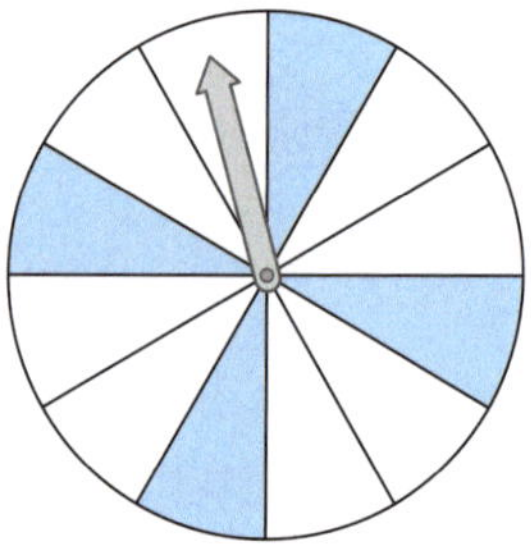

Es gelten folgende Regeln:
2-mal blau: Du erhältst 5 Euro.
beide Farben: Du bekommst deinen Einsatz zurück.
2-mal weiß: Du bekommst nichts zurück.

a) Berechne den Erwartungswert für ein Spiel.

b) Ändere den Betrag für „2-mal blau" so ab, dass das Spiel fair ist.

10 Von fünf Freunden wollen zwei am Zoll Zigaretten schmuggeln. Bei der Zollkontrolle werden zwei untersucht.

a) Berechne die Wahrscheinlichkeiten der Ereignisse.
A: Beide Schmuggler werden erwischt.
B: Mindestens ein Schmuggler wird erwischt.

b) Berechne die Wahrscheinlichkeit für einen der Schmuggler, bei 10 Versuchen unerkannt durchzukommen.

11 Eine Schulklasse hat für ein Gewinnspiel zwei Würfel gebastelt, einen roten und einen blauen, die sich nur in den Farben unterscheiden.
Die Abbildung zeigt die Beschriftung der Würfel.

Am Schulfest bietet die Klasse für 1 Euro Einsatz ihr Gewinnspiel „11 gewinnt" an:
Hauptpreis: 5 Euro für „11"
Trostpreis: 1 Euro für „22" oder „33"
Verloren: alle anderen Ergebnisse

a) Berechne die Wahrscheinlichkeiten, mit der einem Spieler 5 €, 1 € oder nichts ausbezahlt werden.

b) Mit welchem Gewinn kann die Klasse bei 100 Spielen rechnen?

TRAINING

○ **1** Ein normaler Spielwürfel wird zweimal geworfen. → Schritt 1

a) Bestimme die Wahrscheinlichkeit, dass die Summe beider Augenzahlen größer als 10 ist.

b) Bestimme die Wahrscheinlichkeit, dass die Augenzahl des ersten Würfels kleiner ist als 5 und die Augenzahl des zweiten Würfels gerade ist.

○ **2** Bei einem Brettspiel werden Würfel mit einer gelben, zwei blauen und drei roten Seiten benutzt. Es werden zwei Würfel geworfen. → Schritt 4

a) Zeichne das dazugehörige Baumdiagramm und trage alle Ergebnisse und Wahrscheinlichkeiten ein.

b) Bestimme die Wahrscheinlichkeiten der folgenden Ereignisse.

E_1: kein Würfel zeigt rot.
E_2: genau ein Würfel zeigt rot.
E_3: beide Würfel zeigen die gleiche Farbe.

○ **3** Bei einem Glücksspiel wird das abgebildete Glücksrad einmal gedreht. Als Einsatz bezahlt man 3 €. Man erhält den Betrag ausgezahlt, der auf dem Feld zu sehen ist, welches nach der Drehung oben steht.
Bestimme den Erwartungswert für den Gewinn. → Schritt 6

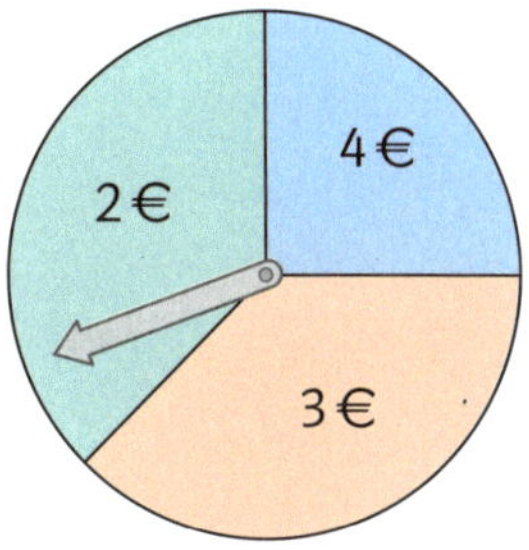

○ **4** Auf einem Schaltbrett sind vier Schalter angebracht, von denen jeder auf „ein" oder „aus" stehen kann. → Schritt 3

a) Zeichne in ein Baumdiagramm alle möglichen Schalterstellungen.

b) Bestimme die Wahrscheinlichkeiten der folgenden Ereignisse:

E_1: Der erste Schalter steht auf „ein", der zweite auf „aus", der dritte auf „ein" und der letzte auf „aus".
E_2: Der erste Schalter steht auf „ein", der zweite auf „aus" und der dritte auf „ein".
E_3: Der erste Schalter steht auf „ein" und der zweite auf „aus".
E_4: Der erste Schalter steht auf „ein".

◒ **5** Unter einer Warenladung von 12 Containern sind drei mit Schmuggelgut.
Wie groß ist die Wahrscheinlichkeit dafür, dass beim Öffnen → Schritt 4

a) von 3 Containern keiner mit Schmuggelgut dabei ist,

b) von 3 Containern genau zwei ohne Schmuggelgut dabei sind?

◒ **6** Ein Elektrogeschäft erhält eine Sendung Glühbirnen. Es wird mit 0,5 % defekten Glühbirnen gerechnet. Du kaufst 5 Glühbirnen. → Schritt 3

a) Bestimme die Wahrscheinlichkeit, dass alle in Ordnung sind.

b) Bestimme die Wahrscheinlichkeit, dass mindestens eine defekt ist.

● **7** Bei einem Spiel mit Buchstaben-Karten werden die Buchstaben des Wortes SOLO umgedreht und vermischt.
Es werden drei Karten hintereinander aufgedeckt und deren Buchstabe jeweils notiert. Nachdem eine Karte gezogen wurde, wird diese zurückgelegt, umgedreht und die Karten wieder vermischt.
→ Schritt 3

a) Zeichne das dazugehörige Baumdiagramm.

b) Wie groß ist dann die Wahrscheinlichkeit, dass der Reihe nach das Wort „LOS" entsteht?

● **8** Ein Würfel hat 30 Seiten. → Schritt 2

a) Er wird einmal geworfen. Bestimme die Wahrscheinlichkeit, dass die Zahl durch 4 teilbar oder eine Primzahl ist.

b) Nun wird der Würfel zweimal geworfen. Bestimme die Wahrscheinlichkeit, dass die erste Zahl gerade oder die zweite Zahl kleiner als 11 ist.

SCHRITT 8

Ich kann bedingte Wahrscheinlichkeiten berechnen.

Hier lernst du, wie groß die Wahrscheinlichkeit für eine Sechs ist, wenn dir jemand verrät, dass die geworfene Zahl weder eine „1“ noch eine „5“ ist.

→ Ziehen ohne Zurücklegen (in Schritt 3)

→ Baumdiagramme (in Schritt 4)

DAS BRAUCHST DU WIEDER

Allgemein: Beim Ziehen ohne Zurücklegen verringern sich mit jedem Zug die möglichen Ergebnisse.

Beispiele: Von einem Stapel mit 5 roten und 3 schwarzen Karten ziehst du zweimal.

Zwei rote Karten:
$P(X = rr) = \frac{5}{8} \cdot \frac{4}{7} = \frac{5}{14} \approx 0{,}3571 = 35{,}71\,\%$

Zwei schwarze Karten: $P(X = ss) =$ ____________

Zuerst eine rote, dann eine schwarze Karte:
$P(X = rs) =$ ____________

Zuerst eine schwarze, dann eine rote Karte: ____________

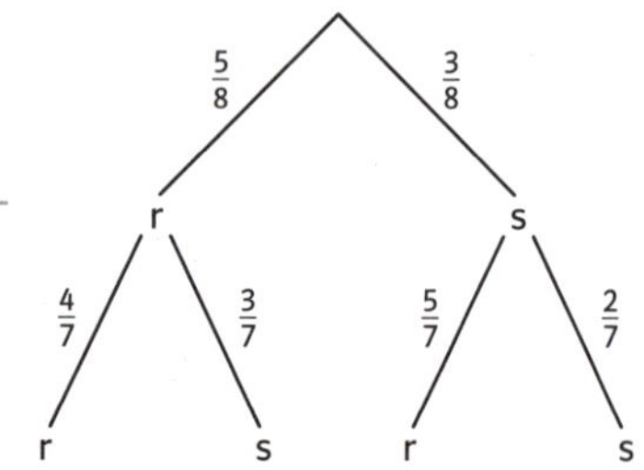

DARUM GEHT'S

Vom Ziehen ohne Zurücklegen weißt du, dass die Wahrscheinlichkeit für den 2. Zug vom Ergebnis des 1. Zugs abhängt. Ebenso ändert sich die Wahrscheinlichkeit eines Ereignisses B, wenn du eine zusätzliche Information (Ereignis A) erhalten hast. Dies ist die bedingte Wahrscheinlichkeit $P_A(B)$. Du kannst am Baumdiagramm ablesen:

$\mathbf{P(A \cap B) = P(A) \cdot P_A(B)}$, daraus ergibt sich: $\mathbf{P_A(B) = \frac{P(A \cap B)}{P(A)}}$

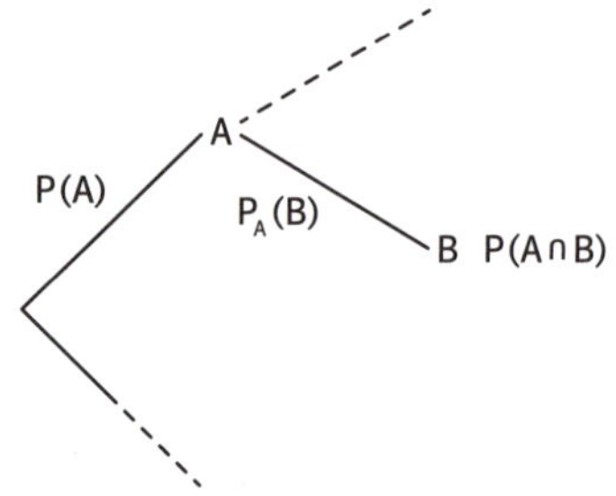

Bedingte Wahrscheinlichkeit

Diese Strategie wendest du an, wenn die Wahrscheinlichkeit eines Ereignisses B von einer zusätzlichen Information (Ereignis A) abhängt.

Erklärfilm
Bedingte Wahrscheinlichkeit
p5cn9z

SO GEHT'S

○ 1 **Beispiel**

Ein nicht ganz gleichmäßig geformter Tetraeder wird als Spielwürfel benutzt. Die unten liegende Seite gilt. Drei Seiten mit den Zahlen 1, 2 und 3 sind weiß (w), die vierte Seite mit der Zahl 5 ist rot (r). Der Tetraeder kommt mit folgenden Wahrscheinlichkeiten auf einer Zahl zu liegen:

1	2	3	5
0,3	0,2	0,3	0,2

Bestimme die Wahrscheinlichkeit für die Zahl „1“, wenn dir ein Mitspieler verrät, dass der Tetraeder auf einer weißen Seite (w) liegt.

Du bist dran

Ein nicht ganz gleichmäßig geformter Tetraeder wird als Spielwürfel benutzt. Die unten liegende Seite gilt. Drei Seiten mit den Zahlen 1, 2 und 3 sind weiß (w), die vierte Seite mit der Zahl 5 ist rot (r). Der Tetraeder kommt mit folgenden Wahrscheinlichkeiten auf einer Zahl zu liegen:

1	2	3	5
0,3	0,2	0,3	0,2

Bestimme die Wahrscheinlichkeit für die Zahl „1“, wenn dir ein Mitspieler verrät, dass der Tetraeder auf einer ungeraden Zahl liegt.

Schreibe das Ergebnis und die Bedingung auf:

Ergebnis: „weiße Seite und 1"
Bedingung: weiße Seite

Lies aus der Tabelle die Wahrscheinlichkeiten der Ereignisse ab und addiere:

$P(w \cap 1) = 0{,}3$
$P(w) = 0{,}3 + 0{,}2 + 0{,}3 = 0{,}8$

Berechne mithilfe der Formel die bedingte Wahrscheinlichkeit $P_w(1)$:

$$P_w(1) = \frac{P(w \cap 1)}{P(w)} = \frac{0{,}3}{0{,}8} = 0{,}375 = 37{,}5\,\%$$

○ **2** **a)** Ergänze die fehlenden Wahrscheinlichkeiten im nebenstehenden Baumdiagramm.
b) Gib die bedingten Wahrscheinlichkeiten $P_A(B)$, $P_{\bar{A}}(B)$, $P_A(\bar{B})$, $P_{\bar{A}}(\bar{B})$ an.

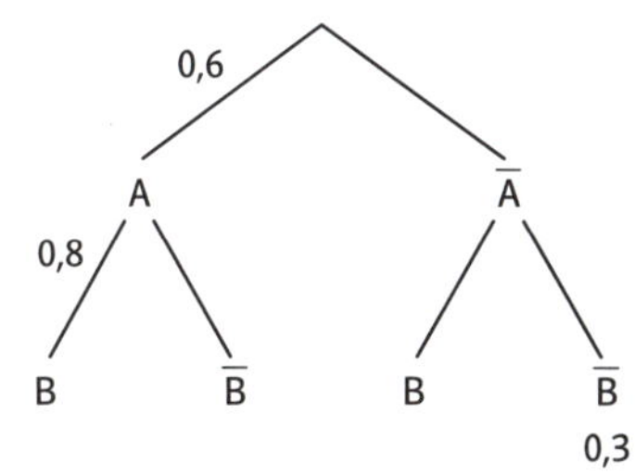

○ **3** In einer Jugendgruppe gibt es 15 % rothaarige Mädchen. Die Mädchen machen einen Anteil von 60 % aus. Bestimme die Wahrscheinlichkeit, dass ein Mädchen, das du triffst, rothaarig ist.

○ **4** Bei einem Hochsprung-Wettbewerb sind 80 % der Teilnehmer über 1,90 Meter gesprungen, aber nur 20 % der Teilnehmer über 2 Meter.
Mit welcher Wahrscheinlichkeit hat einer, der die 1,90 m geschafft hat, auch die 2,00 m geschafft?

◐ **5** In einer Schule wurden neue Rauchmelder installiert (R = es hat sich Rauch gebildet; S = Signal ertönt).
a) Beschreibe mit Worten, was die bedingten Wahrscheinlichkeiten $P_R(S)$; $P_R(\bar{S})$; $P_{\bar{R}}(S)$ bedeuten.
b) Gib außerdem an, ob die Werte der Wahrscheinlichkeiten von a) eher groß oder eher klein sein sollten.

◐ **6** Du hast mit dem Würfelbecher zwei Würfel geworfen. Ein Mitspieler schaut unter den Becher und verrät dir, dass beide Zahlen gerade sind.
Bestimme die Wahrscheinlichkeit, dass genau eine der beiden Zahlen eine Sechs ist.

● **7** Eine Untersuchung ergab, dass von 500 neu gekauften Smartphones 375 nach den ersten beiden Jahren einwandfrei funktionieren. 255 der 500 Smartphones funktionieren auch noch nach vier Jahren einwandfrei.
a) Bei wie viel Prozent der 500 Käufer funktioniert das Handy nach zwei Jahren noch einwandfrei?
b) Bei wie viel Prozent der 375 Käufer, die ihr Smartphone bereits zwei Jahre haben, funktioniert es auch noch nach zwei weiteren Jahren einwandfrei?

TIPPS ZUM LÖSEN DER AUFGABEN 2, 5, 6 UND 7

2 a) $P_{\bar{A}}(\bar{B}) = \frac{P(\bar{A} \cap \bar{B})}{P(\bar{A})}$ **5 a)** $P_R(S)$: Wahrscheinlichkeit, dass das Signal ertönt, nachdem sich Rauch gebildet hat. **6** Es gibt neun Möglichkeiten, dass beide Zahlen gerade sind. **7** Die Wahrscheinlichkeit für 4 Jahre ist die Summe der Zahlen in den Feldern von „<3" und „3 – 5".

SCHRITT 9

Ich kann Vierfeldertafeln lesen und interpretieren.

Hier lernst du, wie du aus einzelnen Zahlen-Angaben einer Schule weitere Anzahlen bestimmen kannst. Zum Beispiel gibt es unter den 43 Lehrerinnen einer Schule 18, die rauchen. Insgesamt unterrichten 76 Personen an der Schule, von denen 46 Nichtraucher sind. Bestimme daraus die Anzahl der männlichen Lehrer, die nicht rauchen.

→ Schnitt- und Vereinigungsmenge (in den Grundlagen)

→ Umrechnen in Prozentschreibweise (in den Grundlagen)

DAS BRAUCHST DU WIEDER

Beispiele: $A \cap B$
Schraffiere $\overline{A} \cap B$
Schraffiere $\overline{A} \cup B$

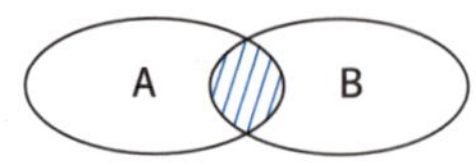

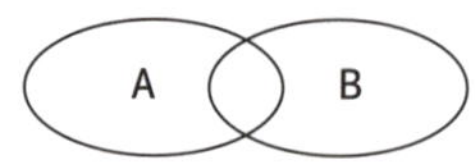

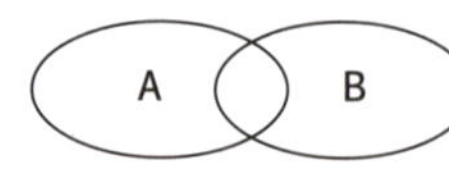

DARUM GEHT'S

Bei statistischen Erhebungen findest du oft Zahlen, die die Häufigkeit verschiedener Merkmale wie männlich/weiblich oder Raucher/Nichtraucher angeben. Über die Anzahlen zweier Merkmale A und B sowie ihrer Alternativen $\overline{A}$ bzw. $\overline{B}$ kannst du dir mit einer Vierfeldertafel einen Überblick verschaffen.

In den inneren vier Feldern stehen die Schnittmengen der betrachteten Merkmale. Rechts und unten stehen die Summen der inneren Felder. Wenn du die Gesamtanzahl mit 100 % = 1 annimmst, kannst du alle anderen Daten der Tafel als Prozent- oder Dezimalzahlen angeben, die als Wahrscheinlichkeiten für das Auftreten dieser Merkmale interpretiert werden können.

	B	$\overline{B}$	
A	1	2	3
$\overline{A}$	3	4	7
	4	6	10

Tipp
Merkmal bedeutet das gleiche wie Ereignis.

Vierfeldertafel mit konkreten Zahlen

Eine Vierfeldertafel ist immer dann hilfreich, wenn du einen Text mit mehreren Anzahlen verschiedener Merkmale zu bearbeiten hast.

Erklärfilm
Die Vierfeldertafel
p5cn9z

SO GEHT'S

○ 1 **Beispiel**
An 225 männlichen und 275 weiblichen Mäusen wird die Wirkung eines bestimmten Medikaments getestet. Das Ergebnis des Tests ist: 125 männliche und 225 weibliche Mäuse zeigen Wirkung, die anderen nicht. Fertige zu dem Test eine Vierfeldertafel an und trage die angegebenen Daten ein. Ergänze die fehlenden Daten.

Schreibe die Merkmale und ihre Anzahlen auf:

männlich (m) = 225; weiblich (w) = 275
männlich mit Wirkung ($m \cap W$) = 125
weiblich mit Wirkung ($w \cap W$) = 225

Trage die Werte in die Vierfeldertafel ein und ergänze sie:

	W	$\overline{W}$	
m	125	100	225
w	225	50	275
	350	150	500

Tipp
Die Anordnung der Merkmale spielt keine Rolle.

Du bist dran
An 225 männlichen und 275 weiblichen Mäusen wird die Wirkung eines bestimmten Medikaments getestet. Das Ergebnis des Tests ist: Von den Mäusen, die keine Wirkung zeigen, sind 120 männlich und 80 weiblich. Fertige zu dem Test eine Vierfeldertafel an und trage die angegebenen Daten ein. Ergänze die fehlenden Daten.

○ **2** Von den 120 Schülerinnen und Schülern einer Kursstufe wird in einer Vierfeldertafel festgehalten, wie viele ein Streichinstrument (S-I) beziehungsweise ein Blasinstrument (B-I) spielen.
Ein paar Zahlen sind bereits eingetragen.
a) Schreibe auf, was die Zahlen aussagen.
b) Vervollständige die Vierfeldertafel.
c) Nenne die Anzahlen der folgenden Mengen: M, J, B-I, $J \cap$ B-I.

	S-I	B-I	
M		35	
J	24		
	52		120

○ **3** Die „10" im Feld AB der Vierfeldertafel ist ein Schreibfehler. Korrigiere ihn und ergänze die fehlenden Daten.

	S-I	B-I	
A	10		24
$\overline{A}$	12		
		22	40

○ **4** Trage die Daten in eine Vierfeldertafel ein und ergänze die fehlenden Daten:

$A \cap B = 7$; $A \cap \overline{B} = 3$; $\overline{A} \cap B = 12$; insgesamt = 25

◐ **5** Auf einer Obstplantage mit 90 Kirsch- und 70 Pfirsich-Bäumen sind ein Viertel aller Bäume von Mehltau befallen, 12 davon sind Pfirsichbäume.
a) Schreibe alle Daten in eine Vierfeldertafel und vervollständige sie.
b) Wie viele Kirschbäume sind nicht befallen?

Vierfeldertafel mit Prozentwerten als Dezimalzahlen

Die jeweiligen prozentualen Anteile beziehen sich auf die Gesamtanzahl 100 % = 1.
Die Prozentzahlen kannst du als Wahrscheinlichkeit für ein zufällig ausgewähltes Element interpretieren.

SO GEHT'S

○ **6** **Beispiel**
Am Ende eines Ferienlagers mit 60 % Mädchen wollen die Kinder etwas aufführen. Sie können zwischen einer Theater- und einer Musikgruppe wählen, müssen sich aber für eine entscheiden. Für die beiden Gruppen entscheiden sich gleich viele Kinder, aber die Jungen in der Theatergruppe machen nur 10 % aller Kinder aus. Trage die Daten in eine Vierfeldertafel und ergänze sie. Lies die Wahrscheinlichkeiten in Prozent ab:
a) Ein Kind ist ein Junge.
b) Ein Kind ist ein Mädchen und macht Musik.

Trage die Prozentzahlen als Dezimalzahlen in die Vierfeldertafel ein und ergänze sie: (M = Mädchen, J = Junge, Th = Theatergruppe, Mu = Musikgruppe)

	Th	Mu	
M	0,4	0,2	0,6
J	0,1	0,3	0,4
	0,5	0,5	1

Lies aus der Vierfeldertafel ab:

a) $P(J) = 0{,}4 = 40\,\%$
b) $P(M \cap Mu) = 0{,}2 = 20\,\%$

Du bist dran
Am Ende eines Ferienlagers mit 55 % Mädchen wollen die Kinder etwas aufführen. Sie können zwischen einer Theater- und einer Musikgruppe wählen, müssen sich aber für eine entscheiden. Für die Theatergruppe entscheiden sich 60 % aller Kinder, aber die Jungen in der Theatergruppe machen nur 20 % aller Kinder aus. Trage die Daten in eine Vierfeldertafel und ergänze sie. Lies die Wahrscheinlichkeiten in Prozent ab:
a) Ein Kind ist in der Musikgruppe.
b) Ein Kind ist ein Junge und macht Musik.

TIPP ZUM LÖSEN DER AUFGABE 5

5 a) Insgesamt gibt es 160 Bäume. 40 sind von Mehltau befallen.

○ **7** **a)** Vervollständige die Vierfeldertafel.

	B	$\overline{B}$	
A	0,24		
$\overline{A}$			0,66
	0,6		1

b) Lies die Wahrscheinlichkeiten ab:
$P(A)$, $P(A \cap B)$, $P(\overline{A} \cap \overline{B})$

◐ **8** Unter den 240 Oberstufen-Schülern eines Gymnasiums wird eine Umfrage zum Rauchen durchgeführt. Von den 144 Mädchen geben 58 an, dass sie hin und wieder rauchen, bei den Jungen sind es 53.

a) Schreibe alle Daten in eine Vierfeldertafel und ergänze die fehlenden Daten.
b) Wandle die Daten in Prozentzahlen um.
c) Du wählst einen beliebigen Namen aus der Kartei. Gib die Wahrscheinlichkeit dafür an, dass der-/diejenige
(1) männlich ist,
(2) männlich und Raucher ist,
(3) weiblich ist und nicht raucht.

◐ **9** Bei einem Dorffest werden ein Fußball- und ein Handballturnier veranstaltet. Am Fußballturnier nehmen insgesamt 32 Mannschaften teil, am Handballturnier insgesamt 8. Außer 28 eingetragenen Vereinen nehmen auch einige Hobbymannschaften teil. Beim Fußballturnier sind 22 Mannschaften aus Vereinen.

a) Übertrage den Text in eine Vierfeldertafel.
b) Wie viel Prozent der teilnehmenden Mannschaften sind Hobbymannschaften, die Handball spielen?

● **10** In einem Landkreis wurde eine Erhebung über die Berufstätigkeit durchgeführt. Dabei ergab sich: 51,3 % der Befragten sind Frauen. 53,4 % der Frauen und 67,2 % der Männer sind berufstätig.

a) Bestimme aus den Angaben den prozentualen Anteil der Personen, die weiblich und berufstätig beziehungsweise männlich und berufstätig sind.
b) Trage die Daten in eine Vierfeldertafel ein, vervollständige sie und beantworte die Frage:
Wie viel Prozent der Befragten sind nicht berufstätig?

● **11** Bei einer Bürgermeisterwahl erhielt von drei Kandidaten der Kandidat A 42,5 % aller Stimmen. Bei der Analyse des Wahlergebnisses stellte sich heraus, dass Kandidat A von den über 50-jährigen, die 55,6 % der Wähler stellten, mit 53,0 % mehr als die Hälfte der Stimmen bekommen hatte.
Trage die Daten in eine Vierfeldertafel ein, vervollständige sie und beantworte die Fragen:

1. Wie viel Prozent der Wähler sind unter 50 Jahre alt?
2. Wie viel Prozent der Wähler, die noch nicht 50 sind, haben einen anderen Kandidaten gewählt?

TIPP ZUM LÖSEN DER AUFGABE 10

10 a) Weiblich (w) und berufstätig (b) erhältst du aus $P(w) \cdot P_w(b) = 0{,}513 \cdot 0{,}534$.

Ich kann aus einer Vierfeldertafel ein Baumdiagramm erstellen.

Hier lernst du, wie du die Prozentwerte einer Vierfeldertafel in ein Baumdiagramm übertragen kannst. Zum Beispiel sind in der Kursstufe einer Schule 58 % Mädchen. Von allen Schülerinnen und Schülern sind 32 % in einem Sportverein, 18 % davon sind Mädchen und 14 % Jungen. Bestimme den Prozentsatz der Jungen, die in einem Sportverein sind.

→ Baumdiagramm (in Schritt 4)

→ Bedingte Wahrscheinlichkeit (in Schritt 8)

→ Vierfeldertafel (in Schritt 9)

DAS BRAUCHST DU WIEDER

Beispiele: $P(A \cap B) = 0{,}35$; $P(B) = 0{,}6$; $P(\overline{A}) = 0{,}4$
$P(A) =$ ___ ; $P(\overline{A} \cap B) =$ ___ ; $P(A \cap \overline{B}) =$ ___ ;
$P(\overline{A} \cap \overline{B}) =$ ___

	B	$\overline{B}$	
A	0,35		
$\overline{A}$			0,4
	0,6		1

DARUM GEHT'S

Du weißt schon, dass die Werte der inneren Felder der Vierfeldertafel die Wahrscheinlichkeiten am Ende des jeweiligen Pfades sind. Die Daten einer Vierfeldertafel können in ein Baumdiagramm übertragen werden.
Das bringt den Vorteil, dass du auch die bedingten Wahrscheinlichkeiten eintragen kannst, wie du schon weißt.

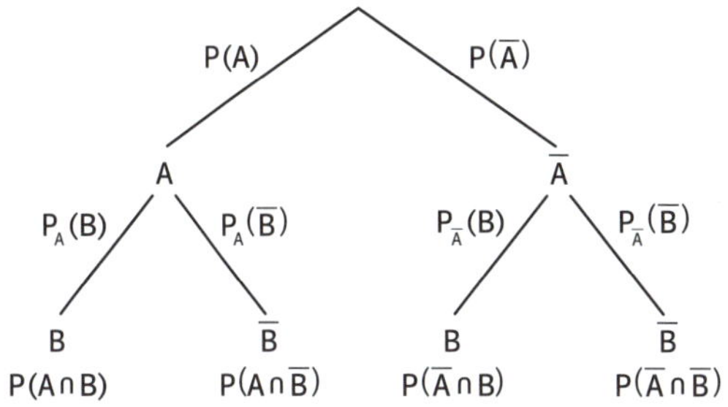

$$P_A(B) = \frac{P(A \cap B)}{P(A)}; \; P_A(\overline{B}) = \frac{P(A \cap \overline{B})}{P(A)};$$

$$P_{\overline{A}}(B) = \frac{P(\overline{A} \cap B)}{P(\overline{A})}; \; P_{\overline{A}}(\overline{B}) = \frac{P(\overline{A} \cap \overline{B})}{P(\overline{A})}$$

Vierfeldertafel, Baumdiagramm und bedingte Wahrscheinlichkeiten

Mithilfe der Vierfeldertafel kannst du alle bedingten Wahrscheinlichkeiten berechnen.

SO GEHT'S

○ **1** **Beispiel**
Es ist die Vierfeldertafel gegeben.

	B	$\overline{B}$	
A	0,25	0,2	0,45
$\overline{A}$	0,45	0,1	0,55
	0,7	0,3	1

a) Zeichne ein Baumdiagramm mit A als 1. Merkmal und B als 2. Merkmal.
b) Trage die fehlenden bedingten Wahrscheinlichkeiten ein.

a) Zeichne das Baumdiagramm mit den Wahrscheinlichkeiten, die du aus der Vierfeldertafel ablesen kannst:

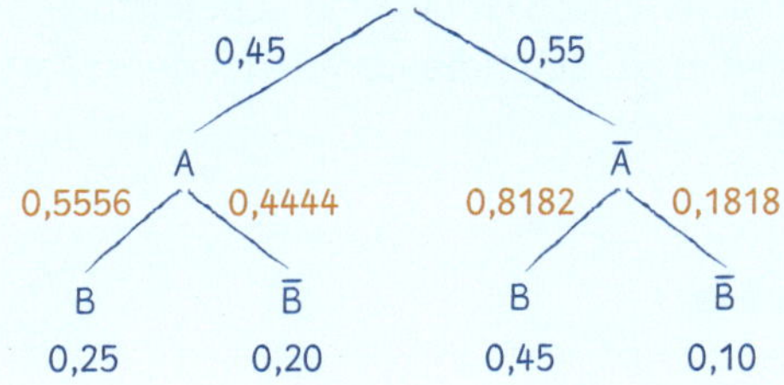

Du bist dran
Es ist die Vierfeldertafel gegeben.

	B	$\overline{B}$	
A	0,16	0,48	0,64
$\overline{A}$	0,24	0,12	0,36
	0,4	0,6	1

a) Zeichne ein Baumdiagramm mit A als 1. Merkmal und B als 2. Merkmal.
b) Trage die fehlenden bedingten Wahrscheinlichkeiten ein.

Tipp
An jeder Verzweigung ist die Summe = 1.

b) Berechne die fehlenden bedingten Wahrscheinlichkeiten und trage sie in das Baumdiagramm ein:

$P_A(B) = \frac{P(A \cap B)}{P(A)} = \frac{0,25}{0,45} = 0,\overline{5} \approx 0,5556$

$P_A(\overline{B}) = 1 - P_A(B) = 1 - 0,\overline{5} = 0,\overline{4}$
$\approx 0,4444$

$P_{\overline{A}}(B) = \frac{P(A \cap B)}{P(A)} = \frac{0,45}{0,55} = 0,\overline{81} \approx 0,8182$

$P_{\overline{A}}(\overline{B}) = 1 - P_{\overline{A}}(B) = 1 - 0,\overline{81} = 0,\overline{18}$
$\approx 0,1818$

Tipp
Nicht vergessen. ☺
$P_{\overline{A}}(B) = \frac{P(\overline{A} \cap B)}{P(\overline{A})}$

2 Die nebenstehende Vierfeldertafel gibt die Wahrscheinlichkeiten zweier Merkmale A und B an.
a) Ergänze die fehlenden Werte.
b) Lies die Wahrscheinlichkeiten ab:
$P(A \cap \overline{B})$, $P(\overline{A} \cap B)$, $P(\overline{B})$
c) Berechne die bedingten Wahrscheinlichkeiten:
$P_{\overline{A}}(B)$, $P_{\overline{B}}(A)$

	B	$\overline{B}$	
A	0,2	0,24	
$\overline{A}$			
		0,65	1

Tipp
Die Wahrscheinlichkeit für das 2. Merkmal findest du in der Vierfeldertafel, aber nicht im Baumdiagramm.

3 Die nebenstehende Vierfeldertafel gibt die Wahrscheinlichkeiten zweier Merkmale A und B an.
a) Ergänze in der Vierfeldertafel die Daten mit den folgenden Informationen:
$P(B) = 0,4$; $P(\overline{A} \cap B) = 0,33$
b) Berechne die bedingten Wahrscheinlichkeiten:
$P_A(B)$, $P_{\overline{A}}(B)$
c) Erstelle ein Baumdiagramm mit A als 1. und B als 2. Merkmal.

	B	$\overline{B}$	
A		0,15	
$\overline{A}$			
			1

4 **a)** Übertrage die Wahrscheinlichkeiten des Baumdiagramms in die inneren Felder einer Vierfeldertafel und bestimme damit die Wahrscheinlichkeiten der Ereignisse A, $\overline{A}$, B und $\overline{B}$.
b) Schreibe P(A) und $P(\overline{A})$ an das Baumdiagramm. Berechne damit die bedingten Wahrscheinlichkeiten $P_A(B)$ und $P_{\overline{A}}(B)$.
c) Stelle ein neues Baumdiagramm mit B als erstem Ereignis auf. Trage alle Wahrscheinlichkeiten ein.

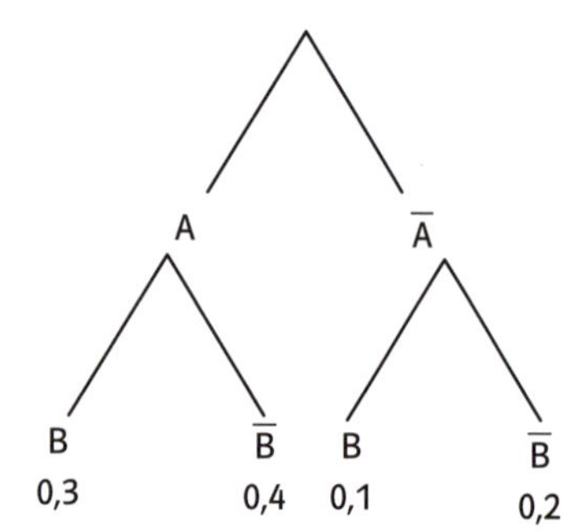

5 In einem großen Netz befinden sich 25 Bälle, 15 aus Kunststoff und 10 aus Leder. Unter den Kunststoff-Bällen sind 10 weiße, unter den Leder-Bällen sind 6 weiße, alle anderen Bälle sind bunt.
a) Trage die Daten in eine Vierfeldertafel ein und ergänze sie.
b) Du hast einen Ball ausgewählt. Wie groß ist die Wahrscheinlichkeit, dass der Ball aus Leder ist?
c) Du hast einen Ball ausgewählt. Wie groß ist die Wahrscheinlichkeit, dass der Ball aus Leder und bunt ist?
d) Du darfst den Ball auswählen, den du blind mit einem Finger berührst. Du spürst, dass der Ball aus Leder ist. Wie groß ist die Wahrscheinlichkeit, dass der Ball bunt ist?
e) Übertrage die Daten in ein Baumdiagramm mit dem Material als 1. Merkmal und der Farbe als 2. Merkmal.

TIPPS ZUM LÖSEN DER AUFGABE 5
5 Unterscheide zwischen „Leder und bunt" **(c)** und „bunt unter der Bedingung Leder" **(d)**.

6 Von insgesamt 48 erhaltenen Mails sind 36 im Spam-Ordner gelandet. Du hast dir online Informationen zum Thema Fußball-Techniken (F-T) zuschicken lassen. Zu dem Thema F-T hast du 18 Mails erhalten, davon sind 16 im Spam-Ordner.

a) Schreibe die Daten in eine Vierfeldertafel und vervollständige sie.

b) Bestimme die Wahrscheinlichkeit, dass unter den „guten" Mails eine Mail zum Thema F-T ist.

c) Wie hoch ist die Wahrscheinlichkeit, dass eine von den nicht zum Thema F-T gehörigen Mails im Spam-Ordner ist?

7 An einer Musikschule ist eine neue Band zusammengestellt worden, in der 60 % Saxophon spielen. In der Band sind 75 % Lernende der Musikschule, nur ein Drittel davon spielt kein Saxophon. Die übrigen Band-Mitglieder sind Musiker von außerhalb.

a) Schreibe alle Daten in eine Vierfeldertafel und vervollständige sie.

b) Gib die Anzahl der Musiker von außerhalb an, nachdem du erfahren hast, dass in der neu gegründeten Band 24 Saxophon-Spieler sind.

c) Wie groß ist die Wahrscheinlichkeit, dass ein Musiker von außerhalb Saxophon spielt?

d) Übertrage die Daten in ein Baumdiagramm mit den Lernenden der Musikschule als 1. Merkmal.

8 In zwei Klassen einer Kursstufe wurden die Schüler/innen daraufhin befragt, ob sie Stochastik mögen oder nicht. Die Klasse 11 a hat 24 Schüler/innen, die Klasse 11 b 26 Schüler/innen. In Klasse 11 a gaben 10 Schüler/innen an, dass sie Stochastik mögen, in Klasse 11 b waren es 12.

a) Schreibe die Daten in eine Vierfeldertafel und vervollständige sie.

b) Übertrage die Vierfeldertafel in ein Baumdiagramm mit der Klasse als 1. Merkmal.

c) Lies an den bedingten Wahrscheinlichkeiten ab, in welcher Klasse der Prozentsatz derjenigen, die Stochastik mögen, höher ist.

9 In einer Kleinstadt sind von 35 000 Einwohnern 16 800 männlich. Von diesen sind 1800 über 65 Jahre alt. 31 200 Einwohner sind unter 65 Jahre. Bestimme mit einer Vierfeldertafel die folgenden Wahrscheinlichkeiten.

a) Ein zufällig ausgewählter Einwohner ist über 65 Jahre alt.

b) Ein zufällig ausgewählter Einwohner, der über 65 Jahre alt ist, ist ein Mann.

c) Ein zufällig ausgewählter Einwohner, der ein Mann ist, ist über 65 Jahre alt.

d) Untersuche, ob der prozentuale Anteil der über 65-Jährigen bei den Männern größer oder kleiner ist als der bei den Frauen.

TIPPS ZUM LÖSEN DER AUFGABE 7

7 a) P(Saxophon) = 0,6; P(Musikschule ∩ kein Saxophon) = 0,25. **b)** In der Band sind insgesamt 40 Mitglieder. Große Band ☺.

SCHRITT 11

Ich kann die totale Wahrscheinlichkeit berechnen.

Hier lernst du, wie du aus der Wahrscheinlichkeit von A und bedingten Wahrscheinlichkeiten die Wahrscheinlichkeit von B berechnen kannst. Zum Beispiel sind an einer Schule 60 % Mädchen, von denen 35 % Volleyball spielen. Bei den Jungen sind es 45 %. Berechne den prozentualen Anteil aller Schüler, die Volleyball spielen.

→ Baumdiagramm und Vierfeldertafel (in Schritt 10)

DAS BRAUCHST DU WIEDER

Beispiele: $P(A) = 0{,}8$; $P_A(B) = 0{,}4$; $P(A \cap B) =$ ____
$P(\overline{A}) =$ ____ ; $P(\overline{A} \cap B) = 0{,}1$; $P_{\overline{A}}(B) =$ ____

DARUM GEHT'S

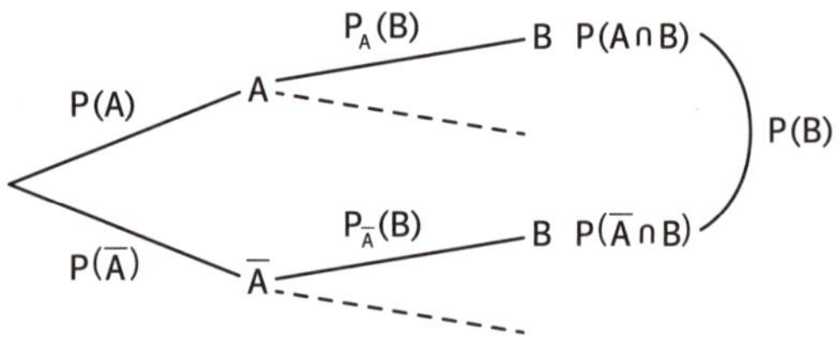

Du weißt schon, dass am Ende der Pfade eines Baumdiagramms die Wahrscheinlichkeiten der Schnittmengen stehen, also hier z. B. $P(A \cap B)$ und $P(\overline{A} \cap B)$, die mit der Pfadregel berechnet werden können. Im Baumdiagramm kannst du die Wahrscheinlichkeit P(A) für A, aber nicht die für B ablesen. Du weißt aber, dass die Wahrscheinlichkeiten der Schnittmengen auch in den vier inneren Feldern der Vierfeldertafel stehen und am Rand deren Summen, z. B. $P(B) = P(A \cap B) + P(\overline{A} \cap B)$. Daraus ergibt sich die sogenannte

	B	$\overline{B}$	
A	$P(A \cap B)$	$P(A \cap \overline{B})$	$P(A)$
$\overline{A}$	$P(\overline{A} \cap B)$	$P(\overline{A} \cap \overline{B})$	$P(\overline{A})$
	$P(B)$	$P(\overline{B})$	1

totale Wahrscheinlichkeit von B: $P(B) = P(A) \cdot P_A(B) + P(\overline{A}) \cdot P_{\overline{A}}(B)$

Dies besagt, dass du mithilfe der bedingten Wahrscheinlichkeiten $P_A(B)$ und $P_{\overline{A}}(B)$ die Wahrscheinlichkeit P(B) berechnen kannst.

Totale Wahrscheinlichkeit

Du kannst mit dieser Strategie die fehlende Wahrscheinlichkeit P(B) eines Merkmals B berechnen, wenn die Wahrscheinlichkeit P(A) und die bedingten Wahrscheinlichkeiten $P_A(B)$ und $P_{\overline{A}}(B)$ gegeben sind.

SO GEHT'S

○ 1 **Beispiel**
In einem Ferienlager mit 60 % Mädchen spielen 30 % der Mädchen und 80 % der Jungen Fußball. Berechne die Prozentzahl der Kinder in dem Ferienlager, die Fußball spielen.

Notiere die Wahrscheinlichkeiten:
Mädchen = A, Jungen = $\overline{A}$, Fußball = B, Musikinstrument = $\overline{B}$)

$P(A) = 0{,}6$; $P_{(\overline{A})} = 1 - 0{,}6 = 0{,}4$

$P_A(B) = 0{,}3$; $P_{\overline{A}}(B) = 0{,}8$

Berechne die totale Wahrscheinlichkeit:

$$\begin{aligned} P(B) &= P(A \cap B) + P(\overline{A} \cap B) \\ &= P(A) \cdot P_A(B) + P(\overline{A}) \cdot P_{\overline{A}}(B) \\ &= 0{,}6 \cdot 0{,}3 + 0{,}4 \cdot 0{,}8 \\ &= 0{,}18 + 0{,}32 = 0{,}5 = 50\,\% \end{aligned}$$

50 % aller Kinder spielen Fußball.

Du bist dran
In einem Ferienlager mit 45 % Mädchen spielen 60 % der Mädchen und 50 % der Jungen ein Musikinstrument. Berechne die Prozentzahl der Kinder in dem Ferienlager, die ein Musikinstrument spielen.

Tipp
Du kannst auch immer erst eine Vierfeldertafel aufstellen ☹, aber manchmal ist das unnötig aufwendig ☺.

○ **2** Ergänze die fehlenden Wahrscheinlichkeiten und bestimme daraus die Wahrscheinlichkeiten P(B) und P($\overline{B}$).

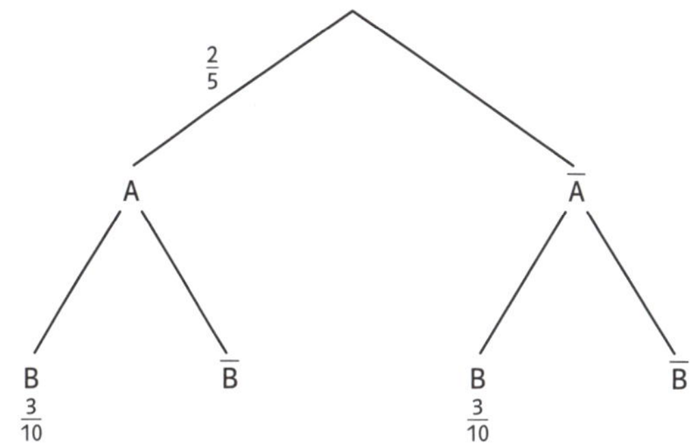

Tipp
Die prozentuale Anzahl der Stimmen kannst du auch als Wahrscheinlichkeit schreiben.

◒ **3** Bei der Wahl zum Kurssprecher für die beiden Kurse K1 und K2 erhält Esther 35 % vom Kurs K1 und 70 % vom Kurs K2. 54 % der Wahlberechtigten sind aus Kurs K1, 46 % aus Kurs K2. Von wie viel Prozent der Wahlberechtigten ist Esther gewählt worden?

◒ **4** In einer Gemeinde haben 90 % der über 20-Jährigen einen Kfz-Führerschein, 15 % davon auch einen Motorrad-Führerschein. Von denen, die keinen Kfz-Führerschein haben, besitzt ein Viertel einen Führerschein fürs Motorrad. Du triffst einen Bewohner dieser Gemeinde. Wie groß ist die Wahrscheinlichkeit, dass er den Motorrad-Führerschein besitzt?

◒ **5** In einer Großstadt ist eine Grippewelle ausgebrochen, die vor allem bei Männern verstärkt auftritt. So sind bereits 3,4 % der Männer, aber nur 0,9 % der Frauen betroffen. Der männliche Anteil in dieser Stadt beträgt 52 %. Bestimme die Prozentzahl aller erkrankten Personen.

◒ **6** Ergänze das abgebildete Baumdiagramm und bestimme die totale Wahrscheinlichkeit für das Ereignis B.

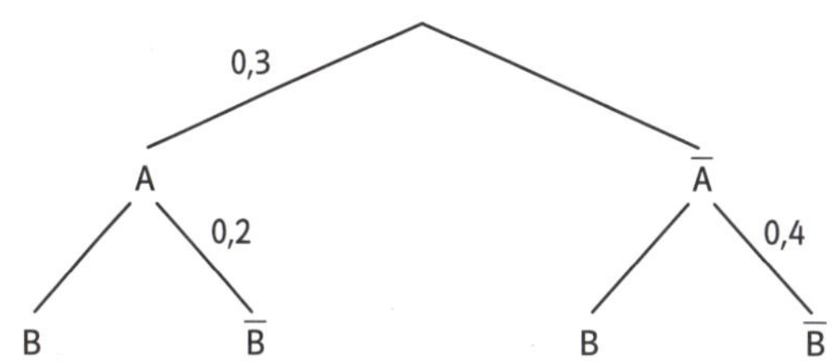

● **7** Du ziehst aus einem Kartenstapel mit Assen und Königen eine Karte. Die Wahrscheinlichkeit, dass sie rot ist, beträgt $\frac{2}{3}$. Wenn die gezogene Karte rot ist, ist die Wahrscheinlichkeit dafür, dass sie ein Ass ist, $\frac{3}{4}$.
Ist die gezogene Karte schwarz, ist die Wahrscheinlichkeit dafür, dass sie ein Ass ist, $\frac{1}{2}$.
a) Bestimme die Wahrscheinlichkeit, ein Ass zu ziehen.
b) Gib ein mögliches Beispiel für die Anzahl von Assen und Königen an.

● **8** 52 % eines Jahrgangs besuchen das Gymnasium. Von deren Eltern haben 63 % auch schon das Gymnasium besucht. Nur 22 % der Eltern von den Schülerinnen und Schülern, die nicht das Gymnasium besuchen, waren selbst auf dem Gymnasium. Bestimme die Wahrscheinlichkeit, ein Elternteil anzutreffen, das nicht auf dem Gymnasium war.

TIPPS ZUM LÖSEN DER AUFGABEN 2, 3 UND 4

2 Du kannst P(B) auch direkt mit P(B) = P(A ∩ B) + P($\overline{A}$ ∩ B) ausrechnen. **3** Schreibe es am geschicktesten so: P(K1) = 0,35; P(K2) = 0,7; $P_{K1}(W)$ = 0,54 … **4** 10 % haben keinen Kfz-Führerschein.

SCHRITT 12 Ich kann die Regel von Bayes anwenden.

Hier lernst du, wie du mithilfe der totalen Wahrscheinlichkeit alle nicht bekannten bedingten Wahrscheinlichkeiten berechnen kannst. Zum Beispiel ziehst du aus einer Urne mit fünf blauen und drei gelben Kugeln nacheinander zwei Kugeln, ohne sie zurück zu legen. Bestimme die Wahrscheinlichkeit, dass die erste Kugel blau war, wenn die beiden Kugeln unterschiedliche Farben haben.

→ Totale Wahrscheinlichkeit (in Schritt 11)

DAS BRAUCHST DU WIEDER

Allgemein: $P(B) = P(A) \cdot P_A(B) + P(\overline{A}) \cdot P_{\overline{A}}(B)$

Beispiele: $P(A) = \frac{1}{3}$; $P(A \cap B) = \frac{1}{4}$; $P_A(B) =$ ____ ;

$P(\overline{A} \cap B) = \frac{3}{5}$;

$P(\overline{A}) =$ ____ ; $P_{\overline{A}}(B) =$ ____ ; $P(B) =$ ____

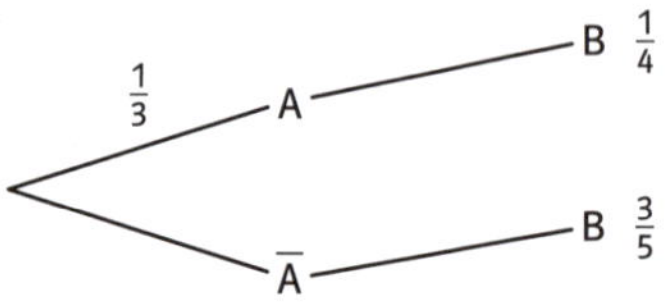

DARUM GEHT'S

> **Tipp**
> Diese Regel ist nicht wirklich etwas Neues, sie vereint nur die Formeln, die du bereits kennengelernt hast.

Du weißt schon, wie du an einem Baumdiagramm die totale Wahrscheinlichkeit von B berechnen kannst. Mit ihr kannst du jetzt die Reihenfolge im Baumdiagramm umkehren und so die bedingten Wahrscheinlichkeiten $P_B(A)$ und $P_B(\overline{A})$ mit B als Bedingung berechnen. Diese Berechnung nennt man

Regel von Bayes: $P_B(A) = \frac{P(A \cap B)}{P(B)} = \frac{P(A \cap B)}{P(A) \cdot P_A(B) + P(\overline{A}) \cdot P_{\overline{A}}(B)}$

Bedingte Wahrscheinlichkeit des 1. Ereignisses nach Eintreten des 2. Ereignisses

Mit diesem Vorgehen kannst du $P_B(A)$ über die totale Wahrscheinlichkeit $P(B)$ berechnen.

SO GEHT'S

○ **1**

Beispiel

Vor dir liegen zwei verdeckte Kartenstapel mit je 5 Karten. In dem einen Stapel S1 sind 4 rote und eine schwarze Karte, im anderen S2 sind 2 rote und 3 schwarze Karten. Du ziehst von einem Stapel eine Karte: Sie ist rot. Bestimme die Wahrscheinlichkeit, dass du vom Stapel S1 gezogen hast.

Du bist dran

Vor dir liegen zwei verdeckte Kartenstapel mit je 5 Karten. In dem einen Stapel S1 sind 4 rote und eine schwarze Karte, im anderen S2 sind 2 rote und 3 schwarze Karten. Du ziehst von einem Stapel eine Karte: Sie ist schwarz. Bestimme die Wahrscheinlichkeit, dass du vom Stapel S2 gezogen hast.

Schreibe die beiden Ergebnisse und ihre Wahrscheinlichkeiten auf:

$P(S1) = \frac{1}{2}$; $P(S2) = \frac{1}{2}$

1. Ergebnis: S1 und rot

$P(S1 \cap r) = \frac{1}{2} \cdot \frac{4}{5} = \frac{2}{5}$

2. Ergebnis: S2 und rot

$P(S2 \cap r) = \frac{1}{2} \cdot \frac{2}{5} = \frac{1}{5}$

> **Tipp**
> $S2 = \overline{S1}$

Bestimme die totale Wahrscheinlichkeit, eine rote Karte zu ziehen:

$P(r) = P(S1 \cap r) + P(S2 \cap r) = \frac{2}{5} + \frac{1}{5} = \frac{3}{5}$

Berechne mit der Regel von Bayes die bedingte Wahrscheinlichkeit $P_r(S1)$:

$P_r(S1) = \frac{P(S1 \cap r)}{P(r)} = \frac{\frac{2}{5}}{\frac{3}{5}} = \frac{2}{3}$

> **Tipp**
> Du kannst auch immer eine Vierfeldertafel aufstellen ☹, aber manchmal ist das unnötig aufwendig ☺.

○ **2** **a)** Ergänze die fehlenden Wahrscheinlichkeiten und bestimme $P(B)$ und $P(\overline{B})$.
b) Berechne die bedingten Wahrscheinlichkeiten $P_B(A)$ und $P_B(\overline{A})$.

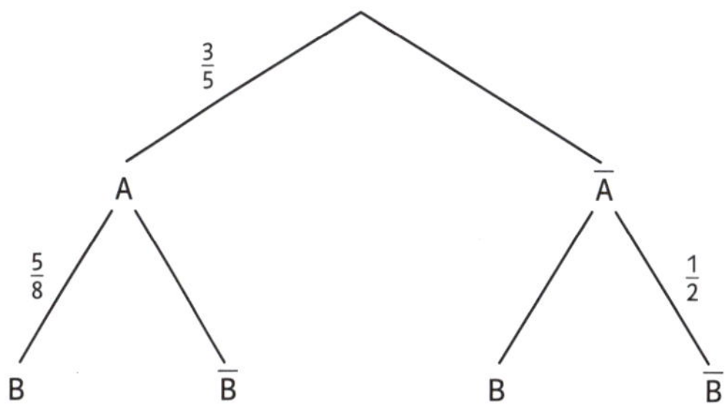

○ **3** Zwei Spielwürfel mit den Zahlen 1, 1, 2, 2, 3, 4 (W1) bzw. 1, 1, 1, 2, 3, 4 (W2) werden für ein Spiel benutzt. Du hast eine „1" geworfen, ohne zu wissen, welchen Würfel du geworfen hast. Wie groß die Wahrscheinlichkeit, dass du den Würfel W2 geworfen hast?

○ **4** In einer Urne U1 liegen 5 blaue und 3 gelbe Kugeln, in einer zweiten Urne U2 liegen 4 blaue und 2 gelbe Kugeln. Du ziehst eine blaue Kugel.
a) Berechne die Wahrscheinlichkeit, dass die Kugel aus der 1. Urne stammt.
b) Berechne die Wahrscheinlichkeit, dass die Kugel aus der 2. Urne stammt. Vergleiche beide Ergebnisse.

◒ **5** Kinder aus dem Kindergarten und der Grundschule werden gefragt, ob sie schwimmen können. 75 % aller Kinder sagen, dass sie nicht schwimmen können. Davon ist ein Drittel noch im Kindergarten. Von den Schwimmern ist ein Fünftel noch im Kindergarten. Beschreibe formal und in Worten, was die Wahrscheinlichkeiten ausdrücken (KG = Kindergarten; GS = Grundschule; S = Schwimmer; $\overline{S}$ = Nichtschwimmer).

a) $P = \frac{1}{3} \cdot 0{,}75$

b) $P = \frac{0{,}5}{0{,}75}$

c) $P = \frac{1}{5} \cdot 0{,}25 + \frac{1}{3} \cdot 0{,}75$

d) $P = \dfrac{\frac{1}{5} \cdot 0{,}25}{\frac{1}{5} \cdot 0{,}25 + \frac{1}{3} \cdot 0{,}75}$

◒ **6** Nach einer Filmpremiere fand eine Zuschauer-Befragung statt. 35 % der Zuschauer waren älter als 40 Jahre, von diesen fanden nur 20 % den Film gut. Bei den unter 40-jährigen fanden 60 % den Film gut.
a) Bestimme die Wahrscheinlichkeit, dass einer der Befragten den Film gut fand.
b) Bestimme die Wahrscheinlichkeit, dass einer derjenigen, die den Film gut fanden, über 40 Jahre alt war.

◒ **7** Ein Schornsteinfeger hat bei der Überprüfung der Heizungsanlagen in seinem Bezirk festgestellt, dass 15 % der Heizungen nicht mehr den Vorschriften entsprechen und damit nicht mehr zulässig sind. 80 % dieser Heizungen sind älter als 10 Jahre. Nur 4 % aller überprüften Heizungsanlagen waren älter als 10 Jahre und entsprachen noch den Vorschriften. Bestimme die Wahrscheinlichkeit, dass
a) eine der kontrollierten Heizungen älter als 10 Jahre ist,
b) eine mehr als 10 Jahre alte Heizung nicht mehr zulässig ist,
c) eine der nicht mehr zulässigen Heizungen älter als 10 Jahre ist.

● **8** In einer Brauerei werden $\frac{1}{2}$ Liter-Flaschen (A) und $\frac{1}{3}$ Liter-Flaschen (B) mit Zinndeckeln verschlossen. Dabei sind 2 % der Verschlüsse defekt. Bei einer Überprüfung fällt auf, dass bei den $\frac{1}{3}$ Liter-Flaschen, die insgesamt ein Viertel der Produktion ausmachen, sogar 5 % der Verschlüsse defekt sind.
Bestimme die Wahrscheinlichkeit, dass $\frac{1}{2}$ Liter-Flaschen einen defekten Verschluss haben.

TIPPS ZUM LÖSEN DER AUFGABEN 2, 3, 4, 5 UND 8

2 b) $P_B(\overline{A}) = 1 - P_B(A)$ **3** $P(W_1) = \frac{1}{2}$ und $P(W_2) = \frac{1}{2}$ ☺ **4 a)** Du musst hier $P_{blau}(U1)$ berechnen. Übrigens sind $P(U1) = \frac{1}{2}$ und $P(U2) = \frac{1}{2}$ ☺ **5** Hier ist eine Vierfeldertafel sicherlich hilfreich, um einen Überblick zu bekommen. **8** Berechne mithilfe der Formel für die totale Wahrscheinlichkeit erst die Wahrscheinlichkeit, dass eine Flasche defekt ist und eine $\frac{1}{2}$-l-Flasche ist.

SCHRITT 13

Ich kann stochastische Unabhängigkeit nachweisen.

Hier lernst du, ob das Ereignis, eine Zahl größer als 4 gewürfelt zu haben, und das Ereignis, dass die Zahl gerade ist, stochastisch unabhängig sind.

→ Bedingte Wahrscheinlichkeiten (in Schritt 8)

DAS BRAUCHST DU WIEDER

Beispiele: $A = \{5, 6\}$; $B = \{2; 4; 6\}$; $A \cap B = \{6\}$
$A = \{2; 4; 6; 8; 10\}$,
$B = \{1; 2; 4; 7; 11\}$, $A \cap B =$ ______
$A = \{1; 3; 6; 10; 15; 21\}$,
$B = \{1; 2; 3; 5; 8; 13; 21\}$, $A \cap B =$ ______

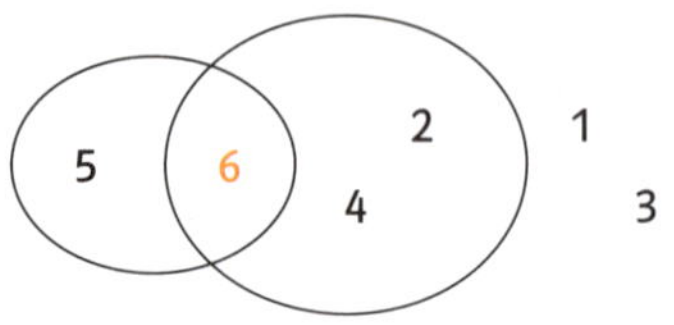

DARUM GEHT'S

Du kennst schon Beispiele für stochastische Unabhängigkeit und Abhängigkeit. So ist etwa beim Ziehen von Kugeln ohne Zurücklegen das Ergebnis des zweiten Zugs abhängig vom Ergebnis des ersten Zugs. Beim Ziehen mit Zurücklegen ist das Ergebnis des zweiten Zugs jedoch unabhängig vom Ergebnis des ersten Zugs. Man nennt solche Ereignisse **stochastisch unabhängig** und es gilt:

$P(A \cap B) = P(A) \cdot P(B)$, daraus folgt auch: **$P_A(B) = P(B)$**.

Das bedeutet: Wenn die Wahrscheinlichkeit $P(B)$ für das Eintreten des Ereignisses B die gleiche ist wie die bedingte Wahrscheinlichkeit $P_A(B)$ nach Eintreten des Ereignisses A, dann sind A und B stochastisch unabhängig.

Tipp
Die stochastische Unabhängigkeit ist eine mathematische Aussage, die nicht unbedingt mit unserer Vorstellung von „Unabhängigkeit" übereinstimmen muss.

Stochastische Unabhängigkeit

Bei vielen Aufgabenstellungen kannst du beide obige Formeln für dein Vorgehen verwenden. Ist eine bedingte Wahrscheinlichkeit angegeben, musst du die zweite Formel verwenden.

SO GEHT'S

Erklärfilm
Stochastische Unabhängigkeit
p5cn9z

○ 1 **Beispiel**
Ein Würfel wird geworfen.
Ereignis A: die Zahl ist größer als 3;
Ereignis B: die Zahl ist durch 3 teilbar.
Untersuche, ob die beiden Ereignisse stochastisch unabhängig sind.

Schreibe die Ereignisse und ihre Wahrscheinlichkeiten auf:

$A = \{4, 5, 6\}; P(A) = \frac{3}{6} = \frac{1}{2}$

$B = \{3, 6\}; P(B) = \frac{2}{6} = \frac{1}{3}$

Bilde das Produkt der beiden Wahrscheinlichkeiten:

$P(A) \cdot P(B) = \frac{1}{2} \cdot \frac{1}{3} = \frac{1}{6}$

Schreibe die Schnittmenge und ihre Wahrscheinlichkeit auf:

$A \cap B = \{6\}; P(A \cap B) = \frac{1}{6}$

Vergleiche die beiden Ergebnisse:

$P(A \cap B) = \frac{1}{6} = P(A) \cdot P(B)$

Das heißt: A und B sind stochastisch unabhängig.

Du bist dran
Ein Würfel wird geworfen.
Ereignis A: die Zahl ist größer als 3;
Ereignis B: die Zahl ist gerade.
Untersuche, ob die beiden Ereignisse stochastisch unabhängig sind.

Tipp
Bei der Verwendung der zweiten Formel musst du zuerst $P_A(B)$ berechnen: Von den 3 Zahlen des Ereignisses A ist nur eine, die „6", durch 3 teilbar, daher: $P_A(B) = \frac{1}{3} = P(B)$.

2 Ergänze das Baumdiagramm und weise nach, dass die Ereignisse A und B stochastisch abhängig sind.

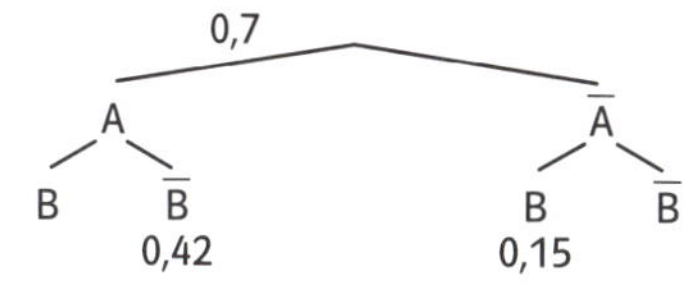

3 Ergänze die im Baumdiagramm eingetragenen Wahrscheinlichkeiten, sodass die Ereignisse A und B stochastisch unabhängig sind.

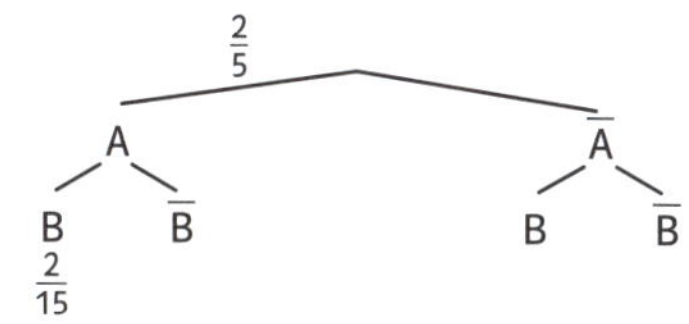

4 In einer Firma wird untersucht, wie viele der Mitarbeiter am Betriebssport teilnehmen. Dabei wird zwischen ledigen und verheirateten Mitarbeitern unterschieden.
Die nebenstehende Tafel hält das Ergebnis fest:
S = nimmt am Sport teil; $\overline{S}$ = nimmt nicht am Sport teil;
l = ledig; v = verheiratet.
Weise nach, dass die beiden Ereignisse stochastisch unabhängig sind.

	S	$\overline{S}$
l	96	144
v	64	96

5 Ergänze die fehlenden Daten in der abgebildeten Vierfeldertafel so, dass die Ereignisse A und B stochastisch unabhängig sind.

	B	$\overline{B}$	
A	0,2		0,4
$\overline{A}$			

6 Du ziehst aus einer Urne mit 10 roten, 4 blauen und 2 gelben Kugeln dreimal und legst die Kugeln jeweils wieder zurück. Beim 1. Zug hast du eine rote Kugel gezogen, beim 3. Zug hast du keine rote Kugel gezogen.
Weise nach, dass die beiden Ereignisse stochastisch unabhängig sind.

7 Zwei Würfel werden geworfen und zeigen die beiden Zahlen Z1 und Z2.
Ereignis A: Z1 = Z2 (Pasch)
Ereignis B1: Z1 · Z2 ≤ 6
Ereignis B2: Z1 · Z2 ≤ 8
Finde heraus, ob eines oder beide Ereignisse B1 und B2 von A stochastisch unabhängig ist.

8 In einer Mädchengruppe spielen 30 % Volleyball. Insgesamt sind 65 % der Mädchen in der Gruppe blond. Bei denen, die nicht Volleyball spielen, sind nur 31,5 % blond.
Untersuche, ob die Haarfarbe stochastisch abhängig davon ist, dass ein Mädchen Volleyball spielt.

9 Frau Müller und Frau Schmidt gehen beide am Dienstag ins Fitness-Studio, Frau Müller zu 80 % und Frau Schmidt zu 60 %. In 10 % aller Fälle sind beide dienstags nicht im Studio.
a) Übertrage die Daten in eine Vierfeldertafel und lies daran ab, mit welcher Wahrscheinlichkeit beide Damen im Studio sind.
b) Untersuche, ob das Nicht-Erscheinen der beiden Damen stochastisch unabhängig ist.

10 Noah fährt zu 80 % mit dem Fahrrad in die Schule, bei schlechtem Wetter nimmt er den Bus. Er kommt in der Regel einmal während der fünf Wochentage zu spät, dabei ist er dreimal so oft mit dem Fahrrad gefahren als mit dem Bus. Untersuche, ob das Fahren mit dem Fahrrad und das Zu-spät-Kommen stochastisch abhängig sind.

TIPPS ZUM LÖSEN DER AUFGABEN 2, 3, 8 UND 9

2 Hier ist die 2. Formel die bessere Strategie. **3** Denk an die totale Wahrscheinlichkeit. **8** Auch wenn in der Praxis zwei Ereignisse nicht voneinander abhängen, können sie doch stochastisch abhängig sein. **9** Du kannst statt der Ereignisse A und B auch $\overline{A}$ und $\overline{B}$ untersuchen.

TRAINING

○ **1** Berechne die bedingten Wahrscheinlichkeiten $P_A(B)$, $P_B(A)$, $P_B(\overline{A})$ und $P_{\overline{A}}(\overline{B})$. → Schritt 8, 9

a)

	B	$\overline{B}$	
A	40	10	50
$\overline{A}$	100	50	150
	140	60	200

b)

	B	$\overline{B}$	
A	40 %	20 %	60 %
$\overline{A}$	30 %	10 %	40 %
	70 %	30 %	100 %

○ **2** Es ist die nebenstehende Vierfeldertafel gegeben. → Schritt 10
a) Zeichne ein Baumdiagramm mit A als 1. Merkmal und B als 2. Merkmal.
b) Trage die fehlenden bedingten Wahrscheinlichkeiten ein.

	B	$\overline{B}$	
A	0,2	0,4	0,6
$\overline{A}$	0,25	0,15	0,4
	0,45	0,55	1

○ **3** Von den 800 Schülerinnen und Schülern des Wilhelm-Hausenstein-Gymnasiums (WHG) gehen 600 in die Sekundarstufe 1 (Unter- und Mittelstufe). Von diesen besuchen 200 Schüler eine AG. Von den Schülern der Sekundarstufe 2 (Oberstufe) besuchen 40 eine AG. Erstelle eine Vierfeldertafel und untersuche, ob die Ereignisse „geht in die Sekundarstufe 1" und „besucht eine AG" unabhängig voneinander sind. → Schritt 9, 13

◒ **4** Eine Gemeinde wird zur Bürgermeisterwahl in zwei Wahlbezirke (B1 und B2) eingeteilt. 60 % der Wähler kommen aus B1, 40 % aus B2.
In B1 erhält der Kandidat Albrecht 30 % der Stimmen, in B2 dagegen 80 %.
a) Veranschauliche den Sachverhalt in einem Baumdiagramm.
b) Wie viel Prozent der Stimmen hat der Kandidat Albrecht insgesamt bekommen? → Schritte 4, 11

◒ **5** Vor dir liegen zwei verdeckte Kartenstapel. In dem einen sind gleich viele rote und schwarze Karten, in dem anderen sind nur rote Karten. Du ziehst von einem Stapel eine Karte, sie ist rot. Die drei anwesenden Freunde haben unterschiedliche Vorstellungen von der Wahrscheinlichkeit, eine rote Karte zu ziehen.

Freund A: Die Wahrscheinlichkeit ist $\frac{3}{4}$.

Freund B: Die Wahrscheinlichkeit ist $\frac{2}{3}$.

Freund C: Die Wahrscheinlichkeit ist $\frac{1}{2}$.

Wer hat recht? → Schritt 11

◒ **6** Ein Theaterstück wurde zu einem Musical umgeschrieben. In dem Ort, in dem das Musical aufgeführt wurde, wurde anschließend eine Befragung unter den über 12 Jahre alten Einwohnern durchgeführt. Das Ergebnis der Befragung war:
68 % kannten das Theaterstück nicht;
60 % kannten weder das Theaterstück noch hatten sie das Musical gesehen.
Welcher Prozentsatz der Befragten, die das Theaterstück nicht kannten, hatten dennoch das Musical gesehen? → Schritt 8

● **7** In einem Zeitungsartikel war zu lesen, dass in einem Jahr etwa 32 000 Unfälle mit Personenschaden registriert wurden. Davon waren 36 % durch zu schnelles Fahren verursacht. In 68 % aller Fälle waren Personen unter 25 Jahre beteiligt. In 24 % aller Unfälle war festzustellen, dass sie durch zu schnelles Fahren von Personen unter 25 Jahren verursacht wurden.
a) Schreibe alle Daten als Prozentzahlen in eine Vierfeldertafel und ergänze die fehlenden Daten.
b) Wie viele Personen waren älter als 25 Jahre und sind zu schnell gefahren?
c) Du betrachtest eine beliebige Person über 25 Jahre. Wie groß ist die Wahrscheinlichkeit, dass sie nicht zu schnell gefahren ist? → Schritt 10

SCHRITT 14 Ich kann die Formel von Bernoulli anwenden.

Hier lernst du, mit welcher Wahrscheinlichkeit beim 10-maligen Werfen einer Münze genau 6-mal „Zahl" auftritt.

DAS BRAUCHST DU WIEDER

> **Tipp**
> n! (sprich: „n Fakultät") bedeutet, dass man das Produkt $n \cdot (n-1) \cdot (n-2) \cdot \ldots \cdot 1$ bildet.

Allgemein: $n! = n \cdot (n-1) \cdot (n-2) \cdot \ldots \cdot 3 \cdot 2 \cdot 1$

Beispiele: $5! = 5 \cdot 4 \cdot 3 \cdot 2 \cdot 1 = 120$; 3! = ________ 6! = ____________

DARUM GEHT'S

Du weißt, dass man beim Werfen eines Würfels insgesamt sechs verschiedene Ergebnisse hat. Doch du hast auch die Unterscheidung in nur zwei Ergebnisse, zum Beispiel „6" (= Treffer) und „nicht 6" (= Niete), kennengelernt. Wenn bei einem solchen Zufallsexperiment die Wahrscheinlichkeit p für einen Treffer, wie beim Würfel, immer die gleiche bleibt, spricht man von einem **Bernoulli-Experiment**.
Mehrere, voneinander unabhängige und nacheinander ausgeführte Bernoulli-Experimente werden zu einer Bernoulli-Kette zusammengefasst. Du kannst dann mit der **Bernoulli-Formel** die Wahrscheinlichkeit für k Treffer bei n Versuchen berechnen:

> **Tipp**
> $\binom{n}{k} = \frac{n!}{k! \cdot (n-k)!}$
> lies: „n über k"
> Einige Taschenrechner können den Binomialkoeffizienten direkt berechnen: nCr.
> (Das r entspricht k.)

$\mathbf{P(X = k) = \binom{n}{k} \cdot p^k \cdot (1-p)^{n-k}}$ mit p: Trefferwahrscheinlichkeit und (1 – p): Wahrscheinlichkeit einer Niete

Der Binomialkoeffizient $\binom{n}{k}$ gibt die Möglichkeiten an, k Treffer auf n Versuche zu verteilen. Das sind beim Baumdiagramm alle Pfade, die zu k Treffern führen.

> **Tipp**
> $\binom{n}{0} = \binom{n}{n} = 1$
> $\binom{n}{1} = \binom{n}{n-1} = n$

> **Erklärfilm**
> Die Formel von Bernoulli
> p5cn9z

Bernoulli-Experiment

Diese Strategie verwendest du immer dann, wenn nach der Wahrscheinlichkeit einer ganz bestimmten Trefferzahl gefragt ist.

SO GEHT'S

○ 1 **Beispiel**
Berechne die Wahrscheinlichkeit, dass bei 6-maligem Würfeln 2-mal „1" oder „6" erscheint.

Notiere die Zufallsgröße und alle Daten des Zufallsexperiments:

X : Anzahl der Einsen und Sechsen
Es liegt eine Bernoulli-Kette vor:
n = 6; k = 2; p = konstant

Schreibe die Ergebnisse von Treffer und Niete und deren Wahrscheinlichkeiten auf:

$T = \{1; 6\}; P(T) = p = \frac{2}{6} = \frac{1}{3}$

$N = \{2; 3; 4; 5\}; P(N) = (1 - p) = \frac{4}{6} = \frac{2}{3}$

Bestimme die Anzahl der Möglichkeiten für 2 Treffer:

$\text{Anzahl} = \binom{6}{2} = \frac{6!}{2! \cdot 4!} = \frac{6 \cdot 5 \cdot \not{4} \cdot \not{3} \cdot \not{2} \cdot \not{1}}{2 \cdot 1 \cdot \not{4} \cdot \not{3} \cdot \not{2} \cdot \not{1}}$

$= \frac{30}{2} = 15$

Berechne die Wahrscheinlichkeit:

$P(X = 2) = \binom{6}{2} \cdot \left(\frac{1}{3}\right)^2 \cdot \left(\frac{2}{3}\right)^4$

$= 15 \cdot \frac{1}{9} \cdot \frac{16}{81} \approx 0{,}3292$

Du bist dran
Berechne die Wahrscheinlichkeit, dass bei 5-maligem Würfeln 3-mal eine gerade Zahl erscheint.

○ **2** Berechne ohne Taschenrechner: $\binom{3}{2}, \binom{4}{3}, \binom{4}{2}, \binom{4}{1}, \binom{5}{2}$

Tipp
Mit vielen Taschenrechnern kannst du mit den Befehlen *binompdf* oder *binomialpdf* die Wahrscheinlichkeitswerte $P(X = k)$ direkt berechnen.

○ **3** Es ist eine Bernoulli-Kette mit $n = 10$ Versuchen und der Trefferwahrscheinlichkeit $p = 0{,}6$ gegeben. Lies aus dem Taschenrechner die Wahrscheinlichkeit für k Treffer ab.
a) $k = 3$ **b)** $k = 5$ **c)** $k = 7$

○ **4** In einer Lieferung von 100 LED-Leuchten sind durchschnittlich 2 % defekt.
a) Wie groß ist die Wahrscheinlichkeit, dass in der Lieferung zwei LED-Leuchten defekt sind?
b) Wie groß ist die Wahrscheinlichkeit, dass in der Lieferung nur eine LED-Leuchte defekt ist?
c) Untersuche, was wahrscheinlicher ist: In der Lieferung sind fünf LED-Leuchten oder keine defekt.

◒ **5** Überprüfe, ob eine Bernoulli-Kette vorliegt. Nenne gegebenenfalls die Zufallsgröße und gib, soweit vorhanden, die Größen n und p an.
a) Ein Basketballspieler, der zu 70 % trifft, macht 20 Trainingswürfe.
b) Zwei Würfel werden 20-mal geworfen. Es wird festgehalten, wie oft ein Pasch (d.h. gleiche Augenzahl) aufgetreten ist.
c) Jeweils fünf Schülerinnen aus 10 Klassen werden gefragt, ob sie mit nur einem Elternteil leben.

◒ **6** Ein Dodekaeder wird 10-mal geworfen. Gib für die Ereignisse jeweils die Größen k, p und $P(X = k)$ an.
A: 3-mal die Zahl „8“
B: 7-mal eine gerade Zahl
C: 5-mal eine durch 3 teilbare Zahl
D: 6-mal eine Primzahl

◒ **7** Ein Glücksrad ist in 12 Sektoren eingeteilt, davon sind 5 rot und 4 blau gefärbt, 3 sind weiß.
a) Begründe, dass man die Wahrscheinlichkeit für die Anzahl von Treffern auf „Weiß“ als Bernoulli-Experiment betrachten kann, obwohl das Rad drei Farben hat.
b) Berechne die Wahrscheinlichkeit, bei 5 Drehungen genau 2-mal weiß zu treffen.
c) Gib ein Ereignis A und B an, für das die Wahrscheinlichkeit gilt:
$P(A) = \binom{10}{3} \cdot \left(\frac{5}{12}\right)^3 \cdot \left(\frac{7}{12}\right)^7$; $P(B) = \binom{10}{5} \cdot \left(\frac{1}{3}\right)^5 \cdot \left(\frac{2}{3}\right)^5$

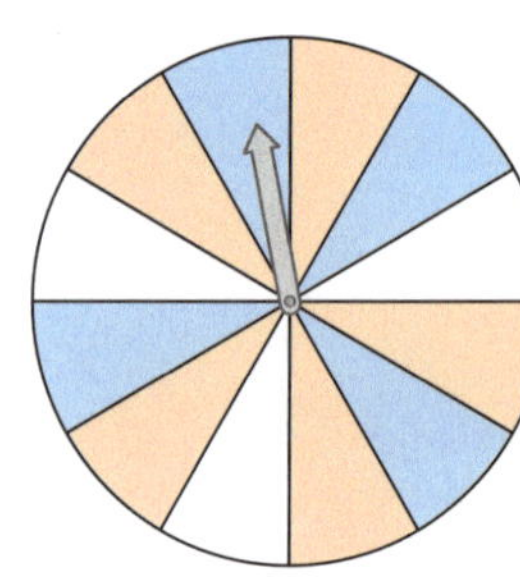

● **8** Aus einem Pokerkartenspiel mit 52 Karten werden Karten gezogen und wieder zurückgelegt. Gib für die Wahrscheinlichkeiten jeweils ein mögliches Ereignis an.
a) $P(A) = \binom{10}{6} \cdot 0{,}5^6 \cdot 0{,}5^4$
b) $P(B) = \binom{10}{3} \cdot 0{,}25^3 \cdot 0{,}75^7$
c) $P(C) = \binom{5}{1} \cdot \frac{4}{52} \cdot \left(\frac{48}{52}\right)^4$

TIPPS ZUM LÖSEN DER AUFGABEN 7 UND 8

7 c) Betrachte in den beiden Formeln jeweils die Trefferwahrscheinlichkeit p, sie verrät dir, welches Ergebnis des Glücksrads als Treffer gewertet wird. **8** Betrachte in den drei Formeln jeweils die Trefferwahrscheinlichkeit p, sie verrät dir, welche Kartentypen von der Anzahl her als Treffer in Frage kommen.

SCHRITT 15 Ich kann die Binomialverteilung darstellen und interpretieren.

Hier lernst du, wie du die Wahrscheinlichkeiten für alle möglichen Anzahlen an Einsen beim 5-maligen Würfeln berechnen und in einem Histogramm darstellen kannst.

→ Bernoulli-Formel (in Schritt 14)

DAS BRAUCHST DU WIEDER

Allgemein: $P(X = k) = \binom{n}{k} \cdot p^k \cdot (1 - p)^{n-k}$

Beispiele: $n = 5; p = 0{,}4;$

$P(X = 3) = \binom{5}{3} \cdot 0{,}4^3 \cdot 0{,}6^2 = 0{,}2304$

$P(X = 1) =$ ______________________

$n = 7; p = \frac{1}{3};$

$P(X = 4) =$ ______________________

$P(X = 5) =$ ______________________

$P(X = 0) =$ ______________________

DARUM GEHT'S

Du weißt bereits, wie du die einzelnen Wahrscheinlichkeiten $P(X = k)$ für k Treffer mit der Treffer-Wahrscheinlichkeit p einer Bernoulli-Kette der Länge n berechnest.
Man bezeichnet diese Wahrscheinlichkeiten kurz mit $\mathbf{B_{n;p}(k)}$.
Die dazugehörige Verteilung einer Zufallsgröße X heißt **Binomialverteilung**.
Man sagt auch: X ist binomialverteilt mit den Parametern n und p.
Du kannst die Binomialverteilung anschaulich in einem Histogramm darstellen.

Binomialverteilung

Bei diesem Vorgehen berechnest du für jeden Treffer k (k = 0, 1, …, n) die Wahrscheinlichkeit $P(X = k)$. Die Ergebnisse kannst du wie Funktionswerte in ein Histogramm eintragen.

SO GEHT'S

Tipp
Du musst die Wahrscheinlichkeit für jeden Treffer k getrennt berechnen. Bei einem Histogramm trägst du die Anzahl k der Treffer auf der waagerechten Achse und die dazugehörigen Wahrscheinlichkeiten auf der senkrechten Achse ein.

Erklärfilm
Graph und Erwartungswert der Binomialverteilung
p5cn9z

○ 1 **Beispiel**
Beim Werfen eines Würfels betrachtet man das Erscheinen der Augenzahl 5 oder 6 als Treffer. Berechne die Wahrscheinlichkeiten für alle Treffer k beim 6-maligen Würfeln. Trage die Ergebnisse in eine Tabelle ein und stelle die Werte in einem Histogramm dar.

Berechne mit dem Taschenrechner die Wahrscheinlichkeiten für alle Treffer:

Treffer k	P(X = k)
0	0,0878
1	0,2634
2	0,3292
3	0,2195
4	0,0823
5	0,0165
6	0,0014

Du bist dran
Beim Werfen eines Würfels betrachtet man das Erscheinen der Augenzahl 5 oder 6 als Treffer. Berechne die Wahrscheinlichkeiten für alle Treffer k beim 5-maligen Würfeln. Trage die Ergebnisse in eine Tabelle ein und stelle die Werte in einem Histogramm dar.

Trage die Werte in ein Histogramm ein:

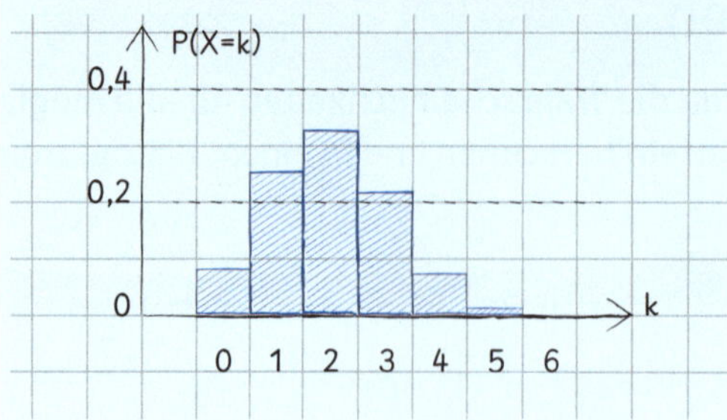

Tipp
Wähle auf der y-Achse für 0,1 einen Abstand von zwei Kästchen und runde die Wahrscheinlichkeiten zum Zeichnen auf 2 Nachkommastellen.

○ **2** Berechne mit der Formel von Bernoulli oder der entsprechenden Funktion deines Taschenrechners die Werte der Binomialverteilung.

a) $B_{4;\,0,5}(1)$ **b)** $B_{4;\,0,4}(2)$ **c)** $B_{3;\,0,8}(3)$ **d)** $B_{5;\,0,2}(0)$ **e)** $B_{5;\,0,6}(3)$

Tipp
Achte darauf, den Wert für k = 0 beim Zeichnen von Histogrammen nicht zu vergessen.

◐ **3** Zeichne ein Histogramm zu den Binomialverteilungen.

a) n = 10, p = 0,7 **b)** n = 5, p = 0,3 **c)** n = 6, p = 0,5

◐ **4** Beim Werfen eines Reißnagels hat man festgestellt, dass er mit etwa 40 % Wahrscheinlichkeit auf der glatten Fläche zu liegen kommt. Es werden 10 Reißnägel geworfen. Berechne die Wahrscheinlichkeit für alle Anzahlen von Reißnägeln, die auf der glatten Fläche liegen, und trage die Ergebnisse in ein Histogramm ein.

◐ **5** Ein Würfel wird 6-mal geworfen.
Berechne die Wahrscheinlichkeit für alle Anzahlen der Ereignisse und trage die Ergebnisse in ein Histogramm ein.

a) E = {6} **b)** E = {1; 6} **c)** E: ungerade Zahl

◐ **6** Eine Münze wird 8-mal geworfen.

a) Berechne die Wahrscheinlichkeiten für die Anzahlen von „Kopf" und trage sie in ein Histogramm ein.
b) Gib eine Begründung dafür an, dass das Histogramm achsensymmetrisch zu der Geraden zu x = 4 ist.

● **7** Die drei Diagramme zeigen die Binomialverteilung mit n = 5 und
A: p = 0,4; B: p = 0,5; C: p = 0,6.
Ordne den verschiedenen Trefferwahrscheinlichkeiten das richtige Diagramm zu.

Diagramm I

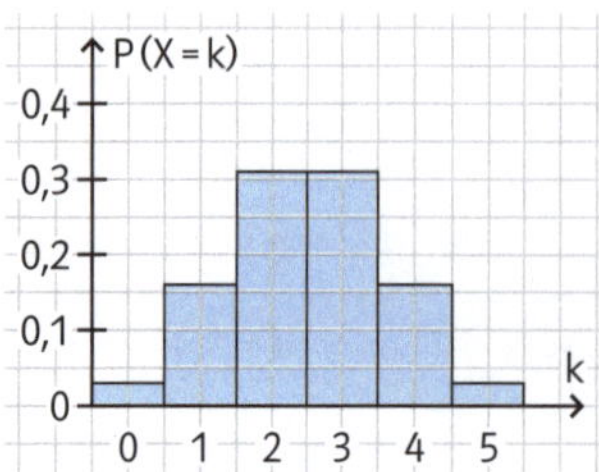

Diagramm II

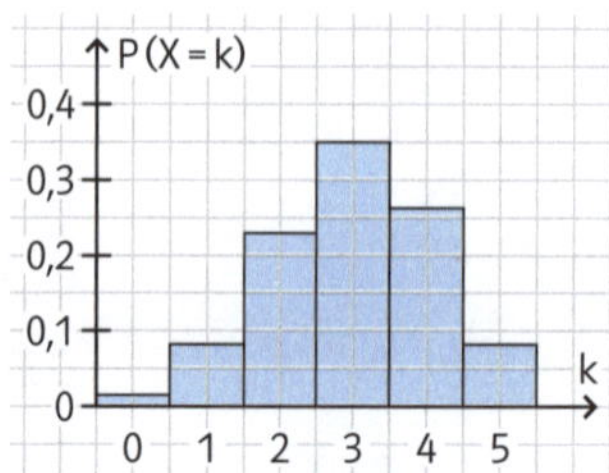

Diagramm III

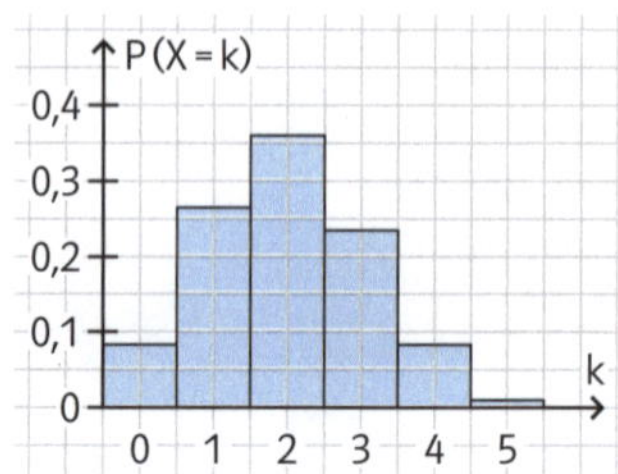

TIPPS ZUM LÖSEN DER AUFGABE 7

7 Eine Binomialverteilung mit p = 0,5 ist achsensymmetrisch, je nachdem ob p größer oder kleiner 0,5 ist. Sind die Säulen tendenziell eher weiter rechts oder weiter links im Histogramm, umso mehr (p > 0,5) oder weniger (p < 0,5) Treffer sind zu erwarten.

SCHRITT 16

Ich kann kumulierte Wahrscheinlichkeiten berechnen.

Hier lernst du, wie du beim 10-maligen Werfen einer Münze nicht nur die Wahrscheinlichkeit für genau 6-mal Zahl, sondern auch für höchstens oder mindestens 6-mal Zahl berechnen kannst.

DAS BRAUCHST DU WIEDER

→ Binomialverteilung $B_{n,p}(k)$ (in Schritt 15)

Allgemein: $P(X = k) = \binom{n}{k} \cdot p^k \cdot (1 - p)^{n-k}$

für alle k = 0; 1; …; n

„genau x“ bedeutet: nur dieser Fall
„höchstens x“ bedeutet: kleiner oder gleich x (weniger oder gleich)
„mindestens x“ bedeutet: größer oder gleich x (mehr oder gleich)

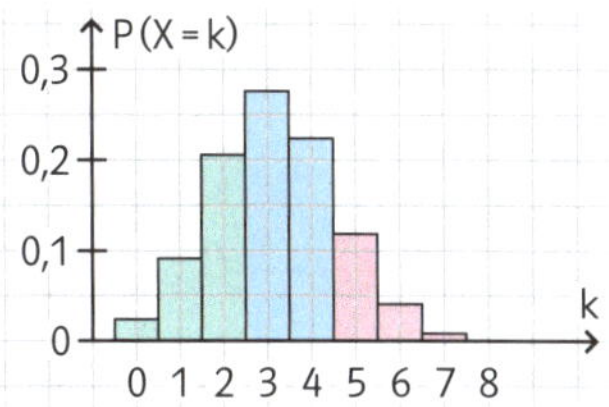

grün: $P(X \le 2)$ höchstens 2
pink: $P(X \ge 5)$ mindestens 5
blau: $P(3 \le X \le 4)$ mindestens 3, höchstens 4

Beispiele: höchstens 2 Autos bedeutet: 0, 1 oder 2
höchstens 4 Schüler bedeutet: ________
mindestens 5 von 8 Autos bedeutet: 5, 6, 7 oder 8
mindestens 8 von 10 Schülern bedeutet: ________
mindestens 3, aber höchstens 4 Autos bedeutet: 3 oder 4
mindestens 5, aber höchstens 9 Schülerinnen bedeutet: ________

DARUM GEHT'S

Du weißt bereits, wie du die Wahrscheinlichkeiten für genau k Treffer einer Binomialverteilung bestimmst. Durch Addieren der einzelnen Wahrscheinlichkeiten (kumulierte Binomialverteilung) kannst du außerdem auch die Wahrscheinlichkeiten für eine Höchst- oder Mindestanzahl von k Treffern bestimmen.

> **Tipp**
> Mit vielen Taschenrechnern kannst du mit den Befehlen *binomcdf* oder *binomialcdf* die Wahrscheinlichkeitswerte $P(X \le k)$ direkt berechnen.

Höchstens k Treffer: Alle Ergebnisse von 0 bis zu einer bestimmten Trefferzahl k werden zu einem Ereignis zusammengefasst:

$P(X \le k) = P(X = 0) + P(X = 1) + \ldots + P(X = k)$

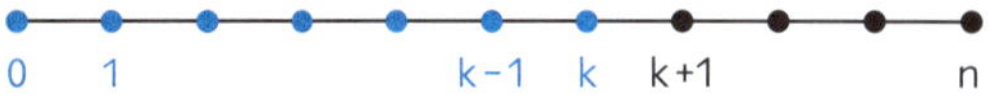

Mindestens k Treffer: Alle Ergebnisse ab einer bestimmten Trefferzahl k bis zu n werden zu einem Ereignis zusammengefasst. Bei Verwendung des Taschenrechners, der immer von X = 0 an zählt, benötigst du das Gegenereignis:

$P(X \ge k) = P(X = k) + P(X = k + 1) + \ldots + P(X = n) = 1 - P(X \le k - 1)$

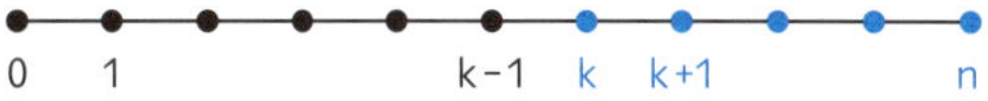

> **Tipp**
> Beachte, dass du beim Gegenereignis von 0 bis k - 1 rechnest.
> $P(X \ge 3) \neq 1 - P(X \le 3)$, sondern
> $P(X \ge 3) = 1 - P(X \le 2)$
> Rechne im Taschenrechner beim Addieren und Subtrahieren von Wahrscheinlichkeiten mit exakten (zwischengespeicherten) Werten, sonst gibt es Rundungsfehler.

Wahrscheinlichkeit mit „höchstens“ und „mindestens“

Diese Strategie wendest du dann an, wenn durch die Worte „höchstens“ oder „mindestens“ mehrere Ergebnisse gemeint sind.

SO GEHT'S

○ 1 **Beispiel**
Die Tabelle zeigt die Werte einer Verteilung.

Treffer k	0	1	2	3	4	5
P(X = k)	0,08	0,26	0,35	0,22	0,08	0,01

Bestimme die Wahrscheinlichkeit der Ereignisse.
Ereignis E: **höchstens** drei Treffer
Ereignis F: **mindestens** drei Treffer

Du bist dran
Die Tabelle zeigt die Werte einer Verteilung.

Treffer k	0	1	2	3	4
P(X = k)	0,02	0,12	0,30	0,38	0,18

Bestimme die Wahrscheinlichkeit der Ereignisse.
Ereignis E: **höchstens** ein Treffer
Ereignis F: **mindestens** zwei Treffer

Erklärfilm
Kumulierte Wahrscheinlichkeit
p5cn9z

Schreibe alle Ergebnisse der Ereignisse mit deren Wahrscheinlichkeiten auf:

$P(E) = P(X \le 3) = P(X = 0) + P(X = 1)$
$+ P(X = 2) + P(X = 3)$
$= 0{,}08 + 0{,}26 + 0{,}35 + 0{,}22$
$= 0{,}91$

$P(F) = P(X \ge 3) = P(X = 3) + P(X = 4)$
$+ P(X = 5)$
$= 0{,}22 + 0{,}08 + 0{,}01$
$= 0{,}31$

Tipp
$P(X < 4) = P(X \le 3)$
$P(X > 5) = P(X \ge 6)$
$P(2 < X < 7) = P(3 \le X \le 6)$

○ **2** Lies aus der Tabelle die Wahrscheinlichkeiten ab und berechne die kumulierten Wahrscheinlichkeiten:

Treffer k	0	1	2	3	4	5	6	7
P(X = k)	0,02	0,09	0,21	0,29	0,24	0,12	0,03	0

a) $P(X \le 2)$ **b)** $P(X < 5)$ **c)** $P(X > 4)$ **d)** $P(X \ge 2)$ **e)** $P(2 \le X \le 4)$ **f)** $P(3 < X < 7)$

○ **3** Lies an dem Histogramm näherungsweise die Wahrscheinlichkeiten ab:
a) $P(X = 3)$
b) $P(X \le 3)$
c) $P(X \ge 4)$
d) $P(3 \le X \le 5)$
e) $P(0 < X < 4)$

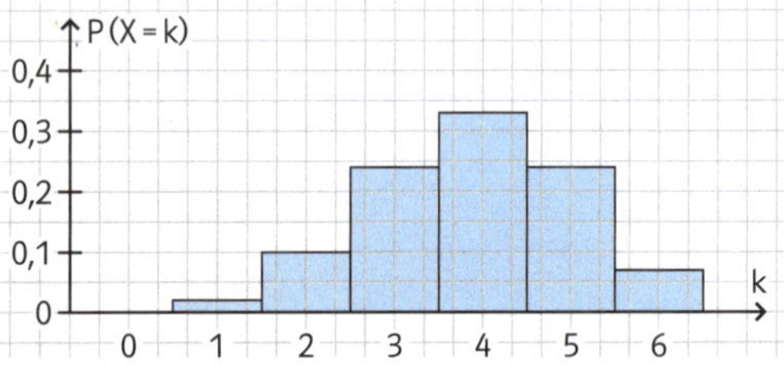

Tipp
Ab dieser Aufgabe solltest du die kumulierten Wahrscheinlichkeiten wie oben beschrieben mit dem Taschenrechner berechnen. Liegen die Werte für X in einem Bereich, gehst du folgendermaßen vor:
$P(2 \le X \le 7) =$
$P(X \le 7) - P(X \le 1)$
Hier wird $P(X \le 1)$ abgezogen, da $P(X = 2)$ noch im Bereich liegt.

◒ **4** Die Zufallsgröße X ist binomialverteilt mit den Parametern n und p. Berechne die Wahrscheinlichkeiten mit dem Taschenrechner:
a) $n = 10;\ p = 0{,}5;\ P(X \le 6)$ **b)** $n = 20;\ p = 0{,}2;\ P(X \le 5)$
c) $n = 40;\ p = 0{,}9;\ P(X \ge 32)$ **d)** $n = 100;\ p = \frac{1}{4};\ P(X \ge 26)$
e) $n = 120;\ p = 0{,}15;\ P(15 \le X \le 20)$ **f)** $n = 45;\ p = \frac{2}{3};\ P(25 < X < 35)$

◒ **5** Eine Münze wird 100-mal geworfen. Gib die Wahrscheinlichkeit für das Auftreten von „Zahl" in Prozent an.
a) genau 50-mal **b)** höchstens 50-mal
c) mindestens 50-mal **d)** weniger als 60-mal
e) mehr als 60-mal **f)** zwischen 45- und 55-mal

◒ **6** Ein Gartenfachmarkt verkauft Blumenzwiebeln; darunter sind 40 % rotblühende und jeweils 30 % gelbblühende und blaublühende. Ein Kunde kauft ein Päckchen mit sechs Zwiebeln. Schreibe die Wahrscheinlichkeiten für die Zwiebeln als kumulierte Wahrscheinlichkeiten auf und berechne sie mit dem Taschenrechner.
a) Höchstens fünf Zwiebeln sind rotblühend.
b) Mindestens drei Zwiebeln sind gelbblühend.
c) Mindestens eine und höchstens vier sind blaublühend.

TIPPS ZUM LÖSEN DER AUFGABEN 2, 4, 5 UND 6

2 d) Du kannst alle zugehörigen Wahrscheinlichkeiten addieren, oder mit dem Gegenereignis rechnen. **4** Wenn deine Ergebnisse in der letzten Nachkommastelle nicht mit denen der Lösung übereinstimmen, hast du wahrscheinlich gerundete Wahrscheinlichkeiten addiert oder subtrahiert. **5** „zwischen 45 und 55" bedeutet: 45 < x < 55. **6 c)** Gesucht ist die Wahrscheinlichkeit $P(1 \le X \le 4)$

7 In einer Serie von Überraschungseiern ist in jedem dritten Ei eine Figur enthalten. Du kaufst acht Eier. Berechne die Wahrscheinlichkeiten.
a) Höchstens vier Eier enthalten eine Figur.
b) Mindestens vier Eier enthalten eine Figur.
c) Mindestens ein Ei und höchstens 5 Eier enthalten eine Figur.

8 Beim Brennen von CDs sind erfahrungsgemäß 5 % defekt. Du greifst 10 heraus. Bestimme die Wahrscheinlichkeit, dass höchstens drei defekt sind.

9 Von neu geborenen Kätzchen sind nach einer Studie 54 % männlich. Eine Katze hat einen Wurf von vier Kätzchen. Bestimme die Wahrscheinlichkeit, dass mindestens zwei davon männlich sind.

10 Bei einer Tombola sind 30 % der Lose Gewinne. Wie groß ist die Wahrscheinlichkeit für mindestens zwei Gewinne, wenn du
a) 5 Lose,
b) 10 Lose kaufst?

Tipp
Kumulierte Wahrscheinlichkeiten werden
(1) bei „≤" größer, wenn k größer wird, da der Bereich, dann mehr Treffer k umfasst.
(2) bei „≥" kleiner, wenn k größer wird, da der Bereich dann weniger Treffer k umfasst.

11 Prüfe ohne Rechnung die folgenden Ungleichungen für die Wahrscheinlichkeiten einer Binomialverteilung.
a) $P(X \leq 10) < P(X \leq 11)$ **b)** $P(X > 10) < P(X > 11)$
c) $P(10 \leq X \leq 20) < P(15 \leq X \leq 25)$ **d)** $1 - P(10 \leq X) < P(X \geq 10)$

12 Gib eine Begründung für die Aussagen über eine Binomialverteilung an.
a) Die Wahrscheinlichkeit für höchstens k Treffer wird kleiner, wenn die Anzahl n der Versuche größer wird.
b) Die Wahrscheinlichkeit für mindestens k Treffer wird größer, wenn die Anzahl n der Versuche größer wird.

13 Ein kleines Roulette-Spiel ist in 12 Felder eingeteilt, 5 weiße und 7 grüne. Esther darf dreimal die Kugel drehen. Untersuche, welche der folgenden Wahrscheinlichkeiten 1, 2, 3 oder 4 zu den Ereignissen A, B und C gehören.
(Es können Wahrscheinlichkeiten doppelt vorkommen.)
A: genau 2-mal grün; B: höchstens 1-mal weiß; C: mindestens 2-mal grün

1: $3 \cdot \frac{5}{12} \cdot \left(\frac{7}{12}\right)^2 + \left(\frac{7}{12}\right)^3$ 2: $1 - \left(\frac{5}{12}\right)^3$ 3: $3 \cdot \frac{5}{12} \cdot \left(\frac{7}{12}\right)^2$ 4: $3 \cdot \left(\frac{5}{12}\right)^2 \cdot \frac{7}{12} + \left(\frac{5}{12}\right)^3$

14 Für ein Institut steht ein Parkplatz mit 26 Plätzen zur Verfügung. Von den Mitarbeitern des Instituts kommt etwa ein Drittel mit dem eigenen Auto.
Bis 8:30 Uhr sind 78 Mitarbeiter gekommen.
a) Wie groß ist die Wahrscheinlichkeit, dass dann noch ein Parkplatz frei ist?
b) Weise nach, dass die Chance auf einen freien Parkplatz größer als 50 % ist, wenn erst 76 Mitarbeiter gekommen sind.

TIPPS ZUM LÖSEN DER AUFGABEN 7, 8, 10 UND 14

7 „In jedem dritten Ei" bedeutet, dass $\frac{1}{3}$ aller Eier eine Figur enthält, was der Trefferwahrscheinlichkeit p entspricht. **8** Denke daran, falls du einzelne $P(X = k)$ addierst, den Fall, dass keine defekt ist, nicht zu vergessen. **10** Wenn die Anzahl der Lose groß ist, kann die Wahrscheinlichkeit für das Ziehen von ein paar Losen als konstant angenommen werden. **14** Die Zufallsvariable X zählt nicht die Parkplätze, sondern die Anzahl Mitarbeiter, die mit dem Auto zur Arbeit kommen. Wie viele dürfen das maximal sein, sodass es noch mindestens einen freien Parkplatz gibt?

SCHRITT 17 Ich kann den Erwartungswert und die Standardabweichung einer Binomialverteilung berechnen.

Hier lernst du, wie oft vermutlich eine Sechs auftritt, wenn du 100-mal würfelst.

→ Histogramm einer Binomialverteilung (in Schritt 15)

DAS BRAUCHST DU WIEDER

Allgemein: $P(X = k) = \binom{n}{k} \cdot p^k \cdot (1 - p)^{n-k}$

Beispiele: $n = 100;\ p = \frac{1}{6}$

$P(X = 11) \approx 0{,}0350;\ P(X = 12) \approx 0{,}0520;$

$P(X = 13) \approx$ ______ ; $P(X = 14) \approx$ ______

$P(X = 15) \approx$ ______ ; $P(X = 16) \approx$ ______

$P(X = 17) \approx$ ______ ; $P(X = 18) \approx$ ______

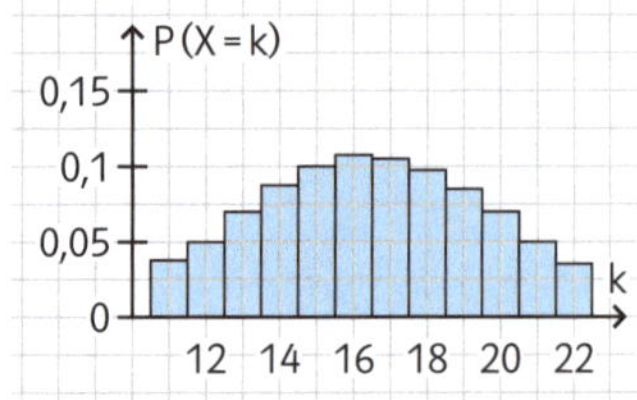

DARUM GEHT'S

Du kennst den Erwartungswert schon von Ergebnissen mit unterschiedlichen Wahrscheinlichkeiten. Der Erwartungswert der Binomialverteilung hat die gleiche Bedeutung, er ist bei unbegrenzter Wiederholung des Zufallsexperiments der Durchschnitt aller Ergebnisse.

Erklärfilm
Graph und Erwartungswert der Binomialverteilung
p5cn9z

Erwartungswert $E(X) = n \cdot p$ mit n: Anzahl Versuche und p: Tefferwahrscheinlichkeit

Im Histogramm liegt er auf oder neben der höchsten Säule. Im obigen Beispiel liegt er zwischen 16 und 17, genau bei

$E(X) = \frac{1}{6} \cdot 100 = 16{,}\overline{6}.$

Bei der Binomialverteilung ist außerdem die Standardabweichung von Bedeutung, mit der man den Bereich $[E(X) - \sigma;\ E(X) + \sigma]$ um den Erwartungswert angeben kann, in dem etwa 70 % aller Ergebnisse liegen. Für die Berechnung der Standardabweichung kannst du eine einfache Formel verwenden:

Standardabweichung $\sigma = \sqrt{n \cdot p \cdot (1 - p)}$ mit n: Anzahl Versuche,
p: Trefferwahrscheinlichkeit,
(1 – p): Wahrscheinlichkeit einer Niete

Erwartungswert und Standardabweichung

Die Strategie besteht im Wesentlichen darin, die Daten in die Formeln einzusetzen.

SO GEHT'S

○ 1 **Beispiel**
Ein Würfel wird 30-mal geworfen. Die mögliche Anzahl aller Vierer wird notiert. Berechne den Erwartungswert und die Standardabweichung. Bestimme die Wahrscheinlichkeiten in der Umgebung $[E(X) - \sigma;\ E(X) + \sigma]$ des Erwartungswerts, zeichne ein dazugehöriges Histogramm im Bereich $0 \le k \le 7$ und markiere die σ-Umgebung.

Du bist dran
Ein Würfel wird 15-mal geworfen. Die mögliche Anzahl aller Dreier wird notiert. Berechne den Erwartungswert und die Standardabweichung. Bestimme die Wahrscheinlichkeiten in der Umgebung $[E(X) - \sigma;\ E(X) + \sigma]$ des Erwartungswerts, zeichne ein dazugehöriges Histogramm im Bereich $0 \le k \le 6$ und markiere die σ-Umgebung.

Notiere die Zufallsgröße und alle benötigten Daten:

X : Anzahl der Vierer = {0,1,..., 30}

X ist binomialverteilt mit $n = 30$ und $p = \frac{1}{6}$

$1 - p = 1 - \frac{1}{6} = \frac{5}{6}$

Setze die Werte in die Formeln ein:

$E(X) = 30 \cdot \frac{1}{6} = 5$

$\sigma = \sqrt{30 \cdot \frac{1}{6} \cdot \frac{5}{6}} \approx 2{,}041$

Bestimme die Wahrscheinlichkeiten in der σ-Umgebung von E(X).
Zeichne ein Histogramm und markiere die σ-Umgebung.

Tipp
E(X) − σ wird immer aufgerundet, E(X) + σ immer abgerundet.

$E(X) - \sigma \approx 5 - 2{,}041 = 2{,}959$
$E(X) + \sigma \approx 5 + 2{,}041 = 7{,}041$
Die gesuchten Trefferzahlen sind 3, 4, 5, 6 und 7.
$P(X = 3) \approx 0{,}1368$
$P(X = 4) \approx 0{,}1847$
$P(X = 5) \approx 0{,}1921$
$P(X = 6) \approx 0{,}1601$
$P(X = 7) \approx 0{,}1098$

Tipp
Wähle auf der y-Achse für 0,1 einen Abstand von 2 Kästchen und runde die Wahrscheinlichkeiten zum Zeichnen auf 2 Nachkommastellen!

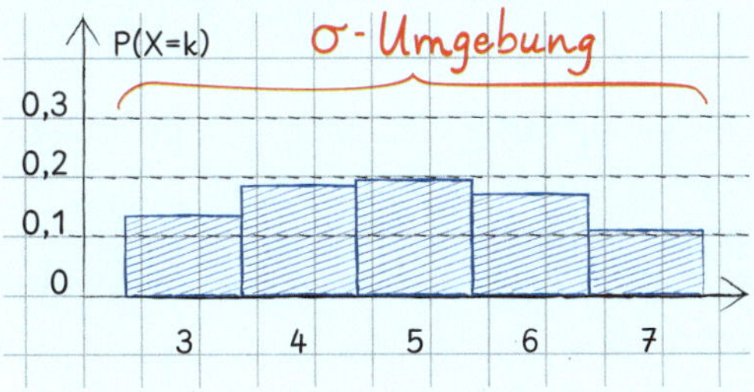

○ **2** **a)** Berechne für das obige Beispiel (linke Aufgabe) die zusätzlichen Wahrscheinlichkeiten in der Umgebung $[E(X) - 2 \cdot \sigma; E(X) + 2 \cdot \sigma]$ des Erwartungswerts.
b) Bestimme, wie viel Prozent aller Ergebnisse in dieser Umgebung liegen.

○ **3** Es werden die beiden Binomialverteilungen $B_{120;\,0,4}$ und $B_{80;\,0,6}$ betrachtet.
a) Weise nach, dass beide Binomialverteilungen den gleichen Erwartungswert E(X) haben.
b) Berechne, wie viel Prozent der ganzen Binomialverteilung jeweils im Intervall $[E(X) - 2; E(X) + 2]$ liegen.

○ **4** Berechne den Erwartungswert und die Standardabweichung der Binomialverteilungen. Zeichne jeweils ein Histogramm im Bereich von $1 \le k \le 7$ und markiere die σ-Umgebung. Vergleiche beide Histogramme.
a) $B_{10;\,0,4}$ **b)** $B_{20;\,0,2}$

TIPP ZUM LÖSEN DER AUFGABE 2

2 b) Gesucht ist die Wahrscheinlichkeit $P(1 \le X \le 9)$, also die Wahrscheinlichkeit, dass das Ergebnis des Versuchs im Bereich von einem bis neun Treffern liegt.

5 Es ist die Binomialverteilung $B_{100;\,0,6}$ gegeben.

a) Berechne den Erwartungswert und die Standardabweichung.

b) Gib die Trefferzahlen an, die innerhalb des Intervalls $[E(X) - \sigma; E(X) + \sigma]$ liegen.

c) Bestimme, wie viel Prozent aller Ergebnisse in diesem Intervall liegen.

d) Bestimme die Umgebung des Erwartungswerts, in der mindestens 90 % aller Ergebnisse liegen.

6 Für eines der drei Histogramme ist $n = 6$ und $p = 0,4$.
Versuche, n und p auch für die beiden anderen Histogramme anzugeben.

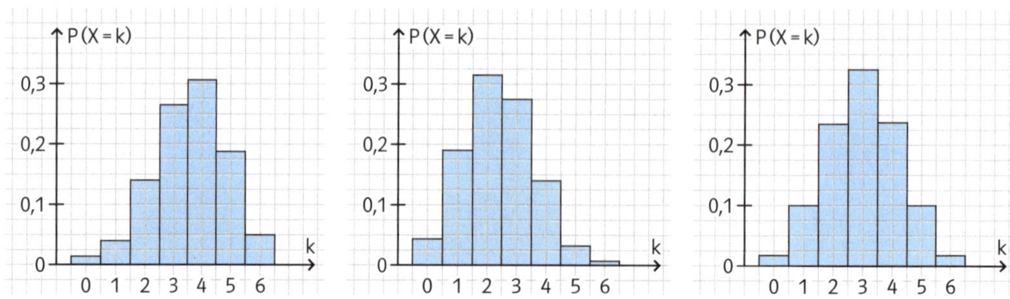

7 Ordne der Abbildung die passende Binomialverteilung zu.
Begründe deine Entscheidung.
A: $n = 3$; $p = 0,3$
B: $n = 8$; $p = 0,5$
C: $n = 8$; $p = 0,4$

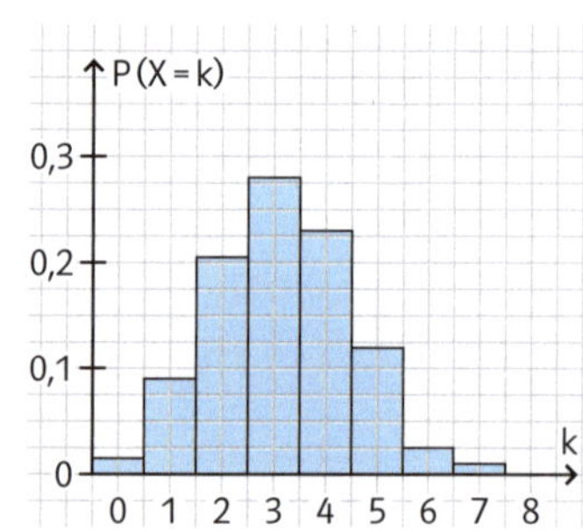

8 Es ist die Binomialverteilung mit $n = 20$ und $p = 0,4$ gegeben.

a) Bestimme den Erwartungswert $E(X)$.

b) Berechne die Wahrscheinlichkeit $P(X \leq E(X))$.
Begründe, weshalb die Wahrscheinlichkeit $P(X \leq E(X))$ größer als 50 % ist.

9 Eine Münze wird 50-mal geworfen, die Anzahl von „Kopf" wird gezählt.

a) Bestimme den Erwartungswert $E(X)$.

b) Begründe, dass das Histogramm der dazugehörigen Binomialverteilung symmetrisch zu $k = 25$ ist. Überprüfe dies am Beispiel $k = 20$ und $k = 30$.

c) Begründe mit den Ergebnissen aus b), dass für eine symmetrische Binomialverteilung gilt: $P(X \leq k) = P(X \geq n - k)$.
Überprüfe dies am Beispiel $k = 20$.

10 Prüfe die Aussagen auf ihre Richtigkeit:

a) Wenn bei gleicher Treffer-Wahrscheinlichkeit p die Anzahl n der Versuche wächst, dann wachsen auch der Erwartungswert und die Standardabweichung.

b) Wenn bei gleicher Anzahl n der Versuche die Treffer-Wahrscheinlichkeit p wächst, dann wachsen auch der Erwartungswert und die Standardabweichung.

TIPPS ZUM LÖSEN DER AUFGABEN 5, 6, 7, 9 UND 10

5 d) Bestimme $P(E(X) - r \leq x \leq E(X) + r)$ für verschiedene Werte von r um den Bereich zu bestimmen, dessen Wahrscheinlichkeit 90 % am nächsten kommt. **6** Beachte die Symmetrie der Histogramme. **7** Orientiere dich am Erwartungswert. **9** Betrachte die Histogramme aus Aufgabe 6 und welche Auswirkungen es auf das Aussehen des Histogramms hat, wenn die Trefferwahrscheinlichkeit p kleiner, gleich bzw. größer als 0,5 ist. **10** Betrachte die Formeln für $E(X)$ und σ und überlege dir, welche Auswirkungen das Größerwerden der Faktoren n und p auf die beiden Werte hat.

SCHRITT 18

Ich kann die Anzahl n der Versuche einer Binomialverteilung bestimmen.

Hier lernst du, wie oft du würfeln musst (n), damit die Wahrscheinlichkeit $P(X \geq k)$, drei Sechsen zu würfeln (k), größer als 90 % ist.

→ Kumulierte Binomialverteilung mit „mindestens" (in Schritt 16)

DAS BRAUCHST DU WIEDER

Allgemein: $P(X \geq k) = 1 - P(X \leq k-1)$

Beispiele: $n = 8$; $P(X \geq 4) = 1 - P(X \leq 3)$

$P(X \geq 7) =$ ______________

$P(X \geq 2) =$ ______________

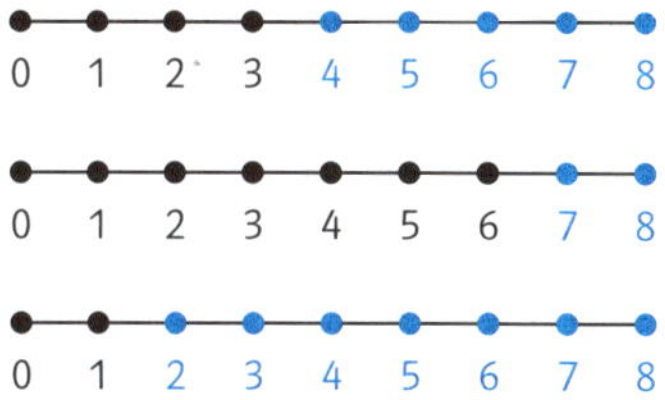

DARUM GEHT'S

Bisher hast du bei einer Binomialverteilung immer die Wahrscheinlichkeit $P(X = k)$ für k Treffer oder die kumulierte Wahrscheinlichkeit $P(X \leq k)$ für höchstens k Treffer oder $P(X \geq k)$ für mindestens k Treffer berechnet. Jetzt ist die Wahrscheinlichkeit $P(X \geq k)$ oder $P(X \leq k)$ gegeben und du sollst die Anzahl n der Versuche bestimmen, die du brauchst, um diese Wahrscheinlichkeit zu erreichen.

Anzahl n der Versuche

Handelt es sich um eine Wahrscheinlichkeit mit dem Zusatz „mindestens", ist es die beste Strategie, das Gegenereignis zu betrachten, da dieses im Taschenrechner berechnet werden kann.

SO GEHT'S

Tipp
In der Aufgabenstellung musst du dir bei „wie oft" und „drei Sechsen" immer ein „mindestens" vorstellen.

Erklärfilm
Bestimmung des Parameters n bei der Binomialverteilung
p5cn9z

Tipp
Beim Multiplizieren mit −1 dreht sich das Ungleichheits-Zeichen um.

Tipp
Probiere zunächst mehrere Werte von n in größeren Abständen aus und grenze die Werte für n dann schrittweise ein.

○ 1 **Beispiel**
Wie oft musst du einen Würfel werfen, damit die Wahrscheinlichkeit, drei Sechsen zu erhalten, mindestens 90 % ist?

Notiere die Zufallsgröße und alle benötigten Daten:

X : Anzahl Sechsen
X ist binomialverteilt mit $p = \frac{1}{6}$ und $k = 3$; n ist gesucht

Schreibe die Bedingung für die Wahrscheinlichkeit auf:

$P(X \geq 3) \geq 0{,}9$
$1 - P(X \leq 2) \geq 0{,}9 \quad | -1$
$-P(X \leq 2) \geq -0{,}1 \quad | \cdot (-1)$
$P(X \leq 2) \leq 0{,}1$

Suche im Taschenrechner mit p aus der Aufgabenstellung und k aus der letzten Ungleichung den Wert für n, für den diese letzte Ungleichung erstmals erfüllt wird, durch Probieren:

$n = 30$: $P(X \leq 2) \approx 0{,}1028$
$n = 31$: $P(X \leq 2) \approx 0{,}0906$

Schreibe die Antwort auf:

Du musst den Würfel mindestens 31-mal werfen, um mit einer Wahrscheinlichkeit von mindestens 90 % mindestens drei Sechsen zu erhalten.

Du bist dran
Wie oft musst du einen Würfel werfen, damit die Wahrscheinlichkeit, zweimal eine Zahl größer oder gleich 5 zu erhalten, mindestens 80 % ist?

○ **2** In einem Kinderparadies steht eine große Kiste mit 15 goldenen, 20 roten und 25 blauen Bällen, aus der die Kinder mit geschlossenen Augen einen Ball herausgreifen dürfen. Anschließend wird er wieder zurückgelegt. Wenn ein Kind zum dritten Mal einen goldenen Ball gezogen hat, darf es ihn behalten.
Wie oft muss es wohl ziehen, um mit mehr als 50 %iger Wahrscheinlichkeit einen goldenen Ball behalten zu können?

○ **3** Bei einem Quiz kann der Kandidat nur mit ja oder nein antworten. Da er sich in dem Thema nicht auskennt, probiert er es mit bloßem Raten. Er benötigt fünf richtige Antworten, um in die nächste Runde zu kommen.
Mit wie vielen Fragen muss er wohl rechnen, bis er es mit 80 %-iger Wahrscheinlichkeit in die nächste Runde geschafft hat?

○ **4** Bei einer Tombola ist ein Drittel aller Lose Gewinne. Ein Teilnehmer möchte für seine Kinder mit einer Wahrscheinlichkeit von 95 % mindestens drei Gewinne erzielen.
Wie viele Lose muss er dafür mindestens kaufen?

◒ **5** Ein Filmteam benötigt für einen Massenauflauf mindestens 200 Statisten. Erfahrungsgemäß ist nur jeder Dritte geeignet. Wie viele Personen sollten das Team von den über 1 000 Freiwilligen zu einer Probe einladen, damit mit 80 %iger Wahrscheinlichkeit genügend geeignete Statisten darunter sind?

◒ **6** Bei einem Multiple-Choice-Test ist nur eine von vier Antworten richtig. Bestimme die Anzahl der Fragen, die der Test höchstens haben sollte, damit jemand, der nur zufällig ankreuzt, mit mindestens 90 %iger Wahrscheinlichkeit nicht über 10 richtige Antworten kommt.

● **7** Ein großes Autohaus verschickt Fragebögen an Haushalte, um mehr über die Wünsche der Kunden zu erfahren. Bei solchen Aktionen kommen meistens etwa 20 % der Fragebögen ausgefüllt zurück. Das Autohaus möchte mit mindestens 75 % Wahrscheinlichkeit 500 Rückmeldungen auswerten können.
Wie viele Fragebögen muss es dazu verschicken?

● **8** In der Abbildung siehst du einen Ausschnitt zweier Binomialverteilungen mit gleicher Trefferwahrscheinlichkeit, aber unterschiedlichem Stichprobenumfang n. Begründe, bei welcher Datenreihe die Stichprobe größer ist.

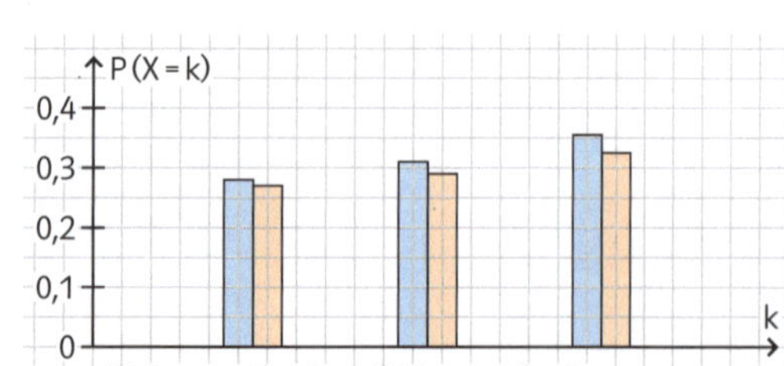

TIPPS ZUM LÖSEN DER AUFGABEN 2, 3, 4, 5, 6, 7 UND 8

2, 3, 4 Beginne die Suche nach n in 5er-Schritten. **5** Beginne die Suche nach n in 100er-Schritten. **6** Achte darauf, dass hier nicht wie in den Aufgaben zuvor in Bezug auf k nicht nach „mindestens" sondern nach „höchstens" gefragt wird. Beginne die Suche nach n in 10er-Schritten. **7** Beginne die Suche nach n in 1 000er-Schritten. **8** Betrachte im Beispiel unter „So geht's", wie sich $P(X \leq k)$ für größer werdende Werte von n verhält.

SCHRITT **19**

Ich kann die Anzahl n an Versuchen bis zum ersten Eintreffen eines Ereignisses bestimmen.

Hier lernst du, wie oft du würfeln musst (n), damit die Wahrscheinlichkeit, mindestens eine Sechs zu würfeln $P(X \geq 1)$, größer als 90 % ist.

→ Lösen von Exponentialgleichungen mit dem Logarithmus (in den Grundlagen)

DAS BRAUCHST DU WIEDER

Allgemein: $a^n = b \rightarrow n = \log_a(b)$

Beispiele: $0{,}5^n = 0{,}1 \rightarrow n = \log_{0,5}(0{,}1) \approx 3{,}3219$

$0{,}8^n = 0{,}2 \rightarrow n =$ ______________

$\left(\frac{3}{4}\right)^n = 0{,}08 \rightarrow n =$ ______________

DARUM GEHT'S

Du hast bereits die Anzahl n der Versuche bestimmt, die du für mindestens k Treffer brauchst. Hier geht es nur noch um mindestens einen Treffer, bzw. wie lange du ein Zufallsexperiment wiederholen musst, um mit einer bestimmten Wahrscheinlichkeit mindestens einen Treffer zu erhalten. Das Gegenereignis davon ist „0 Treffer". Du kannst daher die Bernoulli-Formel deutlich vereinfachen:

$\mathbf{P(X = 0)} = \binom{n}{0} \cdot p^0 \cdot (1-p)^n = \mathbf{(1-p)^n}$ mit $\binom{n}{0} = 1$; $p^0 = 1$

Erstes Eintreffen eines Ereignisses

Bei diesen Aufgaben kannst du als Strategie wieder die Bernoulli-Formel anwenden, obwohl es von der Formulierung her eine Aufgabe mit einer kumulierten Binomialverteilung ist.

SO GEHT'S

Tipp
Die Aufgaben dieses Schritts lassen sich auch mit der Strategie aus Schritt 18 berechnen.

○ 1 **Beispiel**
Wie oft musst du zwei Würfel werfen, damit die Wahrscheinlichkeit, einen Pasch zu erhalten, mindestens 95 % ist?

Notiere die Zufallsgröße:

X : Anzahl der Pasch-Würfe

Bestimme die Trefferwahrscheinlichkeit p:

$p = \frac{6}{36} = \frac{1}{6}$

X ist binomialverteilt mit $p = \frac{1}{6}$ und $k = 1$; n ist gesucht

Schreibe die Bedingung für die Wahrscheinlichkeit auf:

$P(X \geq 1) \geq 0{,}95$

$P(X = 0) \leq 0{,}05$

Gib die Wahrscheinlichkeit 1-p für eine Niete an und ersetze $P(X = 0)$ durch $(1-p)^n$:

$1 - p = \frac{5}{6}$

$P(X = 0) = \left(\frac{5}{6}\right)^n \leq 0{,}05$

Tipp
$P(X = 0)$ bedeutet: nur Nieten

Tipp
Mit etwas Routine kannst du den vorherigen Teilschritt überspringen und direkt hier beginnen.

Du bist dran
Wie oft musst du zwei Würfel werfen, damit die Wahrscheinlichkeit, zwei aufeinander folgende Zahlen (also 12; 21; 23; …) zu erhalten, mindestens 90 % ist?

Tipp
Beim Abrunden auf 16 wäre die Wahrscheinlichkeit $P(X = 0)$ zu groß und damit die für $P(X \geq 1)$ zu klein.

Löse die entsprechende Gleichung nach n auf:

$n = \log_{\frac{5}{6}}(0{,}05) \approx 16{,}4$

Runde für die Antwort auf eine ganze Zahl auf:

Du musst mindestens 17-mal würfeln, damit die Wahrscheinlichkeit, einen Pasch zu erhalten, mindestens 95 % ist.

○ **2** Bestimme die Wahrscheinlichkeit, wie oft du mit einem gewöhnlichen Spielwürfel würfeln musst, um mit 90 %iger Wahrscheinlichkeit eine Sechs zu erhalten.

○ **3** Bei einer Lotterie sind 2 % aller Lose Hauptgewinne. Wie viele Lose musst du mindestens kaufen, um mit 80 % Wahrscheinlichkeit einen Hauptgewinn zu erhalten?

○ **4** Marvin übt mit dem Fußball an der Torwand. Er trifft im Schnitt jedes 5. Mal. Wie viele Schüsse muss er einplanen, wenn er seinem Freund mit 80 %iger Wahrscheinlichkeit einen Treffer zeigen will?

○ **5** Stella träumt von einer großen Karriere und meldet sich immer wieder zu Casting-Shows. Die Erfahrung zeigt, dass von 20 Bewerberinnen nur eine genommen wird. Bei wie vielen Casting-Shows muss Stella wohl antreten, damit ihre Chancen, genommen zu werden, auf wenigstens 50 % gestiegen sind?

◒ **6** In drei von zwölf Containern befindet sich Schmuggelgut. Der Zoll möchte so wenige Container öffnen wie möglich, aber mit einer Wahrscheinlichkeit von 60 % einen Container mit Schmuggelgut finden.

a) Begründe, warum es nicht genügt, zwei Container zu öffnen.

b) Bestimme die Anzahl der Container, die geöffnet werden sollten, damit der Zoll mit der vorgegebenen Wahrscheinlichkeit einen Container mit Schmuggelgut findet.

● **7** Du hast schon mehrere Male gewürfelt, ohne ein Sechs zu bekommen. Wieso wird dann die Wahrscheinlichkeit, nach so vielen Misserfolgen endlich eine Sechs zu würfeln, mit jedem Wurf größer, obwohl die Wahrscheinlichkeit für eine Sechs immer noch $p = \frac{1}{6}$ ist?

TIPPS ZUM LÖSEN DER AUFGABEN 4, 5, 6 UND 7

4 „Im Schnitt jedes 5. Mal" bedeutet: $p = \frac{1}{5}$. **5** Aus dem Text kannst du ablesen: $p = \frac{1}{20} = 0{,}05$ und $P(X \geq k) \geq 0{,}5$. **6 a)** Berechne $P(X = 0)$ für den Fall, dass n den Wert 2 hat. **7** Berechne die Wahrscheinlichkeiten fünf- bzw. sechsmal hintereinander keine Sechs zu erhalten. Vergleiche die beiden Ergebnisse.

SCHRITT **20**

Ich kann die Trefferwahrscheinlichkeit p einer Binomialverteilung bestimmen.

Hier lernst du, wie hoch die Treffer-Wahrscheinlichkeit (p) eines Basketball-Spielers sein muss, damit er von 10 Würfen (n) mit 90 % Wahrscheinlichkeit ($P(X \geq k)$) mindestens 7 (k) ins Netz bringt.

→ Binomialverteilung mit „mindestens" (in Schritt 16)

DAS BRAUCHST DU WIEDER

Allgemein: $P(X \geq k) = 1 - P(X \leq k - 1)$

Beispiele:

k	0	1	2	3	4	5	6	7
$P(X = k)$	0	0,01	0,05	0,14	0,27	0,30	0,18	0,05
$P(X \leq k)$	0	0,01	0,06	0,20	____	____	____	____

$P(X \geq 3) = 1 - P(X \leq 2) = 1 - (0 + 0{,}01 + 0{,}05) = 1 - 0{,}06 = 0{,}94$

$P(X \geq 4) =$ ____________________

$P(X \geq 2) =$ ____________________

$P(X \geq 6) =$ ____________________

Erklärfilm
Bestimmung des Parameters p bei der Binomialverteilung
p5cn9z

DARUM GEHT'S

Bisher hast du gelernt, bei einer Binomialverteilung die Wahrscheinlichkeiten $P(X = k)$, $P(X \leq k)$ und $P(X \geq k)$ oder die benötigte Anzahl n für k Treffer zu berechnen. Hier geht es um die Berechnung der Trefferwahrscheinlichkeit p, wenn die Anzahl n an Versuchen und die Treffer k gegeben sind. Mit einer bestimmten Trefferwahrscheinlichkeit p kannst du über eine gegebene Wahrscheinlichkeit kommen oder unter einer gegebenen Wahrscheinlichkeit bleiben.

Trefferwahrscheinlichkeit p

Bei dieser Strategie berechnest du $P(X \leq k)$ für verschiedene Trefferwahrscheinlichkeiten p und wählst aufgrund der Ergebnisse die passende Trefferwahrscheinlichkeit p aus.

SO GEHT'S

Tipp
Bei „mindestens" brauchst du immer das Gegenereignis, da der Taschenrechner nur von k = 0 an addieren kann (siehe Aufgaben 1, 2 und 5).

○ **1** **Beispiel**
Ein Basketballspieler möchte von 10 Würfen mit 85 %iger Wahrscheinlichkeit mindestens 7 ins Netz bringen. Berechne, wie hoch seine Trefferwahrscheinlichkeit p mindestens sein muss.

Notiere die Zufallsgröße und alle benötigten Daten:

X : Anzahl Treffer des Basketballspielers
X ist binomialverteilt mit n = 10; p ist gesucht

Schreibe die Bedingung für die Wahrscheinlichkeit auf:

$P(X \geq 7) \geq 0{,}85$
$P(X \leq 6) \leq 0{,}15$

Du bist dran
Ein Basketballspieler möchte von 10 Würfen mit 90 %iger Wahrscheinlichkeit mindestens 8 ins Netz bringen. Berechne, wie hoch seine Trefferwahrscheinlichkeit p mindestens sein muss.

→ Umrechnung von $P(X \geq k)$ zu $P(X \leq k - 1)$ (in Schritt 18)

Tipp
Probiere zuerst in großen Schritten, z. B. p = 0,7; 0,8; 0,9, dann in kleineren. Bei diesen Aufgaben kannst du dich für p mit 3 Stellen nach dem Komma zufriedengeben. Eine detaillierte Durchführung des systematischen Probierens findest du in der Lösung zu Aufgabe 2.

Suche im Taschenrechner mit n aus der Aufgabenstellung und k aus der letzten Ungleichung den Wert für p, für den diese letzte Ungleichung erstmals erfüllt wird, durch Probieren:

$p = 0{,}784$: $P(X \le 6) \approx 0{,}1507$
$p = 0{,}785$: $P(X \le 6) \approx 0{,}1488$

Schreibe die Antwort auf:

Die Trefferwahrscheinlichkeit muss mindestens 78,5 % betragen, damit von 10 Würfen mindestens 7 mit mindestens 85 % Wahrscheinlichkeit Treffer sind.

Tipp
In einigen Aufgaben wird das „mindestens" teilweise weggelassen, du musst es dir selbst dazu denken.

○ **2** Ein Biathlet muss jeweils auf fünf Scheiben schießen. Berechne seine Trefferwahrscheinlichkeit p, wenn er mit 90 % Wahrscheinlichkeit mindestens drei trifft.

○ **3** Max hat für ein Dorffest extra das Torwandschießen geübt, bei dem man dreimal auf das obere und dreimal auf das untere Loch schießen darf. Er möchte dabei mit 80 %-iger Wahrscheinlichkeit mindestens fünf der sechs möglichen Treffer schaffen. Bestimme seine Trefferwahrscheinlichkeit.

◒ **4** Ein Vertrieb von Nuss-Mischungen verkauft Packungen mit etwa 70 Nüssen.
Aufgrund der Rückmeldungen von Verbrauchern sollten mit einer Wahrscheinlichkeit von mindestens 85 % in einer Packung mindestens 18 Cashewkerne, 15 Macadamianüsse und 12 Paranüsse sein. Gib in Prozent an, welchen Anteil die genannten Nüsse bei der Zusammenstellung der Mischung haben sollten.

Tipp
Da in Aufgabe 5 und 6 die Trefferzahlen keinen Mindest- sondern Höchstwert haben sollen, kannst du die Wahrscheinlichkeiten direkt mit dem Taschenrechner berechnen. Du suchst dabei aber nicht mehr das kleinste p, sondern das größte p, für das der Mindestwert der gewünschten Wahrscheinlichkeit noch erreicht wird.

● **5** Ein Glücksrad ist in rote und weiße Sektoren eingeteilt. Bei rot gewinnt die Spielerin. Bei zehn Versuchen sollen mit mindestens 80 % Wahrscheinlichkeit nicht mehr als vier Treffer vorkommen.
a) Berechne die Trefferwahrscheinlichkeit p.
b) Berechne, wie groß die Winkelsumme aller roten Sektoren höchstens sein darf.

● **6** Von 1000 ausgelieferten Dübeln einer Firma sollen mit mindestens 85 % Wahrscheinlichkeit höchstens fünf Dübel fehlerhaft sein.
a) Begründe, warum $\frac{5}{1000} = 0{,}5\,\%$ nicht die richtige Antwort ist.
b) Bestimme, wie hoch tatsächlich die Fehlerquote bei der Herstellung sein darf.

TIPPS ZUM LÖSEN DER AUFGABEN 5 UND 6
5 Alle Sektoren zusammen bilden einen Winkel von 360°. **6** Fehlerquote bedeutet dasselbe wie Fehlerwahrscheinlichkeit. **a)** Berechne $P(X \le 5)$ für p = 0,005.

SCHRITT **21**

Ich kann die Anzahl k der Treffer einer Binomialverteilung bestimmen.

Hier lernst du, wie viele korrekte Antworten (k) ein Test mit 15 Multiple-Choice-Fragen (n) von einem Schüler fordern muss, damit die Wahrscheinlichkeit P(X ≥ k), durch zufälliges Ankreuzen den Test zu bestehen, bei maximal 5 % liegt.

→ Kumulierte Binomialverteilung (in Schritt 16)

DAS BRAUCHST DU WIEDER

Allgemein: $P(X \le k) = P(X = 0) = P(X = 1) + \ldots + P(X = k)$

$P(X \ge k) = 1 - (P(X = 0) + \ldots + P(X = k - 1)) = 1 - P(X \le k - 1)$

Beispiele: $n = 600, p = \frac{1}{6}$ $P(X \le 80) \approx 0{,}0145$ $P(X \le 85) \approx$ ______

$n = 600, p = \frac{1}{6}$ $P(X \ge 80)$ $P(X \ge 75) \approx$ ______

$= 1 - P(X \le 79) \approx 1 - 0{,}0107 = 0{,}9893$

DARUM GEHT'S

Erklärfilm
Bestimmung des Parameters k bei der Binomialverteilung

Du kannst jetzt schon die Größen P(X = k), n und p einer Binomialverteilung bestimmen, wenn die übrigen drei Größen gegeben sind. Es fehlt nur noch die Berechnung für die Anzahl k der Treffer. Dabei sind die Anzahl n an Versuchen, die Trefferwahrscheinlichkeit p sowie die Wahrscheinlichkeit P(X ≤ k) oder P(X ≥ k) gegeben.

Anzahl k der Treffer

Bei dieser Strategie stellst du die Binomialverteilung auf und suchst ein geeignetes k.

SO GEHT'S

○ 1 **Beispiel**
Ein Multiple-Choice-Test besteht aus 15 Fragen mit je vier Antwortmöglichkeiten, von denen jeweils nur eine richtig ist. Wie viele korrekte Antworten muss ein Lehrer für das Bestehen dieses Tests mindestens einfordern, damit die Wahrscheinlichkeit, ihn durch zufälliges Ankreuzen zu bestehen, höchstens 5 % beträgt?

Du bist dran
Ein Multiple-Choice-Test besteht aus 20 Fragen mit je drei Antwortmöglichkeiten, von denen jeweils nur eine richtig ist. Wie viele korrekte Antworten muss eine Lehrerin für das Bestehen dieses Tests mindestens einfordern, damit die Wahrscheinlichkeit, ihn durch zufälliges Ankreuzen zu bestehen, höchstens 10 % beträgt?

Schreibe die Zufallsgröße und alle benötigten Daten auf:

X: Anzahl richtiger Antworten
X ist binomialverteilt mit $n = 15$ und $p = \frac{1}{4}$;
k ist gesucht.

Schreibe die Bedingung für die Wahrscheinlichkeit für k Treffer auf:

$P(X \ge k) \le 0{,}05$
$1 - P(X \le k - 1) \le 0{,}05 \quad | -1$
$-P(X \le k - 1) \le -0{,}95 \quad | \cdot (-1)$
$P(X \le k - 1) \ge 0{,}95$

Tipp
Beim Multiplizieren mit (−1) dreht sich das Ungleichheits-Zeichen um.

Suche im Taschenrechner mit n und p aus der Aufgabenstellung den Wert für k, für den diese letzte Ungleichung erstmals erfüllt wird, durch Probieren:

$k - 1 = 6$: $P(X \le 6) \approx 0{,}9434$
$k - 1 = 7$: $P(X \le 7) \approx 0{,}9827$
Aus $k - 1 = 7$ folgt, dass $k = 8$ ist.

Schreibe die Antwort auf:

Der Lehrer muss mindestens 8 richtige Antworten einfordern, damit die Wahrscheinlichkeit, zufällig zu bestehen, höchstens 5 % beträgt.

○ **2** Eine Zufallsvariable X sei binomialverteilt mit $n = 20$.

a) Bestimme k, sodass für $p = 0{,}6$ gilt: $P(X \geq k) \leq 0{,}4$

b) Bestimme k, sodass für $p = 0{,}2$ gilt: $P(X \geq k) \leq 0{,}5$

c) Bestimme k, sodass für $p = 0{,}3$ gilt: $P(X \leq k) \leq 0{,}3$

d) Bestimme k, sodass für $p = 0{,}7$ gilt: $P(X \leq k) \leq 0{,}4$

◐ **3** An einem neuen Spielautomat beträgt die Wahrscheinlichkeit, in einem Spiel das Sonnensymbol zu erhalten, 10 %. Man bekommt den Jackpot ausbezahlt, wenn man bei 16 Spielen eine bestimmte Mindestanzahl an Sonnensymbolen erhalten hat. Wie viele Sonnensymbole müssen mindestens verlangt werden, damit die Wahrscheinlichkeit, den Jackpot zu gewinnen, kleiner als 8 % ist?

◐ **4** Alicia behauptet, dass sie einen Würfel so werfen kann, dass er sehr häufig die Augenzahl Sechs zeigt.
Marie glaubt ihr nicht und lässt sie daher 30-mal würfeln. Wie viele Male muss Alicia dabei eine Sechs würfeln, damit die Wahrscheinlichkeit, dass dies zufällig geschieht, kleiner als 5 % ist?

◐ **5** Bei einem Multiple-Choice-Test mit 40 Fragen ist nur eine von vier Antworten richtig.

a) Bestimme die Wahrscheinlichkeit für das Bestehen des Tests, wenn man für das Bestehen den Erwartungswert als Mindestzahl für das zufällige Ankreuzen der richtigen Antworten nutzen würde.

b) Bestimme die Anzahl der richtigen Antworten, ab der der Test bestanden ist, damit jemand, der nur zufällig ankreuzt, mit höchstens zehnprozentiger Wahrscheinlichkeit den Test besteht.

● **6** Bei einer Tombola gibt es 30 % Nieten. Man erhält einen der Zusatzpreise, wenn beim Kauf von 10 Losen eine bestimmte Anzahl Nieten nicht überschritten wird. Welche Anzahl muss dafür festgelegt werden, wenn die Wahrscheinlichkeit, den Zusatzpreis zu erhalten, höchstens 40 % betragen soll?

● **7** Noelle behauptet, sie erkenne rote Gummibärchen aufgrund deren Geschmacks. Emily glaubt ihr nicht und möchte daher, dass sie 10-mal vier Gummibärchen probiert, von denen jeweils eines rot ist und die anderen drei andere Farben haben. Sie verspricht ihre Meinung zu ändern, wenn Noelle höchstens 4-mal falsch liegt.

a) Mit welcher Wahrscheinlichkeit besteht Noelle den Test unter der Annahme, dass sie nur rät?

b) Wie viele falsche Antworten dürfte Noelle maximal geben, damit die Wahrscheinlichkeit, dass ihr dies durch Raten gelingt, maximal 10 % ist?

TIPPS ZUM LÖSEN DER AUFGABEN 2, 5, 6 UND 7

2 c), d) Da du hier $P(X \leq k)$ betrachtest, musst du im Gegensatz zu den Aufgaben aus dem „So geht's"-Teil nicht erst umrechnen um den Taschenrechner zu nutzen. **5 a)** Berechne zunächst den Erwartungswert $E(X) = n \cdot p$, er entspricht dann dem Wert k.
6 Im Gegensatz zum Beispiel und den Aufgaben 3, 4 und 5, suchst du hier die Maximalanzahl für k, für die eine Maximalwahrscheinlichkeit erreicht wird (also $P(X \leq k) \leq 0{,}4$). Die Berechnung entspricht dabei den Aufgabenteilen c und d von Aufgabe 2. **7** Beachte, dass die Fehlversuche betrachtet werden, die Trefferwahrscheinlichkeit bezieht sich also darauf, das rote Gummibärchen nicht zu erkennen.

TRAINING

○ **1** Eine Zufallsgröße X ist binomialverteilt mit $n = 10$ und $p = 0{,}7$.
Berechne die Wahrscheinlichkeit für k Treffer. → Schritt 14

a) $k = 2$ **b)** $k = 6$ **c)** $k = 9$

◒ **2** In einer Urne befinden sich 4 schwarze und 6 rote Kugeln. → Schritt 14

a) Berechne die Wahrscheinlichkeit, beim 8-maligen Ziehen mit Zurücklegen genau drei schwarze Kugeln zu erhalten.

b) Gib passende Ereignisse A und B an, für die folgende Wahrscheinlichkeiten gelten:

$P(A) = \binom{9}{3} \cdot \left(\frac{3}{5}\right)^3 \cdot \left(\frac{2}{5}\right)^6$ $\quad P(B) = \binom{7}{2} \cdot \left(\frac{2}{5}\right)^2 \cdot \left(\frac{3}{5}\right)^5$

◒ **3** Eine Zufallsgröße X ist binomialverteilt mit $n = 20$ und $p = 0{,}3$.

a) Berechne die folgenden Wahrscheinlichkeiten. → Schritt 16

i. $P(X \leq 8)$ ii. $P(X < 7)$ iii. $P(X \geq 5)$
iv. $P(7 \leq X \leq 14)$ v. $P(3 \leq X < 12)$

b) Berechne den Erwartungswert und die Standardabweichung.
Gib die Trefferanzahlen an, die innerhalb des Intervalls $[E(X) - \sigma; E(X) + \sigma]$ liegen.
Bestimme, wie viel Prozent aller Ergebnisse in diesem Intervall liegen. → Schritt 17

◒ **4** Laut einer Studie sind ca. 14 % der Bevölkerung in Deutschland Linkshänder. Berechne, wie groß eine Gruppe zufällig ausgewählter Testpersonen mindestens sein muss, damit mit einer Wahrscheinlichkeit von mindestens 75 % mindestens

a) ein Linkshänder darunter ist, → Schritt 19 oder Schritt 18

b) sechs Linkshänder darunter sind. → Schritt 18

◒ **5** Bei der Produktion von einfachen Kugelschreibern als Werbegeschenke sind erfahrungsgemäß einige defekt. Wie groß darf der Anteil defekter Kugelschreiber höchstens sein, damit in einer Packung von 200 Kugelschreibern mit einer Wahrscheinlichkeit von 95 % höchstens 5 defekt sind? → Schritt 20

◒ **6** Ein Multiple-Choice-Test hat 30 Fragen. Zu jeder gibt es fünf Antwortmöglichkeiten, von denen jeweils genau eine richtig ist.

a) Bestimme die Wahrscheinlichkeit, durch zufälliges Ankreuzen genau 5 Fragen richtig zu beantworten. → Schritt 14

b) Bestimme die Wahrscheinlichkeit, durch zufälliges Ankreuzen mindestens 8 Fragen richtig zu beantworten. → Schritt 16

c) Die Wahrscheinlichkeit, dass jemand den Test durch Raten besteht, soll höchstens 4 % betragen. Bestimme die Mindestanzahl an richtigen Antworten für das Bestehen. → Schritt 21

● **7** Ein Flugzeug, das auf der Strecke von Frankfurt nach New York eingesetzt wird, hat 300 Sitzplätze. Erfahrungsgemäß treten 5 % der Fluggäste den Flug nicht an. Die Fluggesellschaft nimmt 320 Buchungen für diese Verbindung an.

a) Berechne die Wahrscheinlichkeit, dass zu viele Buchungen angenommen wurden.

b) Bestimme die Anzahl Buchungen, die die Fluggesellschaft annehmen sollte, damit die Wahrscheinlichkeit, dass zu viele Buchungen angenommen wurden, höchstens 5 % beträgt. → Schritt 18

● **8** Bei einer Tombola sind $\frac{2}{3}$ aller Lose Nieten. Formuliere jeweils ein Ereignis, für das die angegebene Wahrscheinlichkeit gilt: → Schritte 14 und 16

a) $P(A) = \binom{8}{5} \cdot \left(\frac{1}{3}\right)^5 \cdot \left(\frac{2}{3}\right)^3$

b) $P(B) = \left(\frac{2}{3}\right)^6$

c) $P(C) = \left(\frac{2}{3}\right)^9 + 9 \cdot \left(\frac{1}{3}\right) \cdot \left(\frac{2}{3}\right)^8 + \binom{9}{2} \cdot \left(\frac{1}{3}\right)^2 \cdot \left(\frac{2}{3}\right)^7$

SCHRITT 22 Ich kann aus relativen Häufigkeiten Prognosen erstellen.

Hier lernst du, wie viele der 43 Jugendfußballer eines Bundesligavereins es voraussichtlich eines Tages in die Bundesliga schaffen können. Etwa wenn die Statistik der vergangenen Jahre zeigt, dass von 179 A-Jugendspielern 31 zu einem Einsatz in einer Bundesligamannschaft gekommen sind.

→ Absolute und relative Häufigkeiten (in den Grundlagen)

DAS BRAUCHST DU WIEDER

Allgemein: Relative Häufigkeit $r = \frac{\text{Absolute Häufigkeit}}{\text{Gesamte Anzahl der Stichprobe}}$

Beispiele: 50 7-Meter-Würfe beim Handball und a) 32 Treffer b) 37 Treffer

Relative Häufigkeit $r = \frac{32}{50} = 0{,}64 = 64\,\%$ $r =$ ______________

DARUM GEHT'S

Du kennst die wichtigen Begriffe bei der Erhebung von Daten wie die absolute und relative Häufigkeit sowie den Mittelwert. Von diesen statistischen Begriffen wird hier die Verbindung zu den Wahrscheinlichkeiten hergestellt. Bei langen Versuchsreihen stabilisieren sich die relativen Häufigkeiten eines Merkmals bei einem bestimmten Wert p. Diesen Wert kannst du als Wahrscheinlichkeit für eine Vorhersage (Prognose) verwenden:

Tipp
Zur Erinnerung: Bei der Binomialverteilung war $n \cdot p$ der Erwartungswert.

Wahrscheinliche Treffer (absolute Häufigkeit h) **bei n Versuchen: $h = n \cdot p$**

Sowohl p wie auch h sind nur annähernd richtig, also „wahrscheinlich".

Vorhersagen treffen

Bei diesen Berechnungen nimmst du den Wert, auf den sich die relativen Häufigkeiten einpendeln, als Wahrscheinlichkeit zum Aufstellen einer Prognose der absoluten Häufigkeiten. Mit dieser Wahrscheinlichkeit entspricht die Prognose dem Erwartungswert.

SO GEHT'S

○ 1 **Beispiel**
In einer Kleinstadt wurde 10 Jahre lang statistisch festgehalten, wie viel Prozent der Grundschüler schwimmen können. In der untenstehenden Grafik sind die Prozentzahlen in Abhängigkeit der betrachteten Jahre aufgetragen.

Im nächsten Schuljahr werden 246 Schülerinnen und Schüler die Grundschule besuchen. Gib eine Prognose an, wie viele davon voraussichtlich schwimmen können.

Tipp
Beachte, dass sich in der Grafik z. B. der Wert bei 6 nicht auf das sechste Jahr, sondern auf die vergangenen sechs Jahre bezieht. In den sechs betrachteten Jahren gab es etwa 41 % Schwimmer.

Du bist dran
In einer Kleinstadt wurde 10 Jahre lang statistisch festgehalten, wie viel Prozent der Grundschüler schwimmen können. In der untenstehenden Grafik sind die Prozentzahlen in Abhängigkeit der betrachteten Jahre aufgetragen.

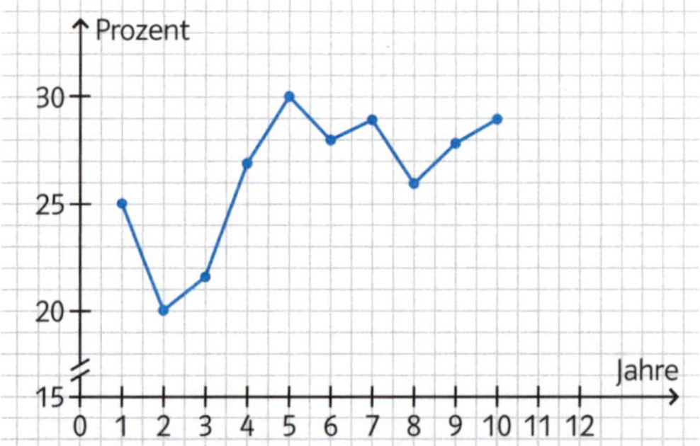

Im nächsten Schuljahr werden 185 Schülerinnen und Schüler die Grundschule besuchen. Gib eine Prognose an, viele davon voraussichtlich schwimmen können.

Lies an der Grafik den ungefähren Wert ab, dem sich die relativen Häufigkeiten annähern:

p ≈ 38 %
(entspricht dem Wert nach 10 Jahren)

Berechne mit diesem Wert als Wahrscheinlichkeit die Anzahl an Schwimmern:

Anzahl = p · n = 0,38 · 246 = 93,48

Antwort:

Die Schule kann mit etwa 93 Schwimmern rechnen.

○ **2** Bei einer jährlichen Verkehrskontrolle an Fahrrädern, innerhalb eines festen Zeitraumes, wird festgehalten, wie viele Fahrräder Mängel aufweisen.

Jahr	2014	2015	2016	2017
Anzahl Fahrräder	232	245	287	299
Anzahl fehlerhafte Fahrräder	157	161	177	181

a) Bestimme die jeweiligen relativen Häufigkeiten.
b) Eine Meldung greift diese Statistik auf: „Immer mehr der kontrollierten Fahrräder weisen Mängel auf." Untersuche diese Aussage und kommentiere sie.
c) Im Jahr 2018 waren es 312 Fahrräder, die kontrolliert wurden. Wie viele davon werden voraussichtlich Mängel aufweisen?

◒ **3** Sechs Kinder wollen feststellen, wie oft die Spielkegel aufrecht stehen, wenn man sie zufällig auf den Boden wirft. Jedes Kind wirft 50-mal. Am Ende schreiben sie ihre Ergebnisse in eine Tabelle.
a) Bestimme die jeweiligen relativen Häufigkeiten.

Kind	A	B	C	D	E	F
Anzahl „aufrecht"	10	18	13	8	11	13

b) Ergänze die Tabelle und zeichne in eine Grafik die Entwicklung der relativen Häufigkeiten. Wie groß ist die Wahrscheinlichkeit, dass ein Spielkegel aufrecht steht?

Anzahl	50	100	150	200	250	300
Anzahl „aufrecht"	10	28				
Relative Häufigkeit	0,2	0,28				

c) Gib mit dem Ergebnis von Teilaufgabe b) an, wie viele von 400 hingeworfenen Spielkegeln voraussichtlich aufrecht stehen.
d) Überprüfe, ob bei 1000 geworfenen Spielkegeln eher 240 oder 230 Spielkegel aufrecht stehen. Beschreibe, was das „eher" aussagt.

TIPPS ZUM LÖSEN DER AUFGABEN 2 UND 3

2 b) Argumentiere mit den relativen Häufigkeiten. **c)** Gehe für das Jahr 2018 von der gleichen relativen Häufigkeit aus wie 2017. **3 b)** Die Anzahl „aufrecht" bezieht sich auf die Summe der Anzahlen aus Aufgabenteil a). **c)** Rechne mit der relativen Häufigkeit, die du bei der Anzahl von 300 Spielkegeln bestimmt hast.

SCHRITT 23

Ich kann einen linksseitigen Hypothesentest durchführen.

Hier lernst du, wie du eine Entscheidungsregel dafür finden kannst, ob ein Würfel gezinkt ist, wenn er bei 120 Würfen nur 12-mal die Fünf angezeigt hat.

→ Kumulierte Binomialverteilung $B_{n;p}(k)$ (in Schritt 16)

→ Erwartungswert einer Binomialverteilung (in Schritt 17)

DAS BRAUCHST DU WIEDER

Allgemein: $P(X \le k) = P(X = 0) + P(X = 1) + \ldots + P(X = k)$
$E(X) = n \cdot p$

Beispiele: $n = 120, p = \frac{1}{6}$ $\quad P(X \le 11) \approx 0{,}0139$

$n = 120, p = \frac{1}{6}$ $\quad P(X \le 12) \approx$ ______

$n = 120, p = \frac{1}{6}$ $\quad P(X \le 13) \approx$ ______

$E(X) =$ ______

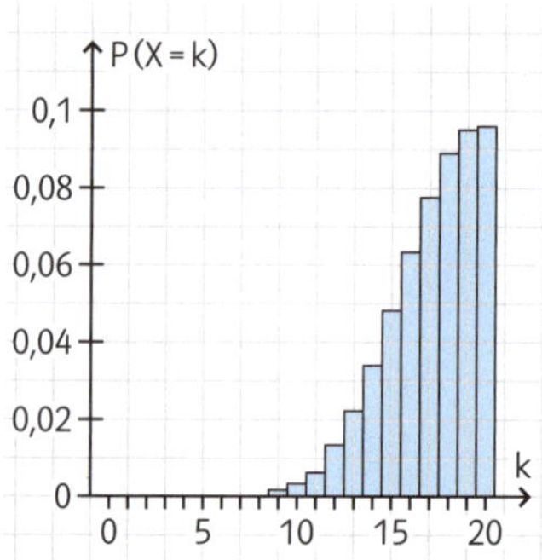

DARUM GEHT'S

Wenn du 120-mal einen Spielwürfel wirfst, kannst du mit ungefähr $\frac{1}{6} \cdot 120 = 20$ Fünfen rechnen. Wenn daher nur 1-mal „5“ fällt, bist du dir ziemlich sicher, dass der Würfel gezinkt ist. Bei 19-mal glaubst du dagegen, dass er in Ordnung ist. Je weiter dein Ergebnis vom Erwartungswert 20 abweicht, umso „unwahrscheinlicher“ kommt es dir vor. Wie soll man z. B. ein Ergebnis von 12 Fünfen bewerten?

Tipp
Die „5“ könnte sogar gar nicht, also 0-mal fallen, denn alle Ergebnisse zwischen 0 und 120 sind möglich.

Daher brauchst du eine **Entscheidungsregel**, mit der du zwar nicht zu 100 %, aber doch zu etwa 95 % festlegen kannst, ob der Würfel in Ordnung ist oder nicht. Die verbleibenden 5 % bezeichnet man als **Signifikanzniveau** α, das den **Ablehnungsbereich** festlegt. Wenn das Ergebnis (hier 12) links vom Erwartungswert (hier 20) liegt, bestimmst du den linken Ablehnungsbereich mit einem linksseitigen Hypothesentest. Bei einem **linksseitigen Hypothesentest** bestimmst du, bis zu welcher Höchstanzahl g (hier Fünfen) die kumulierte Wahrscheinlichkeit kleiner ist als das vorgegebene Signifikanzniveau α:

$\mathbf{P(X \le g)} \le \alpha$

Alle natürlichen Zahlen, für die das gilt, werden zum **Ablehnungsbereich** $\{0; 1; \ldots; g\}$ zusammengefasst. Die Ablehnung bezieht sich auf die behauptete Wahrscheinlichkeit, die

Nullhypothese H_0: $p = p_0$, beim Würfel $p_0 = \frac{1}{6}$.

Tipp
Oft steht hier auch $p \ge p_0$

Beim linksseitigen Hypothesentest wird untersucht, ob die „tatsächliche“ Wahrscheinlichkeit kleiner ist: **Alternative H_1: $p < p_0$**.

Linksseitiger Hypothesentest

Den **linksseitigen** Hypothesentest führst du durch, wenn du testen möchtest, ob eine Stichprobe **zu wenige Treffer** enthält.

Erklärfilm
Linksseitiger Hypothesentest
p5cn9z

SO GEHT'S

○ 1 **Beispiel**
Du hast einen Würfel 120-mal geworfen und nur 12-mal eine Fünf erhalten. Du hältst den Würfel für gezinkt. Führe einen linksseitigen Hypothesentest mit einem Signifikanzniveau $\alpha = 5\,\%$ durch. Bestimme den Ablehnungsbereich und gib eine Entscheidungsregel für dein Ergebnis an.

Du bist dran
Max hat einen Würfel 600-mal geworfen und 87-mal eine Drei erhalten. Du hältst den Würfel für gezinkt. Führe einen linksseitigen Hypothesentest mit einem Signifikanzniveau $\alpha = 5\,\%$ durch. Bestimme den Ablehnungsbereich und gib eine Entscheidungsregel für dein Ergebnis an.

Definiere die Zufallsvariable X und ihre Verteilung:

X : Anzahl der gewürfelten Fünfen

X ist im Extremfall binomialverteilt mit
$n = 120$ und

$p = \frac{1}{6}$

Schreibe die Nullhypothese H_0, die Alternative H_1 und das Signifikanzniveau α auf:

Nullhypothese H_0: $p = \frac{1}{6}$

Alternative H_1: $p < \frac{1}{6}$

Signifikanzniveau $\alpha = 0{,}05$

Schreibe die Bedingung für die Grenze g des Ablehnungsbereichs auf:

$P(X \leq g) \leq 0{,}05$

Notiere einen Auszug und bestimme das größte g mit dem Taschenrechner:

Tipp
Der Wert von g liegt beim linksseitigen Test immer links vom Erwartungswert E(x). Für kleine Werte von α nahe bei E(X), für größere Werte von α weiter entfernt.

g	$P(X \leq g)$
11	0,0139
12	0,0275
13	0,0501
14	0,0847

$g = 12$

Notiere den Ablehnungsbereich und eine Entscheidungsregel für dein Ergebnis:

Tipp
Das bedeutet: Du glaubst nicht, dass die Wahrscheinlichkeit für eine Fünf $\frac{1}{6}$ ist. Du glaubst, dass sie kleiner, der Würfel also nicht in Ordnung ist. Bei 13 oder mehr Fünfen glaubst du dagegen der Nullhypothese und nimmst an, dass der Würfel in Ordnung ist.

Ablehnungsbereich = {0; 1; ... ; 12}
Da das Ergebnis 12 im Ablehnungsbereich liegt, wird die Hypothese H_0 verworfen. Entscheidungsregel: Wenn bei 120 Würfen höchstens 12-mal eine 5 erscheint, wird die Nullhypothese verworfen und man geht davon aus, dass die Wahrscheinlichkeit für eine 5 kleiner als $\frac{1}{6}$ ist. Ansonsten wird die Nullhypothese nicht verworfen.

○ **2** Es wird ein linksseitiger Test mit einem Stichprobenumfang $n = 200$ und einem Signifikanzniveau $\alpha = 0{,}1$ durchgeführt. Nullhypothese H_0: $p = 0{,}65$; Alternative: H_1: $p < 0{,}65$. Bestimme anhand der Tabelle den Ablehnungsbereich und formuliere eine Entscheidungsregel.

g	$P(X \leq g)$
119	0,0609
120	0,0805
121	0,1045
122	0,1334

Tipp
Es genügt, die Wahrscheinlichkeiten für das größte g und g + 1 anzugeben (siehe Lösung dieser Aufgabe).

○ 3 Es wird die Hypothese H_0: $p = \frac{1}{4}$ und die Alternative H_1: $p < \frac{1}{4}$ mit einem linksseitigen Test untersucht. Dazu werden mehrere Stichproben ausgewählt. Bestimme jeweils den Ablehnungsbereich mit dem Signifikanzniveau $\alpha = 0{,}05$ und formuliere eine Entscheidungsregel.
a) $n = 60$ **b)** $n = 80$ **c)** $n = 100$

○ 4 Es ist eine Stichprobe von $n = 80$ und eine Hypothese H_0: $p \geq 0{,}35$ gegeben.
Bestimme mit einem linksseitigen Test den Ablehnungsbereich mit dem Signifikanzniveau α und formuliere eine Entscheidungsregel.
a) $\alpha = 0{,}05$ **b)** $\alpha = 0{,}1$ **c)** $\alpha = 0{,}15$

◒ 5 Bei einem Glücksrad tritt der Hauptgewinn mit einer Wahrscheinlichkeit von 4 % auf. Es wird der Verdacht geäußert, dass die Wahrscheinlichkeit in Wirklichkeit kleiner ist. Der Verdacht soll mit 300 Spielen und einem Signifikanzniveau von 5 % überprüft werden. Dabei tritt der Hauptgewinn 8-mal auf.
Untersuche, ob damit der Verdacht gerechtfertigt ist.

◒ 6 Bei einer Lieferung von 250 Tüten mit Schokoladeneiern werden einige gefunden, die zu wenig Gewicht haben. Der Vertrieb behauptet, dass mindestens 95 % das Normgewicht haben. Zur Prüfung wird ein linksseitiger Test mit 50 Tüten und einem Signifikanzniveau von 10 % durchgeführt; 43 Tüten haben das angegebene Gewicht, 7 nicht.
a) Gib den Ablehnungsbereich an und überprüfe das Ergebnis.
b) Formuliere eine Entscheidungsregel.

◒ 7 Eine Werbeagentur ist beauftragt, für ein neues Produkt eine Werbekampagne durchzuführen. Gelingt es der Agentur, durch die Kampagne für das neue Produkt einen Bekanntheitsgrad von 30 % zu erreichen, soll sie eine zusätzliche Prämie erhalten. Bei einer anschließenden Umfrage unter 200 Personen kennen 53 das neue Produkt.
Prüfe mit einem linksseitigen Test und einem Signifikanzniveau von 10 %, ob die Anzahl für eine zusätzliche Prämie ausreichend ist.

● 8 In einer Annonce wird behauptet, dass inzwischen mehr als die Hälfte aller Kunden lieber Biogemüse kaufen, auch wenn es etwas teurer ist. Eine Gärtnerei glaubt das nicht und befragt 80 Kunden.
a) Untersuche mit einem linksseitigen Test den Ablehnungsbereich bei einem Signifikanzniveau von 8 %.
b) Formuliere eine Entscheidungsregel für die Gärtnerei.

TIPPS ZUM LÖSEN DER AUFGABEN 4, 5, 6 UND 8

4 Die Definition der Nullhypothese als $p_0 \geq 0{,}35$ bedeutet das Gleiche wie zuvor $p_0 = 0{,}35$ und hat damit keine Auswirkung auf die Lösung der Aufgabe. **5** Da du hier weder den Ablehnungsbereich noch eine Entscheidungsregel angeben musst, genügt es, direkt $P(X \leq 8)$ zu berechnen und zu überprüfen, ob es innerhalb des Signifikanzniveaus liegt. **6** Achte darauf, die richtige Versuchsanzahl n zu benutzen. Es werden nämlich nur 50 Tüten untersucht. **8** Auch wenn hier „…mehr als die Hälfte aller Kunden …“ steht, lautet deine Nullhypothese $p \geq \frac{1}{2}$.

SCHRITT 24 Ich kann einen rechtsseitigen Hypothesentest durchführen.

Hier lernst du zu entscheiden, ob ein Würfel gezinkt ist, wenn er bei 120 Würfen die 2 27-mal, also sehr oft anzeigt.

DAS BRAUCHST DU WIEDER

Allgemein: $P(X \geq k) = 1 - P(X \leq k)$

Beispiele: $n = 120, p = \frac{1}{6}$ $P(X \geq 26) = 1 - P(X \leq 25) \approx 0{,}0920$

$n = 120, p = \frac{1}{6}$ $P(X \geq 27) =$ ______

$n = 120, p = \frac{1}{6}$ $P(X \geq 28) =$ ______

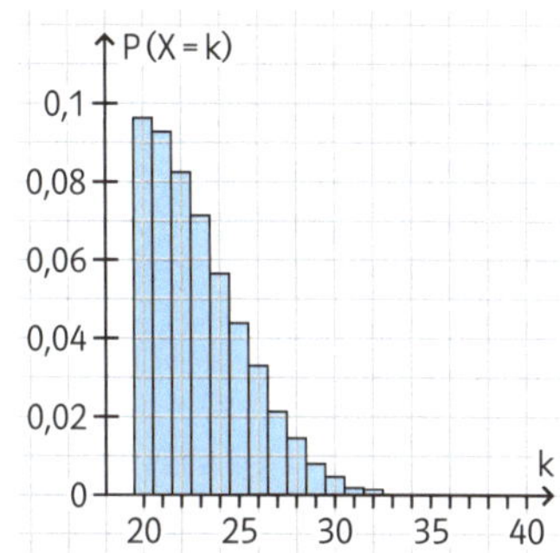

→ Kumulierte Binomialverteilung $B_{n;p}(k)$ (in Schritt 16)

→ Linksseitiger Hypothesentest (in Schritt 23)

DARUM GEHT'S

Wenn du 120-mal einen Spielwürfel wirfst, kannst du mit ungefähr $\frac{1}{6} \cdot 120 = 20$ Zweien rechnen. Wenn aber stattdessen 27-mal die Zwei fällt, kommt dir das ziemlich oft vor. Du vermutest vielleicht, dass der Würfel gezinkt ist. Du brauchst eine **Entscheidungsregel**, mit der du für ein bestimmtes **Signifikanzniveau** α festlegen kannst, ob der Würfel mit einer großen Wahrscheinlichkeit in Ordnung ist oder nicht.
Wenn das Ergebnis (hier 27) rechts vom Erwartungswert (hier 20) liegt, bestimmst du den **rechten Ablehnungsbereich** mit einem rechtsseitigen Hypothesentest. Bei einem **rechtsseitigen Hypothesentest** bestimmst du, ab welcher Mindestanzahl g (hier Zweien) die kumulierte Wahrscheinlichkeit kleiner ist als das vorgegebene Signifikanzniveau α:

Tipp
Dies kann der Taschenrechner nicht direkt bestimmen, daher wird mit dem Gegenereignis gerechnet.

$\mathbf{P(X \geq g)} \leq \alpha$

$1 - \mathbf{P(X \leq g - 1)} \leq \alpha \qquad | -1$

$-\mathbf{P(X \leq g - 1)} \leq \alpha - 1 \qquad | \cdot (-1)$

Tipp
Beim Multiplizieren mit (−1) dreht sich das Ungleichheitszeichen um.

$\mathbf{P(X \leq g - 1)} \geq 1 - \alpha$

Alle natürlichen Zahlen, für die das gilt, werden zum **Ablehnungsbereich** $\{g; g + 1; \ldots; n\}$ zusammengefasst.
Die Ablehnung bezieht sich auf die behauptete Wahrscheinlichkeit, die

Nullhypothese H_0: $p = p_0$, hier $p_0 = \frac{1}{6}$.

Tipp
Oft steht hier auch $p \leq p_0$.

Beim rechtsseitigen Hypothesentest wird untersucht, ob die „tatsächliche" Wahrscheinlichkeit größer ist: **Alternative H_1: $p > p_0$.**

Rechtsseitiger Hypothesentest

Den **rechtsseitigen** Hypothesentest führst du durch, wenn du testen möchtest, ob eine Stichprobe **zu viele Treffer** enthält.

Erklärfilm
Rechtsseitiger Hypothesentest
p5cn9z

SO GEHT'S

○ 1 **Beispiel**
Du hast einen Würfel 120-mal geworfen und 27-mal eine Zwei erhalten. Führe einen rechtsseitigen Hypothesentest mit einem Signifikanzniveau $\alpha = 5\,\%$ durch. Bestimme den Ablehnungsbereich und gib eine Entscheidungsregel für dein Ergebnis an.

Du bist dran
Max hat einen Würfel 600-mal geworfen und 117-mal eine Vier erhalten. Führe einen rechtsseitigen Hypothesentest mit einem Signifikanzniveau $\alpha = 5\,\%$ durch. Bestimme den Ablehnungsbereich und gib eine Entscheidungsregel für dein Ergebnis an.

Definiere die Zufallsvariable X und ihre Verteilung:

X : Anzahl der gewürfelten Zweien

X ist im Extremfall binomialverteilt mit

$n = 120$ und $p = \frac{1}{6}$

Schreibe die Nullhypothese H_0, die Alternative H_1 und das Signifikanzniveau auf:

Nullhypothese H_0: $p = \frac{1}{6}$

Alternative H_1: $p > \frac{1}{6}$

Signifikanzniveau $\alpha = 0{,}05$

Schreibe die Bedingung für die Grenze g des Ablehnungsbereichs auf:

$P(X \geq g) = 1 - P(X \leq g - 1) \leq 0{,}05$

$P(X \leq g - 1) \geq 0{,}95$

Notiere einen Auszug und bestimme das kleinste g mit dem Taschenrechner:

Tipp
Merke: Erst wenn $P(X \leq g-1) > 0{,}95$ ist, ist $P(X \geq g) < 0{,}05$.
Mit etwas Übung kannst du die beiden rechten Spalten weglassen.

g − 1	P(X ≤ g − 1)	g	P(X ≥ g)
25	0,9081	26	0,0920
26	0,9403	27	0,0597
27	0,9627	28	0,0373
28	0,9777	29	0,0223

g = 28

Schreibe den Ablehnungsbereich und eine Entscheidungsregel für dein Ergebnis auf:

Tipp
Das bedeutet: Du glaubst, dass der Würfel mit einer Wahrscheinlichkeit von 95 % in Ordnung ist.

Ablehnungsbereich = {28; 29; … ; 120}
Da das Ergebnis 27 nicht im Ablehnungsbereich liegt, wird die Hypothese H_0 nicht verworfen. Entscheidungsregel: Wenn bei 120 Würfen mindestens 28-mal eine 2 erscheint, wird die Nullhypothese verworfen und man geht davon aus, dass die Wahrscheinlichkeit für eine 2 größer als $\frac{1}{6}$ ist. Ansonsten wird die Nullhypothese nicht verworfen.

○ **2** Es wird ein rechtsseitiger Test mit einem Stichprobenumfang $n = 300$ und einem Signifikanzniveau $\alpha = 0{,}1$ durchgeführt. Nullhypothese H_0: $p = 0{,}55$; Alternative: H_1: $p > 0{,}55$. Bestimme anhand der Tabelle den Ablehnungsbereich und formuliere eine Entscheidungsregel.

g − 1	P(X ≤ g − 1)	g	P(X ≥ g)
175	0,8887	176	0,1113
176	0,9091	177	0,0907
177	0,9269	178	0,0731
178	0,9418	179	0,0582

Tipp
Es genügt, die Wahrscheinlichkeit für das g − 1 und einen Wert darunter anzugeben (siehe Lösung der Aufgabe).

○ **3** Es ist eine Stichprobe von n = 268 und eine Hypothese H_0: p = 0,62 gegeben.
Bestimme mit einem rechtsseitigen Test mit dem Signifikanzniveau α, wie sich der Ablehnungsbereich verändert, wenn sich das Signifikanzniveau ändert. Formuliere jeweils eine Entscheidungsregel.
a) $\alpha = 0{,}25$ **b)** $\alpha = 0{,}1$ **c)** $\alpha = 0{,}15$

◒ **4** Ein Obstverkäufer bietet verbilligt Äpfel an, die teilweise angeschlagen oder verwurmt sind. Er behauptet allerdings, dass höchstens 25 % der Äpfel nicht ganz einwandfrei sind. Zur Kontrolle entnimmst du 10 Äpfel dem Angebot und führst einen rechtsseitigen Test mit einem Signifikanzniveau von 10 % durch.
Bestimme den Ablehnungsbereich und formuliere eine Entscheidungsregel.

Tipp
Auch wenn der Ablehnungsbereich nicht konkret gefordert wird, solltest du ihn mit angeben. Das Formulieren der Entscheidungsregel fällt damit deutlich leichter.

◒ **5** In einer Restaurantkette sind Hygienemängel aufgetreten. Der Manager behauptet, dass das höchstens ein Fünftel der Restaurants betreffen würde. Mit einem rechtsseitigen Hypothesentest für 40 Restaurants soll mit einem Signifikanzniveau von 0,1 geprüft werden, ob der Anteil der betroffenen Restaurants nicht größer ist.
Formuliere eine Entscheidungsregel.

◒ **6** Ariane hat in einem Artikel gelesen, dass beim Werfen von Reißnägeln 60 % schräg auf der Tischplatte zu liegen kommen. Bei einem Versuch hat sie den Eindruck, dass es deutlich mehr sind. Sie führt daher einen Test mit 100 Reißnägeln durch. Als Signifikanzniveau nimmt sie 5 %. Bei ihr landen 32 Nägel auf dem Kopf und 68 schräg. Soll sie der in dem Artikel behaupteten Prozentzahl zustimmen oder nicht?

◒ **7** In einer Flaschen-Abfüll-Anlage wird mit etwa 2 % nicht richtig verschlossenen Flaschen gerechnet. Der Abteilungsleiter überprüft wieder einmal die Anlage und zählt bei 800 Flaschen 20 Flaschen, die nicht richtig verschlossen sind. Damit glaubt er, dass die Anlage nicht mehr einwandfrei arbeite und überholt werden müsse. Ein Mitarbeiter gibt aber zu bedenken, dass bei einem Signifikanzniveau von 10 % 20 schlecht verschlossene Flaschen noch akzeptabel seien. Überprüfe die Aussagen mit einem rechtsseitigen Test.

◒ **8** Eine Firma, die Metallbänder für Büromaterial ausstanzt, rechnet mit höchstens 3 % Ausschuss. In letzter Zeit scheint der Ausschuss höher geworden zu sein. Dies soll mit einer Stichprobe von 100 Teilen und einem Signifikanzniveau von 5 % überprüft werden. Ein Mitarbeiter meint allerdings, dass bei einer so kleinen Stichprobe von nur 100 Teilen alle in Ordnung sein müssten. Der Abteilungsleiter hält das für Unsinn.
Was meinst du dazu? Überprüfe die Aussagen.

● **9** Ein Hersteller von Smartphones gibt auf seiner Webseite an, dass mindestens 97 % einwandfrei funktionieren. Nach dem Verkauf von 280 Smartphones werden zehn wegen Mängel zurückgegeben. Untersuche, ob der Verkäufer weiterhin der Behauptung des Herstellers vertrauen kann, wenn das Signifikanzniveau 5 % beträgt. Formuliere eine Entscheidungsregel.

TIPPS ZUM LÖSEN DER AUFGABEN 6 UND 9

6 Da du hier weder den Ablehnungsbereich noch eine Entscheidungsregel angeben musst, genügt es, direkt P(X ≥ 68) zu berechnen und zu überprüfen, ob es innerhalb des Signifikanzniveaus liegt. **9** Da du die Anzahl mangelhafter Smartphones untersuchst, musst du die Trefferwahrscheinlichkeit zunächst aus den gegebenen 97 % einwandfreien Smartphones bestimmen.

SCHRITT 25

Ich kann entscheiden, welchen Test ich wähle.

Du hast einen Würfel 200-mal geworfen und dabei 81-mal eine Zahl kleiner als 3 erhalten. Hier lernst du, ob du einen linksseitigen oder einen rechtsseitigen Test durchführen solltest, wenn du überprüfen willst, ob der Würfel in Ordnung ist.

→ Einseitiger Hypothesentest (in Schritt 23 und 24)

DAS BRAUCHST DU WIEDER

Allgemein:

Linksseitig: Nullhypothese H_0: $p \geq p_0$
Alternative H_1: $p < p_0$
Ablehnungsbereich: $\{0; 1; \ldots; g\}$

Rechtsseitig: Nullhypothese H_0: $p \leq p_0$
Alternative H_1: $p > p_0$
Ablehnungsbereich: $\{g; g+1; \ldots; n\}$

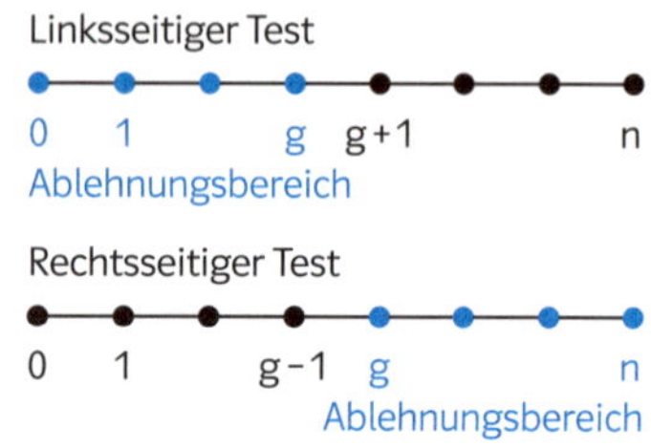

Beispiele: Stichprobenumfang n = 50; Signifikanzniveau $\alpha = 0{,}05$

Linksseitig: H_0: $p \geq 0{,}4$; H_1: $p < 0{,}4$
$P(X \leq g) \leq 0{,}05$
Taschenrechner: g = 13;
Ablehnungsbereich = $\{0; 1; \ldots; 13\}$

g	P(X ≤ g)
13	0,0280
14	0,0540

Linksseitig: H_0: $p \geq 0{,}6$; H_1: $p < 0{,}6$
$P(X \leq g) \leq 0{,}05$
Taschenrechner: g = ______;
Ablehnungsbereich = {0; 1; …; ____________}

g	P(X ≤ g)

Rechtsseitig: H_0: $p \leq 0{,}4$; H_1: $p > 0{,}4$
$P(X \leq g-1) \geq 0{,}95$
Taschenrechner: g − 1 = 26; g = 27;
Ablehnungsbereich = $\{27; 28; \ldots; 50\}$

g − 1	P(X ≤ g − 1)
25	0,9427
26	0,9686

Rechtsseitig: H_0: $p \leq 0{,}6$; H_1: $p > 0{,}6$
$P(X \leq g-1) \geq 0{,}95$
Taschenrechner: g − 1 = ______ ; g = ______;
Ablehnungsbereich = {____________ ; …; 50}

g − 1	P(X ≤ g − 1)

DARUM GEHT'S

Einen Test macht man immer dann, wenn es zu viele oder unendlich viele Möglichkeiten gibt. Du hast gelernt, den Ablehnungsbereich für einen linksseitigen oder rechtsseitigen Hypothesentest zu bestimmen. Aber oft ist es schwierig, aus dem Text heraus zu erkennen, welcher der beiden Tests durchzuführen ist. Du nimmst einen **linksseitigen** Test, wenn du bei der Nullhypothese ein „**mindestens**" ergänzen kannst. Du aber glaubst, dass p_0 zu groß ist. Daraus folgt die Alternative H_1. Im Test prüfst du, ob es **zu wenige** Treffer gibt, also den linken Ablehnungsbereich.
Du nimmst einen **rechtsseitigen** Test, wenn du bei der Nullhypothese ein „**höchstens**" ergänzen kannst. Du aber glaubst, dass p_0 zu klein ist. Daraus folgt die Alternative H_1. Im Test prüfst du, ob es **zu viele** Treffer sind, also den rechten Ablehnungsbereich.

Wenn du den Stichprobenumfang (hier 200) und die Trefferwahrscheinlichkeit (hier $\frac{1}{3}$) sowie die Anzahl der Treffer (hier 81) kennst, kannst du mithilfe des Erwartungswerts (hier $E(X) = 200 \cdot \frac{1}{3} = 66{,}\overline{6}$) feststellen, ob die Anzahl zu groß (wie hier) oder zu klein ist.

Ist die zu prüfende Anzahl **kleiner als der Erwartungswert**, bietet sich ein **linksseitiger** Test an. Ist die zu prüfende Anzahl **größer als der Erwartungswert**, bietet sich ein **rechtsseitiger** Test an.

Links- und rechtsseitiger Test

Je nach Aufgabenstellung musst du dich für einen links- oder rechtsseitigen Test entscheiden.

SO GEHT'S

Erklärfilm
Linksseitiger Hypothesentest, Rechtsseitiger Hypothesentest
p5cn9z

○ 1 **Beispiel**

Eine Studie behauptet: Jedes vierte Kind unter 14 Jahren hat Übergewicht. Einige Eltern halten das für übertrieben. Eine Untersuchung an 400 Kindern ergibt, dass 95 Übergewicht haben. Für die Entscheidungsregel wird ein Signifikanzniveau von 5 % festgelegt.

a) Begründe, ob ein links- oder ein rechtsseitiger Test Sinn ergibt.

b) Bestimme Ablehnungsbereich und Entscheidungsregel und interpretiere das Ergebnis.

Lege die Art des zu verwendenden Tests fest.

a) Die Eltern wollen nachweisen, dass es weniger Kinder mit Übergewicht gibt, sie werden daher einen linksseitigen Test durchführen.

Notiere die Zufallsgröße und die Daten für den Test:

b) X : Anzahl der Kinder mit Übergewicht

X ist im Extremfall binomialverteilt mit $n = 400$ und

$p = \frac{1}{4} = 0{,}25$.

Schreibe die Bedingung für einen entsprechenden Hypothesentest auf:

Die Behauptung hier lautet:
Mindestens 25 % der Kinder haben Übergewicht.

Nullhypothese H_0: $p \geq 25\,\%$
Man prüft, ob es nicht weniger sind.
Alternative H_1: $p < 0{,}25$

Signifikanzniveau $\alpha = 0{,}05$
Gesucht: größte Zahl g mit
$P(X \leq g) \leq 0{,}05$

Notiere einen Auszug aus dem Taschenrechner und das passende g:

g	$P(X \leq g)$
85	0,0452
86	0,0578

$g = 85$

Du bist dran

Eine Studie behauptet: Jedes fünfte Kind unter 12 Jahren hat Übergewicht. Eine Ärztegruppe hält das für zu wenig. Eine Untersuchung an 300 Kindern ergibt, dass 77 Übergewicht haben. Für die Entscheidungsregel wird ein Signifikanzniveau von 5 % festgelegt.

a) Begründe, ob ein links- oder ein rechtsseitiger Test Sinn ergibt.

b) Bestimme Ablehnungsbereich und Entscheidungsregel und interpretiere das Ergebnis.

Schreibe den Ablehnungsbereich auf:

Ablehnungsbereich = {0; 1; ...; 85}
Entscheidungsregel: Wenn von 400 Kindern höchstens 85 übergewichtig sind, wird die Nullhypothese verworfen und man geht davon aus, dass weniger als jedes vierte Kind übergewichtig ist. Ansonsten wird die Nullhypothese nicht verworfen.
Das Untersuchungsergebnis 95 liegt nicht im Ablehnungsbereich. Daher können die Eltern die Nullhypothese nicht verwerfen, sondern sollten das Ergebnis der Studie akzeptieren.

○ **2** Prüfe, ob bei den folgenden Meldungen ein links- oder rechtsseitiger Test angemessen ist.

a) Ein Bäcker bietet kein Vollkornbrot an, da seiner Meinung nach höchstens 15 % der Kunden daran interessiert sind.

b) Obwohl nur gut die Hälfte aller Schüler nach der Grundschule auf das Gymnasium wechseln, zeigt eine Umfrage unter den Grundschülern, dass eigentlich mindestens zwei Drittel aufs Gymnasium gehen wollten.

c) Auf den Hinweis, dass viele Studenten mit dem Mensa-Essen unzufrieden sind, antwortet die Mensa-Leitung, dass es ihrer Meinung nach höchstens ein Fünftel aller Studenten sei.

d) Bei einem Besuch an einem beliebten Badestrand in Nordspanien hatte die Redakteurin der Zeitung den Eindruck, dass mindestens jeder Dritte übergewichtig war.

◐ **3** Die Lehrerinnen und Lehrer eines Gymnasiums werden gefragt, ob sie sich an dem Wettbewerb „Mathematik ohne Grenzen" beteiligen möchten. Sie beschließen teilzunehmen, wenn bei einigen Probeaufgaben höchstens ein Fünftel der 86 Schüler die Anforderungen nicht ganz erfüllen.

a) Beschreibe, welche Nullhypothese H_0 du mit einem linksseitigen Test überprüfen könntest. Nenne die Alternative H_1.

b) Beschreibe, welche Nullhypothese H_0 du mit einem rechtsseitigen Test überprüfen könntest. Nenne die Alternative H_1.

c) Untersuche mit einem geeigneten Test und einem Signifikanzniveau von 10 %, wie viele der Schüler es höchstens sein sollten, die die Probe-Aufgaben nicht schaffen.

● **4** Laut einer Pressemitteilung sollen etwa 12 % der Schülerinnen und Schüler in Mathematik neben dem Schulunterricht auch Onlinehilfen benutzen. Bei einer Befragung von 173 Schülerinnen und Schülern einer Sekundarstufe geben an, dass 36 hin und wieder Onlinehilfen benutzen.

a) Berechne den Erwartungswert und entscheide damit, welchen Test du durchführst.

b) Prüfe, ob die gegebene Wahrscheinlichkeit bei einem Signifikanzniveau von 10 % noch stimmt oder ob sie besser nach oben korrigiert werden sollte.

c) Gib eventuell eine neue Prozentzahl an, die die aktuelle Lernsituation mit Onlinehilfen in Mathematik besser beschreibt.

TIPPS ZUM LÖSEN DER AUFGABEN 2, 3 UND 4

2 Orientiere dich an den Begriffen „mindestens" und „höchstens" in der Aufgabenstellung.

3 Du bestimmst mit einem rechtsseitigen Test den Ablehnungsbereich. Als Antwort ist hier jedoch nach dem höchsten Wert des Akzeptanzbereichs gefragt. **4 c)** Du suchst einen neuen Wert für p, sodass die 36 in der Aufgabenstellung genannten Nutzer den linken Rand des Annahmebereichs bilden.

SCHRITT **26**

Ich kann einen zweiseitigen Test durchführen.

Hier lernst du, wie oft bei einem Würfel die 3 mindestens auftreten muss oder höchstens auftreten darf, damit du ihn als korrekt akzeptierst.

→ Linksseitiger und rechtsseitiger Hypothesentest (in den Schritten 23–25)

DAS BRAUCHST DU WIEDER

Allgemein: Linksseitig: Nullhypothese H_0: $p \geq p_0$ Alternative H_1: $p < p_0$;
Ablehnungsbereich: $\{0; 1; \ldots; g\}$

Rechtsseitig: Nullhypothese H_0: $p \leq p_0$; Alternative H_1: $p > p_0$;
Ablehnungsbereich: $\{g; g+1; \ldots; n\}$

Beispiele: Stichprobenumfang $n = 15$; $p = 0{,}45$;

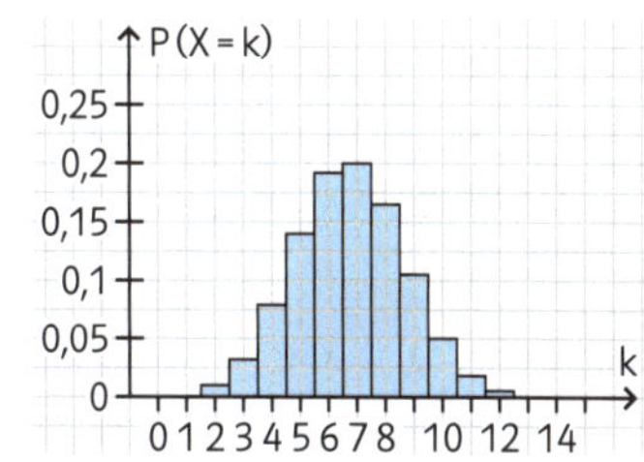

Signifikanzniveau $\alpha = 0{,}05$

Linksseitig: $P(X \leq g) \leq 0{,}05$; $g = 3$
Ablehnungsbereich = ______

Rechtsseitig: $P(X \geq g) \leq 0{,}05$
$P(X \leq g-1) \geq 0{,}95$
$g - 1 = 10$, g = ______
Ablehnungsbereich = ______

Signifikanzniveau $\alpha = 0{,}15$

Linksseitig: $P(X \leq g) \leq 0{,}15$; g = ______
Ablehnungsbereich = ______

Rechtsseitig: $P(X \geq g) \leq 0{,}15$; g = ______
$P(X \leq g-1) \geq 0{,}85$
$g - 1$ = ______; g = ______
Ablehnungsbereich = ______

DARUM GEHT'S

Du kannst bereits den Ablehnungsbereich für einen linksseitigen oder rechtsseitigen Hypothesentest bestimmen. Der zweiseitige Test ist nichts Neues, es werden nur beide Tests zu einem Test zusammengefasst. In zahlreichen Fällen ist es sinnvoll, für die Ergebnisse sowohl eine Grenze nach unten wie auch nach oben festzulegen.

Tipp
Der wesentliche Unterschied zu den einseitigen Tests ist die Halbierung des Signifikanzniveaus sowie die gleichzeitige Betrachtung beider Ablehnungsbereiche.

Nullhypothese H_0: $p = p_0$; Alternative H_1: $p \neq p_0$

Das Signifikanzniveau α wird beim zweiseitigen Test auf beide Seiten zu $\frac{\alpha}{2}$ verteilt und es wird ein unterer und ein oberer Ablehnungsbereich bestimmt.

Zweiseitiger Test

Dieses Vorgehen wählst du immer dann, wenn nach oben und nach unten keine zu großen Abweichungen vorkommen sollen.

SO GEHT'S

○ 1 **Beispiel**
Du hast einen Würfel 200-mal geworfen und gezählt, wie oft die Drei gefallen ist. Führe einen zweiseitigen Test mit einem Signifikanzniveau $\alpha = 5\,\%$ durch und gib an, bei welchen Ergebnissen du den Würfel für nicht korrekt hältst.

Du bist dran
Max hat einen Würfel 120-mal geworfen und gezählt, wie oft die Vier gefallen ist. Führe einen zweiseitigen Test mit einem Signifikanzniveau $\alpha = 5\,\%$ durch und gib an, bei welchen Ergebnissen er den Würfel für nicht korrekt hält.

Definiere die Zufallsvariable X und ihre Verteilung:

X : Anzahl der gewürfelten Dreien

X ist im Extremfall binomialverteilt mit

$n = 200$ und $p = \frac{1}{6}$.

Schreibe die Nullhypothese H_0, die Alternative H_1 und das Signifikanzniveau α auf:

Nullhypothese H_0: $p = \frac{1}{6}$

Alternative H_1: $p \neq \frac{1}{6}$

Signifikanzniveau $\alpha = 0{,}05$; $\frac{\alpha}{2} = 0{,}025$

Erklärfilm
Linksseitiger Hypothesentest
p5cn9z

1. Linksseitig: Schreibe die Bedingung für die Grenze g_1 des Ablehnungsbereichs auf:

$P(X \leq g_1) \leq 0{,}025$

Berechne mit dem Taschenrechner einen Auszug und bestimme das größte g_1:

g_1	$P(X \leq g_1)$
22	0,0163
23	0,0269

$g_1 = 22$

Schreibe den linken Ablehnungsbereich auf:

Ablehnungsbereich = {0; 1; .; 22}

Erklärfilm
Rechtsseitiger Hypothesentest
p5cn9z

2. Rechtsseitig: Schreibe die Bedingung für die Grenze g_2 des Ablehnungsbereichs auf:

$P(X \geq g_2) = 1 - P(X \leq g_2 - 1) \leq 0{,}025$
$P(X \leq g_2 - 1) \geq 0{,}975$

Berechne mit dem Taschenrechner einen Auszug und bestimme das kleinste g_2:

$g_2 - 1$	$P(X \leq g_2 - 1)$
43	0,9699
44	0,9801
45	0,9872
46	0,9919

$g_2 = 45$, da $g_2 - 1 = 44$

Schreibe den rechten Ablehnungsbereich auf:

Ablehnungsbereich = {45; 46; ...; 200}

Formuliere eine Entscheidungsregel für dein Ergebnis:

Entscheidungsregel.
Wenn die Drei weniger als 23-mal oder mehr als 44-mal gewürfelt wird, wird die Nullhypothese verworfen. Ansonsten wird die Nullhypothese nicht verworfen und das bedeutet, dass die Korrektheit des Würfels zu 95 % gegeben ist.

○ **2** Es wird ein zweiseitiger Test mit einem Stichprobenumfang n = 80 und einem Signifikanzniveau $\alpha = 0{,}1$ durchgeführt. Die Nullhypothese ist H_0: p = 0,7.
Bestimme anhand der Tabellen den linken und den rechten Ablehnungsbereich und formuliere eine Entscheidungsregel.

g	P(X ≤ g)
47	0,0211
48	0,0360
49	0,0588
50	0,0916

g	P(X ≥ g)
61	0,9127
62	0,9469
63	0,9700
64	0,9839

◒ **3** Ein Automat soll bei 10 % der Spiele den Hauptgewinn, das doppelte Auftreten der Herz-Dame, anzeigen. Der Automat wird mit 100 Spielen getestet. Bestimme dazu den Bereich, in dem die Ergebnisse liegen sollten, wenn ein Signifikanzniveau von 10 % zugrunde gelegt wird.

◒ **4** Käthe und Leah wollen ein Puzzle mit 500 Teilen legen. Nach Betrachten des Bildes meint Käthe, dass mehr als die Hälfte der Teile Wasser zeigen und blau sind. Leah hält das für übertrieben und glaubt, dass es weniger als die Hälfte ist. Sie überprüfen das mit einem zweiseitigen Test. Sie greifen sich zusammen 100 Teile heraus und zählen die blauen. Sie legen dazu ein Signifikanzniveau von 20 % fest.

a) Gib eine Entscheidungsregel an.
b) Bei wie vielen blauen Teilen hat Käthe nicht recht?
c) Bei wie vielen blauen Teilen hat Leah nicht recht?
d) Bei wie vielen blauen Teilen können beide bei ihrer Meinung bleiben?

● **5** Eine Firma wirbt damit, dass in ihren Gummibärchen-Packungen die vier Farben rot, gelb, grün und orange ungefähr gleich oft vorkommen.

- Anja untersucht das an 48 Gummibärchen. Bei ihr sind 15 rot, 13 gelb, 7 grün und 13 orange.
- Paula hat 52 Gummibärchen. Bei ihr sind 12 rot, 16 gelb, 9 grün und 15 orange.
- Regina hat 52 Gummibärchen. Bei ihr sind 15 rot, 12 gelb, 6 grün und 19 orange.

Prüfe alle drei Ergebnisse mit einem zweiseitigen Test und einem Signifikanzniveau von 15 %. Gib an, für welche Farben die Behauptung der Firma aufrechterhalten werden kann und welche Farben zu oft oder zu selten vorkommen.

TIPPS ZUM LÖSEN DER AUFGABEN 4 UND 5

4 Beachte, dass die Gesamtanzahl von 500 Puzzleteilen hier nicht dem Wert n entspricht.
5 Berechne für alle drei Personen jeweils den linken und rechten Ablehnungsbereich, dieser ist für alle Farben wiederum gleich. Anschließend kannst du untersuchen, welche Farben jeweils im Annahmebereich liegen und welche nicht.

SCHRITT 27

Ich kann einen Test auf Fehler 1. und 2. Art untersuchen.

Hier lernst du, mit welcher Wahrscheinlichkeit du den Fehler machst, eine Nullhypothese anzunehmen, obwohl sie eigentlich falsch ist bzw. eine Nullhypothese zu verwerfen, obwohl sie eigentlich richtig ist.

→ Linksseitiger und rechtsseitiger Hypothesentest (in den Schritten 23 – 25)

DAS BRAUCHST DU WIEDER

Allgemein:

Linksseitig: Nullhypothese H_0: $p \geq p_0$; Alternative H_1: $p < p_0$
$P(X \leq g) \leq \alpha$; Ablehnungsbereich: $\{0; 1; \ldots; g\}$

Rechtsseitig: Nullhypothese H_0: $p \leq p_0$; Alternative H_1: $p > p_0$
$P(X \geq g) \leq \alpha$; Ablehnungsbereich: $\{g; g + 1; \ldots; n\}$

Beispiele: Stichprobenumfang $n = 20$; $p = 0{,}25$

k	0	1	2	3	4
$P(X = k)$	0,0032	0,0211	0,0670	___	0,1897
$P(X \leq k)$	0,0032	0,0243	0,0913	___	___
5	**6**	**7**	**8**	**9**	**10**
0,2023	0,1686	0,1124	___	0,0271	0,0100
0,6172	0,7858	0,8982	___	___	0,9961

Signifikanzniveau $\alpha = 0{,}05$

Linksseitig: $P(X \leq g) \leq 0{,}05$
$g = 1$; $P(X \leq 1) \approx 0{,}0243$

Ablehnungsbereich = {0; ___}

Rechtsseitig: $P(X \geq g) \leq 0{,}05$
$P(X \leq g - 1) \geq 0{,}95$

$g - 1 =$ ___; $g =$ ___; $P(X \geq g) \approx$ ___

Ablehnungsbereich = {___; 20}

Signifikanzniveau $\alpha = 0{,}1$

Linksseitig: $P(X \leq g) \leq$ ___

$g =$ ___; $P(X \leq$ ___$) \approx$ ___

Ablehnungsbereich = ___

Rechtsseitig: $P(X \geq g) \leq$ ___

$P(X \leq g - 1) \geq$ ___

$g - 1 =$ ___; $g =$ ___; $P(X \geq g) \approx$ ___

Ablehnungsbereich = ___

DARUM GEHT'S

Du kannst jetzt mit einem linksseitigen, einem rechtsseitigen und einem zweiseitigen Hypothesentest umgehen. Aber keine Entscheidung für das Ablehnen oder Akzeptieren einer Nullhypothese ist zu 100 % sicher, sie kann auch immer falsch sein. Weil das so ist, spricht man bei Hypothesentests auch von Fehlern.

Fehler 1. Art: Die **Nullhypothese** wird verworfen, obwohl sie **richtig** ist.
Die Wahrscheinlichkeit dafür ist die sogenannte **Irrtumswahrscheinlichkeit**. Sie ist beim linksseitigen Test mit dem Ablehnungsbereich $\{0; 1; \ldots; g\}$ die Wahrscheinlichkeit $P(X \leq g)$ und beim rechtsseitigen Test mit dem Ablehnungsbereich $\{g; g + 1; \ldots; n\}$ die Wahrscheinlichkeit $P(X \geq g)$.
Die Irrtumswahrscheinlichkeit ist in beiden Fällen höchstens so groß wie das Signifikanzniveau.

Erklärfilm
Fehler 1. und 2. Art beim Testen von Hypothesen
p5cn9z

Fehler 2. Art: Die **Nullhypothese** wird nicht verworfen, obwohl sie **falsch** ist.
Die Wahrscheinlichkeit dafür kannst du nur dann berechnen, wenn die tatsächliche Wahrscheinlichkeit bekannt ist.

Fehler 1. Art

Beim Fehler 1. Art gehst du genauso vor wie bei den einseitigen und zweiseitigen Tests.

SO GEHT'S

○ 1 **Beispiel**

Ein Obsthändler bietet seine Äpfel zu einem günstigen Preis an, da ein Teil davon etwas angeschlagen ist. Seiner Aussage nach sind das aber höchstens 25 %. Du greifst dir zwei Dutzend Äpfel aus dem Korb, wovon 10 Äpfel angeschlagen sind. Diese Anzahl kommt dir recht hoch vor, du glaubst dem Händler daher nicht und kaufst keine Äpfel. Bestimme mit einem rechtsseitigen Test mit einem Signifikanzniveau von 10 % die Wahrscheinlichkeit des dabei möglichen Fehlers 1. Art und beschreibe die Bedeutung dieses Fehlers.

Definiere die Zufallsvariable X und ihre Verteilung:

X : Anzahl der angeschlagenen Äpfel

X ist im Extremfall binomialverteilt mit $n = 24$ und $p = 0{,}25$

Schreibe die Nullhypothese H_0, die Alternative H_1 und das Signifikanzniveau α auf:

Nullhypothese H_0: $p \leq 0{,}25$
Alternative H_1: $p > 0{,}25$
Signifikanzniveau $\alpha = 0{,}1$

Schreibe die Bedingung für die Grenze g des Ablehnungsbereichs auf:

$P(X \geq g) \leq 0{,}1$
$P(X \leq g - 1) \geq 0{,}9$

Berechne mit dem Taschenrechner einen Auszug und bestimme das kleinste g:

$g - 1$	$P(X \leq g - 1)$
8	0,8787
9	0,9453

$g = 10$, da $g - 1 = 9$

Gib den Ablehnungsbereich an und bestimme die Irrtumswahrscheinlichkeit:

Ablehnungsbereich = {10; 11; …; 24}
$P(X \geq 10) = 1 - P(X \leq 9) \approx 0{,}0547$
Die Irrtumswahrscheinlichkeit beträgt 5,47 %.

Beschreibe die Bedeutung des Fehlers:

Aufgrund des Ablehnungsbereichs des Tests würde man bei 10 oder mehr angeschlagenen Äpfeln dem Händler nicht glauben. Aber wenn der Händler dennoch Recht hat, begeht man einen Fehler, die eigene Entscheidung war also ein Irrtum. Die Möglichkeit, tatsächlich 10 oder mehr angeschlagene Äpfel zu erhalten, hat eine Wahrscheinlichkeit von 5,47 %.

Du bist dran

Ein Obsthändler bietet seine Äpfel zu einem günstigen Preis an, da ein Teil davon etwas angeschlagen ist. Seiner Aussage nach sind das aber höchstens 20 %. Du greifst dir 25 Äpfel aus dem Korb, wovon 9 Äpfel angeschlagen sind. Diese Anzahl kommt dir recht hoch vor, du glaubst dem Händler daher nicht und kaufst keine Äpfel. Bestimme mit einem rechtsseitigen Test mit einem Signifikanzniveau von 10 % die Wahrscheinlichkeit des dabei möglichen Fehlers 1. Art und beschreibe die Bedeutung dieses Fehlers.

Tipp
In der Praxis legen wir oft eine Art Ablehnungsbereich nach unserem Gefühl fest.

Tipp
Die Irrtumswahrscheinlichkeit ist der Fehler 1. Art

○ **2** Bestimme mit einem linksseitigen Hypothesentest den Ablehnungsbereich einer Stichprobe mit $n = 300$ und der Nullhypothese H_0: $p = 0{,}4$ bei einem Signifikanzniveau von
a) $\alpha = 0{,}1$; **b)** $\alpha = 0{,}05$; **c)** $\alpha = 0{,}01$.
Berechne für alle drei Fälle den Fehler 1. Art und halte das Ergebnis in Worten fest.

◒ **3** Prüfe, welche der Aussagen wahr ist:
a) Je größer das Signifikanzniveau ist, umso größer ist das Vertrauen in die Nullhypothese.
b) Je größer das Signifikanzniveau ist, umso größer ist der Fehler 1. Art.
c) Um die Irrtumswahrscheinlichkeit möglichst klein zu halten, muss ich das Signifikanzniveau möglichst groß machen.

Fehler 2. Art

Wenn die tatsächliche Wahrscheinlichkeit von der der Nullhypothese abweicht, musst du eine neue Binomialverteilung betrachten. Dabei kann es passieren, dass man einen Fehler 2. Art macht.

SO GEHT'S

○ **4** **Beispiel**

Du greifst dir bei dem gleichen Obsthändler wie bei der Aufgabe zum Fehler 1. Art zwei Dutzend Äpfel aus dem Korb und hast nur 8 angeschlagene darunter. Daher glaubst du seiner Aussage. Der Obsthändler hat aber gelogen, in Wirklichkeit ist ein Drittel aller Äpfel angeschlagen.
Bestimme die Wahrscheinlichkeit des dabei möglichen Fehlers 2. Art und beschreibe die Bedeutung des Fehlers.

Gib den Ablehnungsbereich der ursprünglichen Behauptung an:

Ablehnungsbereich = {10; 11; ...; 24}

Notiere die Werte der tatsächlichen Binomialverteilung:

X ist tatsächlich binomialverteilt mit $n = 24$ und $p = \frac{1}{3}$.

Bestimme mit diesen Werten die Wahrscheinlichkeit, ein Ergebnis außerhalb des ursprünglichen Ablehnungsbereichs zu erhalten:

$P(X \leq 9) \approx 0{,}7462$
Die Wahrscheinlichkeit des Fehlers 2. Art liegt bei 74,62 %.

Beschreibe die Bedeutung des Fehlers:

Der Fehler 2. Art gibt an, wie wahrscheinlich es ist, ein Ergebnis zu erhalten, aufgrund dessen man dem Obsthändler glaubt (da es im ursprünglichen Annahmebereich liegt), auch wenn er gelogen hat.

Du bist dran

Du greifst dir bei dem gleichen Obsthändler wie bei der Aufgabe zum Fehler 1. Art 25 Äpfel aus dem Korb und hast dieses Mal nur 6 angeschlagene darunter. Daher glaubst du seiner Aussage. Der Obsthändler hat aber gelogen, in Wirklichkeit ist ein Viertel aller Äpfel angeschlagen.
Bestimme die Wahrscheinlichkeit des dabei möglichen Fehlers 2. Art und beschreibe die Bedeutung des Fehlers.

Tipp
Der Ablehnungsbereich ist entweder bereits aus einer vorangehenden Aufgabe vorhanden oder wird mit dem „gelogenen" bzw. „ursprünglichen" Wert von p bestimmt.

Tipp
Die Wahrscheinlichkeit für den Fehler 2. Art ist relativ hoch, wenn die tatsächliche Wahrscheinlichkeit p näher bei der ursprünglichen Nullhypothese liegt.

5 Bei einer Binomialverteilung mit $n = 250$ und $p = 0{,}8$ werden 192 oder mehr Treffer akzeptiert. Bestimme den Fehler 2. Art, wenn die tatsächliche Wahrscheinlichkeit p_1 ist:
a) $p_1 = 0{,}75$; **b)** $p_1 = 0{,}7$

6 An einer Stichprobe von $n = 1240$ wird ein zweiseitiger Test mit der Nullhypothese H_0: $p_0 = 0{,}68$ und einem Signifikanzniveau von $\alpha = 0{,}1$ durchgeführt.
Bestimme den Fehler 2. Art, wenn die tatsächliche Wahrscheinlichkeit p beträgt:
a) $p = 0{,}7$; **b)** $p = 0{,}65$; **c)** $p = 0{,}6$

7 Alwin erklärt Lenya, dass in der morgigen Klausur keine Aufgabe zu Hypothesentests drankommt. Sie brauche daher nicht mehr zu lernen, da sie die anderen Themen beherrscht, und stattdessen mit ihm in die Disco gehen.
Beschreibe an Lenyas Entscheidung, wann sie einen
a) Fehler 1. Art, **b)** Fehler 2. Art
begeht.

Tipp
Je nachdem ob die tatsächliche Wahrscheinlichkeit, die beim Fehler 2. Art zugrunde gelegt wird, größer/kleiner als die Wahrscheinlichkeit der Nullhypothese ist, entscheidet man sich für einen rechtsseitigen/linksseitigen Hypothesentest.

8 Du willst einen Würfel mit 400 Würfen und einem Signifikanzniveau von 5 % testen. Du zählst dazu die Anzahl der Sechsen und gehst von einer Wahrscheinlichkeit von $p = \frac{1}{6}$ aus.
a) Bestimme die Wahrscheinlichkeit für den Fehler 1. Art.
b) Bestimme die Wahrscheinlichkeit für den Fehler 2. Art, wenn die tatsächliche Wahrscheinlichkeit für eine Sechs $p = 12\,\%$ beträgt.

9 Eine Anlage zur Herstellung von 5 cm langen Drahtstiften zeigt Ungenauigkeiten. Der Betreiber toleriert nur eine Fehlerquote von höchstens 5 %. Er lässt die Länge an 500 Stiften mit einem rechtsseitigen Test und einem Signifikanzniveau von 10 % überprüfen.
a) Berechne die Wahrscheinlichkeit für den Fehler 1. Art.
b) Beschreibe, wie sich die Wahrscheinlichkeit für den Fehler 1. Art verändert, wenn das Signifikanzniveau kleiner gemacht wird.
c) Bestimme die Wahrscheinlichkeit für den Fehler 2. Art, wenn in Wirklichkeit die Wahrscheinlichkeit für Ungenauigkeiten schon bei 6 % liegt.
d) Beschreibe, wie sich die Wahrscheinlichkeit für den Fehler 2. Art verändert, wenn das Signifikanzniveau kleiner gemacht wird.

TIPPS ZUM LÖSEN DER AUFGABEN 5, 6, 7 UND 8

5 Berechne zunächst den Erwartungswert der Binomialverteilung und lege aufgrund der Position der akzeptierten 192 Treffer fest, ob es sich um einen links- oder rechtsseitigen Test handelt. Berechne dann mit den 192 Treffern direkt die Wahrscheinlichkeit des Fehlers 2. Art.
6 Bestimme zunächst den linken und rechten Ablehnungsbereich und daraus den Bereich, für den die Nullhypothese nicht verworfen wird. **7** In dieser Aufgabe brauchst du nur die oben gemachten allgemeinen Überlegungen zu beiden Fehlern. **8** Lege aufgrund der tatsächlichen Wahrscheinlichkeit aus Aufgabenteil b) und dem Tipp am Rand zunächst fest, ob es sich um einen links- oder rechtsseitigen Test handelt.

TRAINING

○ **1** An einer Grundschule wurde alle zehn Jahre die Anzahl der mit der linken Hand schreibenden Schülerinnen und Schüler gezählt. Dabei ergab sich die in der Tabelle dargestellte Entwicklung.
→ Schritt 22

Jahr	1960	1970	1980	1990	2000	2010
Anzahl Schüler	62	65	73	66	62	65
Anzahl Linkshänder	3	5	8	8	13	17

a) Bestimme die jeweiligen relativen Häufigkeiten.
b) Es wird vermutet, dass immer mehr Linkshänder geboren werden. Kommentiere diese Aussage.
c) Für das Jahr 2020 wird mit 73 Schülern gerechnet. Stelle auf Basis der relativen Häufigkeit im Jahr 2010 eine Prognose für die voraussichtliche Anzahl an Linkshändern auf.

◒ **2** Bei der Einführung eines neuen Medikaments wird angegeben, dass nur noch bei höchstens 10 % der Patienten Allergien auftreten könnten. Das Medikament wird an 650 Patienten mit einem Signifikanzniveau von 1 % getestet. Stelle eine Entscheidungsregel auf. → Schritt 24

◒ **3** Felix behauptet gegenüber seinem Freund Carsten, dass zurzeit etwa jedes vierte Auto auf deutschen Autobahnen ein ausländisches Kennzeichen hat. Sie wollen das überprüfen. Dazu zählen sie an der Autobahn eine Stunde lang von einer Brücke aus alle Autos. Von insgesamt 683 Autos haben 151 ausländische Kennzeichen. → Schritt 26
a) Bestimme mit einem zweiseitigen Test den Ablehnungsbereich mit dem Signifikanzniveau von 10 %. Interpretiere dieses Ergebnis in Bezug auf die gezählten 151 Autos mit ausländischen Kennzeichen.
b) Gib ein Signifikanzniveau an, für das die Behauptung von Felix mit gezählten 151 Autos mit ausländischen Kennzeichen akzeptiert werden kann. Begründe, warum ein kleineres Signifikanzniveau in diesem Fall aber nicht unbedingt sinnvoll ist.

● **4** Ein großes Gartencenter verkauft Tulpenzwiebeln und bewirbt deren Keimfähigkeit mit 85 %. Ein Großkunde vermutet, dass die Keimfähigkeit in Wirklichkeit geringer ausfällt. Er überprüft daher die Werbeaussage des Gartencenters mithilfe eines Tests auf einem Signifikanzniveau von 10 % und untersucht dabei 400 Tulpenzwiebeln. Die Aussage des Gartencenters bildet dabei die Nullhypothese. → Schritte 23 und 27
a) Stelle eine Entscheidungsregel auf.
b) Berechne die Wahrscheinlichkeit des Fehlers 1. Art und beschreibe seine Bedeutung.
c) In Wirklichkeit liegt die Keimfähigkeit des Saatguts sogar bei 88 %. Wie groß ist in diesem Fall die Wahrscheinlichkeit dafür, dass beim Test die Nullhypothese fälschlicherweise verworfen wird?
d) Angenommen, die Keimfähigkeit läge bei nur 79 %. Beschreibe in Worten die Bedeutung des Fehlers 2. Art und berechne dessen Wahrscheinlichkeit.

● **5** Die Sprecherin der Schülerinnen und Schüler einer Schule meint, dass mehr als die Hälfte mit dem Angebot der Cafeteria unzufrieden sind. Der Betreiber glaubt allerdings, dass es wesentlich weniger als die Hälfte sind. Beide Seiten führen daher eine Befragung unter den 640 Schülerinnen und Schülern durch. Die Schülervertretung kommt auf 343 Unzufriedene, der Betreiber der Cafeteria nur auf 307. → Schritte 23, 24 und 25
a) Welchen Test wird die Schülervertretung durchführen? Schreibe die Überlegungen dazu und die Nullhypothese H_0 sowie die Alternative H_1 auf.
b) Welchen Test wird der Betreiber durchführen? Schreibe die Überlegungen dazu und die Nullhypothese H_0 sowie die Alternative H_1 auf.
c) Führe einen rechts- und einen linksseitigen Test mit einem Signifikanzniveau von jeweils 10 % durch und stelle eine gemeinsame Entscheidungsregel auf.

Arbeitsbuch Mathematik
Stochastik

Lösungen

Oberstufe

Klett

LÖSUNGEN

GRUNDLAGEN

RUNDEN

1 „Du bist dran“ aus dem „So geht's“-Kasten

a) 0,4983 ≈ 0,5 b) 0,4983 ≈ 0,50 c) 0,4983 ≈ 0,498

2 Aufgabe

a) i) 0,4082 ≈ 0,4
ii) 0,4082 ≈ 0,41
iii) 0,4082 ≈ 0,408

b) i) 0,9817 ≈ 1,0
ii) 0,9817 ≈ 0,98
iii) 0,9817 ≈ 0,982

c) i) 0,0453 ≈ 0,0 = 0
ii) 0,0453 ≈ 0,05
iii) 0,0453 ≈ 0,045

3 Aufgabe

a) 0,41782 ≈ 0,4178 b) 0,37295 ≈ 0,3730 = 0,373
c) 0,00007 ≈ 0,0001 d) 0,99999 ≈ 1,0000 = 1

UMRECHNEN IN PROZENTSCHREIBWEISE

1 „Du bist dran“ aus dem „So geht's“-Kasten

a) *Erweitere den Bruch auf den Nenner 100 und schreibe ihn in Prozentschreibweise:*
$\frac{7}{20} = \frac{7 \cdot 5}{20 \cdot 5} = \frac{35}{100} = 35\,\%$

b) *Berechne mit dem Taschenrechner:*
$7 : 13 \approx 0{,}5385 = 53{,}85\,\%$

2 Aufgabe

a) $\frac{4}{20} = \frac{20}{100} = 20\,\%$ b) $\frac{3}{10} = 30\,\%$ c) $\frac{2}{25} = \frac{8}{100} = 8\,\%$
d) $\frac{3}{4} = 75\,\%$ e) $\frac{7}{50} = \frac{14}{100} = 14\,\%$ f) $\frac{12}{200} = \frac{6}{100} = 6\,\%$

3 Aufgabe

a) $3 : 7 \approx 0{,}4286 = 42{,}86\,\%$
b) $2 : 13 \approx 0{,}1538 = 15{,}38\,\%$
c) $5 : 6 \approx 0{,}8\overline{3} = 83{,}\overline{3}\,\%$
d) $23 : 14 \approx 1{,}6429 = 164{,}29\,\%$
e) $7 : 16 \approx 0{,}4375 = 43{,}75\,\%$
f) $5 : 17 \approx 0{,}2941 = 29{,}41\,\%$

4 Aufgabe

a) $\frac{2}{4} = 50\,\%$ b) $\frac{3}{5} = 60\,\%$ c) $\frac{3}{8} = 37{,}5\,\%$
d) $\frac{7}{10} = 70\,\%$ e) $\frac{2}{3} = 66{,}\overline{6}\,\%$ f) $\frac{2}{2} = 100\,\%$

MULTIPLIZIEREN VON BRÜCHEN

1 „Du bist dran“ aus dem „So geht's“-Kasten

a) *Multipliziere die beiden Zähler und Nenner miteinander:*
$\frac{1}{3} \cdot \frac{7}{9} = \frac{1 \cdot 7}{3 \cdot 9} = \frac{7}{27}$

b) *Kürze vor dem Multiplizieren die Brüche über Kreuz:*
$\frac{^{6}\cancel{30}}{_{1}\cancel{7}} \cdot \frac{\cancel{21}^{3}}{\cancel{5}_{1}} = \frac{6 \cdot 3}{1 \cdot 1} = \frac{18}{1} = 18$

2 Aufgabe

a) $\frac{1}{3} \cdot \frac{2}{5} = \frac{1 \cdot 2}{3 \cdot 5} = \frac{2}{15}$ b) $\frac{4}{3} \cdot \frac{5}{9} = \frac{4 \cdot 5}{3 \cdot 9} = \frac{20}{27}$
c) $4 \cdot \frac{5}{9} = \frac{4}{1} \cdot \frac{5}{9} = \frac{4 \cdot 5}{1 \cdot 9} = \frac{20}{9}$ d) $\frac{7}{2} \cdot \frac{3}{4} = \frac{7 \cdot 3}{2 \cdot 4} = \frac{21}{8}$

3 Aufgabe

a) $\frac{^{4}\cancel{8}}{_{1}\cancel{5}} \cdot \frac{\cancel{15}^{3}}{\cancel{2}_{1}} = \frac{4 \cdot 3}{1 \cdot 1} = \frac{12}{1} = 12$ b) $\frac{^{2}\cancel{10}}{_{1}\cancel{4}} \cdot \frac{\cancel{16}^{4}}{\cancel{5}_{1}} = \frac{2 \cdot 4}{1 \cdot 1} = \frac{8}{1} = 8$
c) $\frac{^{1}\cancel{12}}{_{1}\cancel{13}} \cdot \frac{\cancel{39}^{3}}{\cancel{48}_{4}} = \frac{1}{1} \cdot \frac{3}{4} = \frac{3}{4}$ d) $\frac{^{2}\cancel{132}}{_{1}\cancel{7}} \cdot \frac{\cancel{35}^{5}}{\cancel{66}_{1}} = \frac{2 \cdot 5}{1 \cdot 1} = \frac{10}{1} = 10$

DIVIDIEREN VON BRÜCHEN

1 „Du bist dran“ aus dem „So geht's“-Kasten

a) *Multipliziere mit dem Kehrbruch:*
$\frac{3}{4} : \frac{2}{9} = \frac{3}{4} \cdot \frac{9}{2} = \frac{3 \cdot 9}{4 \cdot 2} = \frac{27}{8}$

b) *Multipliziere mit dem Kehrbruch und kürze die Brüche über Kreuz:*
$\frac{5}{8} : \frac{15}{12} = \frac{^{1}\cancel{5}}{_{2}\cancel{8}} \cdot \frac{\cancel{12}^{3}}{\cancel{15}_{3}} = \frac{1 \cdot 3}{2 \cdot 3} = \frac{3}{6} = \frac{1}{2}$

2 Aufgabe

a) $\frac{1}{7} : \frac{1}{9} = \frac{1}{7} \cdot \frac{9}{1} = \frac{1 \cdot 9}{7 \cdot 1} = \frac{9}{7}$
b) $\frac{2}{3} : \frac{5}{4} = \frac{2}{3} \cdot \frac{4}{5} = \frac{2 \cdot 4}{3 \cdot 5} = \frac{8}{15}$
c) $\frac{3}{8} : 2 = \frac{3}{8} : \frac{2}{1} = \frac{3}{8} \cdot \frac{1}{2} = \frac{3 \cdot 1}{8 \cdot 2} = \frac{3}{16}$
d) $5 : \frac{3}{4} = \frac{5}{1} : \frac{3}{4} = \frac{5}{1} \cdot \frac{4}{3} = \frac{5 \cdot 4}{1 \cdot 3} = \frac{20}{3}$

3 Aufgabe

a) $\frac{2}{9} : \frac{4}{3} = \frac{^{1}\cancel{2}}{_{3}\cancel{9}} \cdot \frac{\cancel{3}^{1}}{\cancel{4}_{2}} = \frac{1 \cdot 1}{3 \cdot 2} = \frac{1}{6}$
b) $\frac{14}{5} : \frac{7}{20} = \frac{^{2}\cancel{14}}{_{1}\cancel{5}} \cdot \frac{\cancel{20}^{4}}{\cancel{7}_{1}} = \frac{2 \cdot 4}{1 \cdot 1} = \frac{8}{1} = 8$
c) $\frac{144}{35} : \frac{12}{7} = \frac{^{12}\cancel{144}}{_{5}\cancel{35}} \cdot \frac{\cancel{7}^{1}}{\cancel{12}_{1}} = \frac{12 \cdot 1}{5 \cdot 1} = \frac{12}{5}$
d) $\frac{16}{5} : 4 = \frac{16}{5} : \frac{4}{1} = \frac{^{4}\cancel{16}}{5} \cdot \frac{1}{\cancel{4}_{1}} = \frac{4 \cdot 1}{5 \cdot 1} = \frac{4}{5}$
e) $\frac{96}{75} : \frac{8}{5} = \frac{^{12}\cancel{96}}{_{15}\cancel{75}} \cdot \frac{\cancel{5}^{1}}{\cancel{8}_{1}} = \frac{12 \cdot 1}{15 \cdot 1} = \frac{12}{15} = \frac{4}{5}$

ADDIEREN UND SUBTRAHIEREN VON BRÜCHEN

1 „Du bist dran“ aus dem „So geht's“-Kasten

a) *Ermittle einen gemeinsamen Nenner:*
$3 \cdot 8 = 24$
Erweitere beide Brüche auf den gemeinsamen Nenner und addiere bzw. subtrahiere die Zähler:
$\frac{5}{3} + \frac{1}{8} = \frac{40}{24} + \frac{3}{24} = \frac{40 + 3}{24} = \frac{43}{24}$

b) *Ermittle einen gemeinsamen Nenner:*
Die Zahl 4 ist in der Zahl 12 enthalten. Deswegen ist 12 ein gemeinsamer Nenner.
Erweitere beide Brüche auf den gemeinsamen Nenner und addiere bzw. subtrahiere die Zähler:
$\frac{5}{12} - \frac{1}{4} = \frac{5}{12} - \frac{3}{12} = \frac{5 - 3}{12} = \frac{2}{12} = \frac{1}{6}$

2 Aufgabe

a) $\frac{3}{4}+\frac{2}{9}=\frac{27}{36}+\frac{8}{36}=\frac{27+8}{36}=\frac{35}{36}$

b) $\frac{3}{4}+\frac{5}{6}=\frac{18}{24}+\frac{20}{24}=\frac{18+20}{24}=\frac{38}{24}=\frac{19}{12}$

c) $\frac{5}{3}-\frac{5}{6}=\frac{10}{6}-\frac{5}{6}=\frac{10-5}{6}=\frac{5}{6}$

d) $\frac{5}{7}-\frac{10}{14}=\frac{5}{7}-\frac{5}{7}=0$

e) $\frac{3}{5}+\frac{5}{8}=\frac{24}{40}+\frac{25}{40}=\frac{24+25}{40}=\frac{49}{40}$

3 Aufgabe

a) $\frac{3}{8}+\frac{1}{2}-\frac{1}{4}=\frac{3}{8}+\frac{4}{8}-\frac{2}{8}=\frac{3+4-2}{8}=\frac{5}{8}$

b) $\frac{4}{9}+\frac{1}{3}-\frac{1}{9}=\frac{4}{9}+\frac{3}{9}-\frac{1}{9}=\frac{3+4-1}{9}=\frac{6}{9}=\frac{2}{3}$

c) $\frac{2}{3}+\frac{1}{4}-\frac{5}{12}=\frac{8}{12}+\frac{3}{12}-\frac{5}{12}=\frac{8+3-5}{12}=\frac{6}{12}=\frac{1}{2}$

LÖSEN VON EXPONENTIALGLEICHUNGEN MIT DEM LOGARITHMUS

1 „Du bist dran" aus dem „So geht's"-Kasten

a) *Löse die Aufgabe direkt mit dem Logarithmusbefehl deines Taschenrechners:*

$x=\log_{1,8}(3,4)\approx 2{,}082$

oder

$x=\frac{\log(3,4)}{\log(1,8)}\approx 2{,}082$

2 Aufgabe

a) $\log_7(2)\approx 0{,}3562$ b) $\log_3(5)\approx 1{,}4650$

c) $\log_3(0,36)\approx -0{,}9299$ d) $\log_{0,7}(0,24)\approx 4{,}0012$

3 Aufgabe

a) $x=\log_3(5)\approx 1{,}4650$ b) $x=\log_{2,3}(8)\approx 2{,}4966$

c) $x=\log_{2,45}(5,478)\approx 1{,}898$ d) $x=\log(2,345)\approx 0{,}3701$

ABSOLUTE UND RELATIVE HÄUFIGKEITEN

1 „Du bist dran" aus dem „So geht's"-Kasten

a) *Berechne die relative Häufigkeit:*

$12:90=\frac{12}{90}=\frac{2}{15}$

b) *Berechne die absolute Häufigkeit:*

$105\cdot\frac{2}{15}=\frac{\overset{7}{\cancel{105}}\cdot 2}{\underset{1}{\cancel{15}}}=\frac{14}{1}=14$

2 Aufgabe

a) $40:860=\frac{40}{860}=\frac{2}{43}$ b) $\frac{1}{4}\cdot 860=\frac{860}{4}=215$

ZUFALLSEXPERIMENT, WAHRSCHEINLICHKEIT UND ERGEBNIS

1 „Du bist dran" aus dem „So geht's"-Kasten

a) *Stelle die Tabelle mit den Ergebnissen und den zugehörigen Wahrscheinlichkeiten auf:*

Ergebnis	gelb	grün	blau
Wahrscheinlichkeit	$\frac{1}{4}$	$\frac{1}{4}$	$\frac{1}{2}$

b) *Multipliziere die Anzahl der Durchführungen mit der Wahrscheinlichkeit für dieses Ergebnis:*

$400\cdot\frac{1}{4}=\frac{400\cdot 1}{4}=\frac{400}{4}=100$

Bei 400 Drehungen kann man das gelbe Feld 100-mal erwarten.

2 Würfel

a)

Ergebnis	1	2	3	4	5	6
Wahrscheinlichkeit	$\frac{1}{6}$	$\frac{1}{6}$	$\frac{1}{6}$	$\frac{1}{6}$	$\frac{1}{6}$	$\frac{1}{6}$

b) $600\cdot\frac{1}{6}=\frac{600\cdot 1}{6}=\frac{600}{6}=100$

Bei 600 Würfen kann man die Zahl „5" 100-mal erwarten.

3 Glücksrad

a)

Ergebnis	rosa	blau	grün
Wahrscheinlichkeit	$\frac{7}{16}$	$\frac{4}{16}$	$\frac{5}{16}$

b) $1200\cdot\frac{4}{16}=\frac{1200\cdot\overset{1}{\cancel{4}}}{\underset{4}{\cancel{16}}}=\frac{1200}{4}=300$

Bei 1200 Drehungen kann man das blaue Feld 300-mal erwarten.

EREIGNIS UND GEGENEREIGNIS

1 „Du bist dran" aus dem „So geht's"-Kasten

a) *Notiere die zum Ereignis gehörenden Ergebnisse:*

$E=\{2;3;4\}$

Berechne die Wahrscheinlichkeit dieses Ereignisses, indem du die Anzahl der im Ereignis enthaltenen Ergebnisse durch die Gesamtzahl der Ergebnisse teilst:

$P(E)=\frac{3}{4}$

b) *Notiere das Gegenereignis und gib seine Ereignismenge an:*

$\overline{E}$: „Die Augenzahl ist 1."

$\overline{E}:=\{1\}$

c) *Gib die Wahrscheinlichkeit für das Gegenereignis an:*

$P(\overline{E})=\frac{1}{4}$

2 Glücksrad

a) $E=\{5;6;7;9;15\}$

$P(E)=\frac{5}{16}$

b) $\overline{E}=\{0;1;2;3;4;8;10;11;12;13;14\}$

$P(\overline{E})=\frac{11}{16}$

3 Urne

a) $E=\{2;3;5;7\}$

$P(E)=\frac{4}{10}=\frac{2}{5}$

b) $\overline{E}$: „Die gezogene Zahl ist keine Primzahl."

$\overline{E}=\{0;1;4;6;8;9\}$

$P(\overline{E})=\frac{6}{10}=\frac{3}{5}$

SCHNITT- UND VEREINIGUNGSMENGE

1 „Du bist dran" aus dem „So geht's"-Kasten

a) *Notiere die zum Ereignis E gehörenden Ergebnisse:*
E = {0;2;4;6;8;10;12;14}
b) *Notiere die zum Ereignis F gehörenden Ergebnisse:*
F = {1;2;4;6;7;9;10;11;13;14}
c) *Bilde die Schnittmenge beider Ereignisse:*
$E \cap F$ = {2;4;6;10;14}
d) *Bilde die Vereinigungsmenge beider Ereignisse:*
$E \cup F$ = {0;1;2;4;6;7;8;9;10;11;12;13;14}

2 Beutel

a) A={2;3;5;7}
B = {0;2;4;6;8}
C = {0;5}
b) $A \cap B$ = {2} $B \cap C$ = {0} $B \cup C$ = {0;2;4;5;6;8}
$A \cup C$ = {0;2;3;5;7}

SÄULENDIAGRAMME

1 „Du bist dran" aus dem „So geht's"-Kasten

Zeichne ein Koordinatensystem mit einer passenden Skalierung:

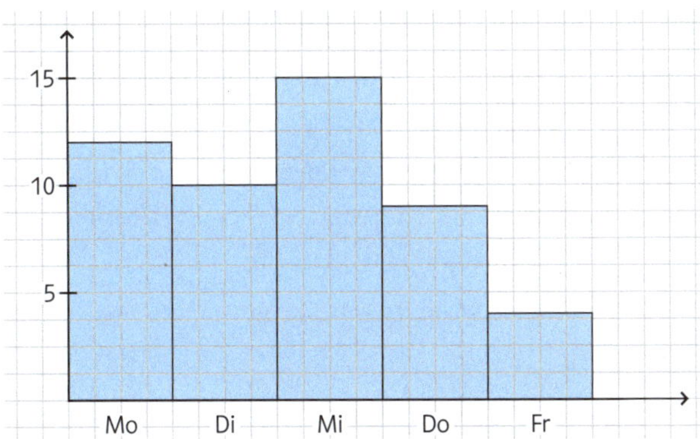

2 Regentage

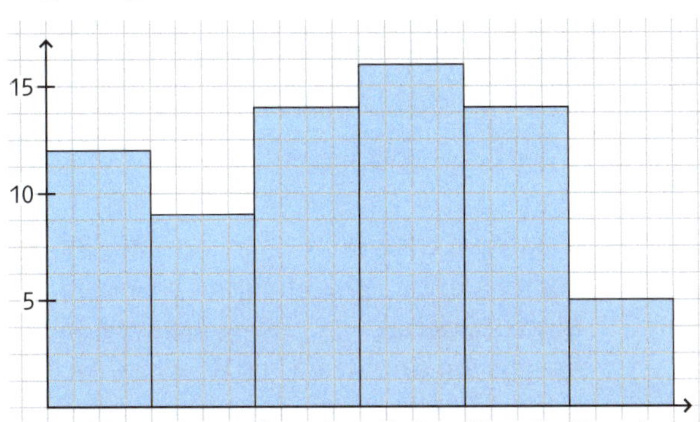

MITTELWERT

1 „Du bist dran" aus dem „So geht's"-Kasten

Berechne die Gesamtzahl der Schülerinnen und Schüler:
12 + 20 + 32 + 18 + 8 = 90
Berechne den Mittelwert der Schülerzahlen:
90 : 5 = 18

2 Mittelwert

a) (4 + 6 + 5 + 0 + 5 + 12 + 3) : 7 = 5
b) (12 + 8 + 15 + 10 + 30) : 5 = 15
c) (0,0478 + 0,0372 + 0,1072 + 0,5572 + 0,0006) : 5 = 0,15

3 Regentage

(18 + 15 + 12 + 14 + 4 + 6) : 6 = 11,5

SCHRITT 1

Das brauchst du wieder

0,2 = 20 %;   0,084 = 8,4 %
$\frac{3}{10}$ = 0,3 = 30 % $\frac{1}{4}$ = 0,25 = 25 %

1 „Du bist dran" aus dem „So geht's"-Kasten

Lege das Ereignis fest:
Ereignis E: „1" oder „6" würfeln
Notiere die möglichen und günstigen Ergebnisse sowie deren Anzahl:
Mögliche Ergebnisse des Würfels: 1,2,3,4,5,6
Anzahl = 6
Günstige Ergebnisse des Würfels: 1,6 Anzahl = 2
Berechne die Wahrscheinlichkeit:

$P(E) = \frac{\text{Anzahl der günstigen Ergebnisse}}{\text{Anzahl der möglichen Ergebnisse}} = \frac{2}{6} = \frac{1}{3} = 0,\overline{3} = 33,\overline{3}\,\%$

2 Rosen-Strauß

a) Ereignis E: Eine rote Blume ziehen.
Anzahl der möglichen Ergebnisse = 7
Anzahl der günstigen Ergebnisse = 3
$P(E) = \frac{3}{7} \approx 0,4286 = 42,86\,\%$
b) Ereignis F: Eine rote oder rosarote Blume ziehen.
Anzahl der möglichen Ergebnisse = 7
Anzahl der günstigen Ergebnisse = 5
$P(F) = \frac{5}{7} \approx 0,7143 = 71,43\,\%$

3 Pokerkarten-Spiel

a) Ereignis E: Eine Herz-Karte ziehen.
Anzahl der möglichen Ergebnisse = 52
Anzahl der günstigen Ergebnisse = 13
$P(E) = \frac{13}{52} = \frac{1}{4} = 0,25 = 25\,\%$
b) Ereignis F: Eine rote Karte ziehen.
Anzahl der möglichen Ergebnisse = 52
Anzahl der günstigen Ergebnisse = 26
$P(F) = \frac{26}{52} = \frac{1}{2} = 0,5 = 50\,\%$
c) Ereignis G: Eine Ass-Karte ziehen.
Anzahl der möglichen Ergebnisse = 52
Anzahl der günstigen Ergebnisse = 4
$P(G) = \frac{4}{52} = \frac{1}{13} \approx 0,0769 \approx 7,7\,\%$

4 Dodekaeder

a) Ereignis E = {10,11,12}
Anzahl der möglichen Ergebnisse = 12
Anzahl der günstigen Ergebnisse = 3
$P(E) = \frac{3}{12} = \frac{1}{4} = 0{,}25 = 25\,\%$

b) Ereignis F = {3,6,9,12}
Anzahl der möglichen Ergebnisse = 12
Anzahl der günstigen Ergebnisse = 4
$P(F) = \frac{4}{12} = \frac{1}{3} = 0{,}\overline{3} = 33{,}\overline{3}\,\%$

c) Ereignis G = {9,10,11,12}
Anzahl der möglichen Ergebnisse = 12
Anzahl der günstigen Ergebnisse = 4
$P(G) = \frac{4}{12} = \frac{1}{3} = 0{,}\overline{3} = 33{,}\overline{3}\,\%$

5 Werfen von 2 Würfeln

a) Mögliche Ergebnisse mit einer „1“: (1,1),(1,2),(1,3),(1,4),(1,5),(1,6),(2,1),(3,1),(4,1),(5,1),(6,1) Anzahl: 11

b) Ereignis E: Kein Würfel zeigt eine 1.
Gegenereignis : Mindestens ein Würfel zeigt eine 1.
Anzahl der möglichen Ergebnisse = 36
Anzahl der günstigen Ergebnisse = 11
$P(E) = 1 - P(\overline{E}) = 1 - \frac{11}{36} = \frac{25}{36} = 0{,}69\overline{4} = 69{,}\overline{4}\,\%$

c) Ereignis A (Pasch) = {(1,1),(2,2),(3,3),(4,4),(5,5),(6,6)}
Anzahl der möglichen Ergebnisse = 36
Anzahl der günstigen Ergebnisse = 6
$P(A) = \frac{6}{36}$ Dies entspricht I.
Ereignis B (Beide Würfel zeigen eine gerade Zahl.) = {(2,2),(2,4),(2,6),(4,2),(4,4),(4,6),(6,2),(6,4),(6,6)}
Anzahl der möglichen Ergebnisse = 36
Anzahl der günstigen Ergebnisse = 9
$P(B) = \frac{9}{36}$ Dies entspricht III.
Ereignis C (Differenz der beiden Zahlen ist gleich 2.) = {(1,3),(2,4),(3,1),(3,5),(4,2),(4,6),(5,3),(6,4)}
Anzahl der möglichen Ergebnisse = 36
Anzahl der günstigen Ergebnisse = 8
$P(C) = \frac{8}{36}$ Dies entspricht II.

6 „Du bist dran“ aus dem „So geht's“-Kasten

Stelle alle möglichen Ergebnisse beider Ereignisse auf:
Ereignis E (durch 5 teilbar) = {5,10,15,20}
Ereignis F (ungerade) = {1,3,5,7,9,11,13,15,17,19}
Schreibe die Schnittmenge auf:
$E \cap F$ = {5, 15} Anzahl = 2
Berechne die Wahrscheinlichkeit:
$P(E \cap F) = \frac{2}{20} = 0{,}1 = 10\,\%$

7 Mengen

a) $P(E) = \frac{26}{40} = \frac{13}{20} = 65\,\%$

b) $P(E \cap F) = \frac{10}{40} = \frac{1}{4} = 25\,\%$

8 Poker-Spiel

a) Ereignis A: Karte ist rot und ein Ass.
Anzahl der möglichen Ergebnisse = 52
Anzahl der günstigen Ergebnisse = 2
$P(A) = \frac{2}{52} \approx 0{,}0385 = 3{,}85\,\%$

b) Ereignis B: Karte ist rot und eine Herz-Karte.
Anzahl der möglichen Ergebnisse = 52
Anzahl der günstigen Ergebnisse = 13
$P(B) = \frac{13}{52} = \frac{1}{4} = 0{,}25 = 25\,\%$

c) Ereignis C: Karte ist rot und hat eine Zahl.
Anzahl der möglichen Ergebnisse = 52
Anzahl der günstigen Ergebnisse = 18
$P(C) = \frac{18}{52} = \frac{9}{26} \approx 0{,}3461 = 34{,}61\,\%$

9 Beutel mit Kugeln

a) Ereignis A: Kugel ist rot.
Ereignis B (ungerade Zahl) = {1,3,5}
$A \cap B$ = {rote 1, rote 3, rote 5} Anzahl = 3
Anzahl aller möglichen Ergebnisse = $3 \cdot 5 = 15$
$P(A \cap B) = \frac{3}{15} = \frac{1}{5} = 0{,}2 = 20\,\%$

b) Ereignis A: Kugel ist gelb oder blau.
Ereignis B (Primzahl) = {2,3,5}
$A \cap B$ = {gelbe 2, gelbe 3, gelbe 5, blaue 2, blaue 3, blaue 5}
Anzahl = 6
Anzahl aller möglichen Ergebnisse = $3 \cdot 5 = 15$
$P(A \cap B) = \frac{6}{15} = 0{,}4 = 40\,\%$

10 Würfel

A = {(1,3), (1,1), (3,1), (1,5), (5,1)}
$\rightarrow P(A) = \frac{5}{36} = 0{,}13\overline{8} = 13{,}\overline{8}\,\%$

11 Tischtennis

w: weiblich m: männlich J: Jugendlicher
T: spielt Tischtennis $\overline{T}$: spielt kein Tischtennis
$P(A) = P(w \cap \overline{T}) = \frac{2}{10} = 20\,\%$

$P(B) = P(m \cap T) = \frac{4}{10} = 40\,\%$

$P(C) = P(m \cap \overline{J}) = \frac{4}{10} = 40\,\%$

12 Würfel

$P(A) = \frac{15}{36} = \frac{5}{12} = 0{,}41\overline{6} = 41{,}\overline{6}\,\%$

$P(B) = \frac{6}{36} = \frac{1}{6} = 0{,}1\overline{6} = 16{,}\overline{6}\,\%$

$P(C) = \frac{5}{36} = 0{,}13\overline{8} = 13{,}\overline{8}\,\%$

13 Theater- und Musikstück

a) Ereignis A: Ein Schüler nimmt am Theaterstück teil. Anzahl = 30
Ereignis B: Ein Schüler nimmt an einem Musikstück teil. Anzahl = 36
Anzahl von A + Anzahl von B − Anzahl $A \cap B$ = Anzahl $A \cup B$

$$30 + 36 - \text{Anzahl } A \cap B = 48$$
$$66 - \text{Anzahl } A \cap B = 48 \quad | -66$$
$$-\text{Anzahl } A \cap B = -18$$
$$\text{Anzahl } A \cap B = 18$$

18 Schülerinnen und Schüler nehmen an beiden Vorführungen teil.

b) Ereignis C: Pia ist in beiden Gruppen.
$\rightarrow P(C) = \frac{18}{48} = \frac{3}{8} = 0{,}375 = 37{,}5\,\%$

SCHRITT 2

Das brauchst du wieder

$E \cap F = \{6;30\}$

$E \cup F = \{6;12;15;18;24;30\}$

1 „Du bist dran" aus dem „So geht's"-Kasten

Notiere alle möglichen Ergebnisse der Ereignisse sowie deren Anzahl:

Ereignis E: Die Zahl ist durch 5 teilbar.

$E = \{5,10,15,20\}$. Anzahl = 4

Ereignis F: Die Zahl ist keine Primzahl.

$F = \{1,4,6,8,9,10,12,14,15,16,18,20\}$. Anzahl = 12

1. Strategie: Berechne die Wahrscheinlichkeit durch Abzählen. Stelle die Vereinigungsmenge auf.

$E \cup F = \{1,4,5,6,8,9,10,12,14,15,16,18,20\}$. Anzahl = 13

Berechne die Wahrscheinlichkeit:

$P(E \cup F) = \frac{13}{20} = 0{,}65 = 65\,\%$

2. Strategie: Berechne die Wahrscheinlichkeit mit dem Additionssatz. Stelle die Schnittmenge auf:

$E \cap F = \{10;15;20\}$; Anzahl = 3

Verwende den Additionssatz:

$P(E \cup F) = \frac{4}{20} + \frac{12}{20} - \frac{3}{20} = \frac{13}{20} = 0{,}65 = 65\,\%$

2 Urne

a) Ereignis A: Die Kugel ist weiß oder hat die Nummer 3.

$A = \{w1; w2; w3; w4; w5; r3\}$ $P(A) = \frac{6}{8} = \frac{3}{4} = 0{,}75 = 75\,\%$

b) Ereignis B: Die Kugel ist rot oder hat die Nummer 4.

$B = \{r1; r2; r3; w4\}$ $P(B) = \frac{4}{8} = \frac{1}{2} = 0{,}5 = 50\,\%$

c) Ereignis C: Die Kugel ist rot oder hat eine Nummer kleiner als 3.

$C = \{r1; r2; r3; w1; w2\}$ $P(C) = \frac{5}{8} = 0{,}625 = 62{,}5\,\%$

3 Buchstaben ziehen

a) Ereignis A: Der Buchstabe ist ein Vokal oder ein „k".

$A = \{a; e; e; k\}$ $P(A) = \frac{4}{8} = \frac{1}{2} = 0{,}5 = 50\,\%$

b) Ereignis B: Der Buchstabe ist ein Vokal oder ein „e".

$B = \{a; e; e\}$ $P(B) = \frac{3}{8} = 0{,}375 = 37{,}5\,\%$

c) Ereignis C: Der Buchstabe ist ein Vokal oder ein Konsonant.

$C = \{a; e; e; k; m; r; r; z\}$ $P(C) = \frac{8}{8} = 1 = 100\,\%$

4 Poker-Spiel

a) Ereignis A: Karte ist rot oder ein Ass.

$P(A) = \frac{26}{52} + \frac{4}{52} - \frac{2}{52} = \frac{28}{52} = \frac{7}{13} \approx 0{,}5385 = 53{,}85\,\%$.

b) Ereignis B: Karte ist rot oder eine Herz-Karte.

$P(B) = \frac{26}{52} + \frac{13}{52} - \frac{13}{52} = \frac{26}{52} = \frac{1}{2} = 0{,}5 = 50\,\%$

c) Ereignis C: Karte ist rot oder hat eine Zahl.

$P(C) = \frac{26}{52} + \frac{36}{52} - \frac{18}{52} = \frac{44}{52} = \frac{11}{13} \approx 0{,}8462 = 84{,}62\,\%$

5 Zwei Würfel werden geworfen

a) Ereignis A: Ein Würfel zeigt eine „6" oder die Summe beider Würfel ist größer als 9.

Anzahl aller möglichen Ergebnisse = 36

Günstige Ergebnisse = {(1,6),(2,6),(3,6),(4,6),(5,6),(6,6),(6,5),(6,4),(6,3),(6,2),(6,1),(5,5)} Anzahl = 12

$P(A) = \frac{12}{36} = \frac{2}{6} = \frac{1}{3} \approx 0{,}\overline{3} = 33{,}\overline{3}\,\%$

b) Ereignis B: Ein Würfel zeigt eine „1" oder die Differenz beider Würfel ist 1.

Anzahl aller möglichen Ergebnisse = 36

Günstige Ergebnisse = {(1,1),(1,2),(1,3),(1,4),(1,5),(1,6),(6,1),(5,1),(4,1),(3,1),(2,1),(2,3),(3,2),(3,4),(4,3),(4,5),(5,4),(5,6),(6,5)} Anzahl = 19

$P(B) = \frac{19}{36} \approx 0{,}52\overline{7} = 52{,}\overline{7}\,\%$

c) Ereignis C: Beide Würfel zeigen die gleiche Zahl oder beide Zahlen sind ungerade.

Anzahl aller möglichen Ergebnisse = 36

Günstige Ergebnisse = {(1,1),(2,2),(3,3),(4,4),(5,5),(6,6),(1,3),(1,5),(3,1),(5,1),(3,5),(5,3)} Anzahl = 12

$P(C) = \frac{12}{36} = \frac{1}{3} \approx 0{,}\overline{3} = 33{,}\overline{3}\,\%$

6 Wahl eines Zusatz-Kurs

a) Ereignis A: Eine Schülerin hat einen Zusatz-Kurs gewählt.

$P(A) = \frac{13}{30} + \frac{9}{30} - \frac{2}{30} = \frac{20}{30} = \frac{2}{3} \approx 0{,}\overline{6} = 66{,}\overline{6}\,\%$

b) Ereignis B: Eine Schülerin hat weder den Musik- noch den Theater-Kurs gewählt.

Anzahl aller möglichen Ergebnisse: 30

Anzahl aller Schüler, die den Theater- oder den Musikkurs besuchen: 20

Anzahl aller Schüler, die weder den Theater- noch den Musikkurs besuchen = 30 − 20 = 10

$P(B) = \frac{10}{30} = \frac{1}{3} \approx 0{,}\overline{3} = 33{,}\overline{3}\,\%$

7 Reisegruppe

Ereignis A: Ein Teilnehmer war weder im Museum noch in der Kirche.

$P(A) = \frac{100-(80+65-50)}{100} = \frac{5}{100} = 0{,}05 = 5\,\%$

oder $P(A) = 100\,\% - (80\,\% + 65\,\% - 50\,\%) = 5\,\%$

SCHRITT 3

Das brauchst du wieder

$\frac{3}{4} \cdot \frac{3}{5} = \frac{9}{20}$ $\frac{1}{4} \cdot \frac{1}{2} = \frac{1}{8}$

$\frac{5}{10} = \frac{1}{2}$ $\frac{6}{8} = \frac{3}{4}$

$\frac{\cancel{3}^{1}}{4} \cdot \frac{1}{\cancel{3}_{1}} = \frac{1 \cdot 1}{4 \cdot 1} = \frac{1}{4}$ $\frac{\cancel{4}^{1}}{\cancel{9}_{3}} \cdot \frac{\cancel{3}^{1}}{\cancel{8}_{2}} = \frac{1 \cdot 1}{3 \cdot 2} = \frac{1}{6}$

1 „Du bist dran" aus dem „So geht's"-Kasten

Lege das Ereignis fest:

Ereignis E: Dreimal eine Zahl werfen, die größer als „3" ist.

Notiere die möglichen und günstigen Ergebnisse sowie ihre Anzahl für 1-mal würfeln:
Mögliche Ergebnisse des Würfelns:
1, 2, 3, 4, 5, 6 Anzahl = 6
Günstige Ergebnisse des Würfelns:
4, 5, 6 Anzahl = 3
Berechne die Wahrscheinlichkeit für einen Wurf:
$p = \frac{3}{6} = \frac{1}{2} = 0{,}5$
Berechne die Wahrscheinlichkeit des Ereignisses: Multipliziere die (gleichen) Wahrscheinlichkeiten der drei Würfe:
$P(E) = \frac{1}{2} \cdot \frac{1}{2} \cdot \frac{1}{2} = \frac{1}{8} = 0{,}125 = 12{,}5\,\%$

2 Dreimaliges Werfen einer Münze

a) Ereignis A: Es erscheint dreimal Zahl.
$p = \frac{1}{2} = 0{,}5$ $P(A) = \frac{1}{2} \cdot \frac{1}{2} \cdot \frac{1}{2} = \frac{1}{8} = 0{,}125 = 12{,}5\,\%$
Ereignis B: Es erscheint Zahl, Kopf, Zahl.
$p = \frac{1}{2} = 0{,}5$ $P(B) = \frac{1}{2} \cdot \frac{1}{2} \cdot \frac{1}{2} = \frac{1}{8} = 0{,}125 = 12{,}5\,\%$
Ereignis C: Es erscheint Zahl, Zahl, Kopf.
$p = \frac{1}{2} = 0{,}5$ $P(E) = \frac{1}{2} \cdot \frac{1}{2} \cdot \frac{1}{2} = \frac{1}{8} = 0{,}125 = 12{,}5\,\%$
b) Jedes Ereignis entspricht genau einem Pfad. Und jeder Pfad ist gleich wahrscheinlich.

3 Pokerspiel

a) Ereignis A: Die Karte ist jedes Mal eine Herz-Karte.
$p = \frac{13}{52} = \frac{1}{4} = 0{,}25$
$P(A) = \frac{1}{4} \cdot \frac{1}{4} \cdot \frac{1}{4} \cdot \frac{1}{4} = \frac{1}{256} = 0{,}0039 = 0{,}39\,\%$
b) Ereignis B: Die Karte ist jedes Mal rot.
$p = \frac{26}{52} = \frac{1}{2} = 0{,}5$
$P(B) = \frac{1}{2} \cdot \frac{1}{2} \cdot \frac{1}{2} \cdot \frac{1}{2} = \frac{1}{16} = 0{,}0625 = 6{,}25\,\%$
c) Ereignis C: Die Karte ist beim ersten Mal rot, dann schwarz, dann wieder rot, dann wieder schwarz.
$p = \frac{26}{52} = \frac{1}{2} = 0{,}5$
$P(C) = \frac{1}{2} \cdot \frac{1}{2} \cdot \frac{1}{2} \cdot \frac{1}{2} = \frac{1}{16} = 0{,}0625 = 6{,}25\,\%$

4 Pfannkuchen

P („Beide Pfannkuchen sind mit Apfelmus gefüllt.") $= \frac{4}{6} \cdot \frac{3}{5} = 0{,}4 = 40\,\%$

5 Armreifen

Die Wahrscheinlichkeit einen goldenen Armreif zu ziehen ist $\frac{3}{7}$.
Die Wahrscheinlichkeit einen silbernen Armreif zu ziehen ist $\frac{4}{7}$.
Die Wahrscheinlichkeit erst zwei goldene und dann einen silbernen Armreif zu ziehen ist deswegen $\frac{3}{7} \cdot \frac{3}{7} \cdot \frac{4}{7}$. Also ist Antwortmöglichkeit b die Richtige.

6 Beutel mit Bällen

a) Ereignis E: Alle drei Bälle sind schwarz.
$p = \frac{5}{10} = \frac{1}{2}$
$P(E) = \frac{1}{2} \cdot \frac{1}{2} \cdot \frac{1}{2} = \frac{1}{8} = 0{,}125 = 12{,}5\,\%$
b) Ereignis F: Die ersten beiden Bälle sind schwarz und der dritte blau.
Wahrscheinlichkeit für schwarzen Ball: $p = \frac{5}{10} = \frac{1}{2}$
Wahrscheinlichkeit für blauen Ball: $p = \frac{3}{10}$
$P(F) = \frac{1}{2} \cdot \frac{1}{2} \cdot \frac{3}{10} = \frac{3}{40} = 0{,}075 = 7{,}5\,\%$
c) Ereignis G: Der erste Ball ist schwarz, der zweite blau und der dritte rot.
Wahrscheinlichkeit für schwarzen Ball: $p = \frac{5}{10} = \frac{1}{2}$
Wahrscheinlichkeit für blauen Ball: $p = \frac{3}{10}$
Wahrscheinlichkeit für roten Ball: $p = \frac{2}{10} = \frac{1}{5}$
$P(G) = \frac{1}{2} \cdot \frac{3}{10} \cdot \frac{1}{5} = \frac{3}{100} = 0{,}03 = 3\,\%$

7 Dreimaliges Werfen eines Würfels

Die richtige Antwort ist a.
b beschreibt die Wahrscheinlichkeit beim dreimaligen Würfel jeweils eine Sechs zu würfeln. Da aber schon zwei Mal eine Sechs gefallen ist, ist die Wahrscheinlichkeit, dass ein drittes Mal eine Sechs gewürfelt wird, genauso hoch wie dass beim einmaligen Würfeln eine Sechs gewürfelt wird.

8 „Du bist dran" aus dem „So geht's"-Kasten

Lege das Ereignis fest:
Ereignis E: Die Kugel ist dreimal weiß.
Notiere die Anzahl der möglichen und günstigen Ergebnisse für den 1. Zug:
Anzahl der möglichen Ergebnisse: 10
Anzahl der günstigen Ergebnisse: 3
Berechne die Wahrscheinlichkeit für den 1. Zug:
$p_1 = \frac{3}{10}$
Notiere die Anzahl der möglichen und günstigen Ergebnisse für den 2. Zug:
In der Urne sind noch 7 rote und 2 weiße Kugeln.
Anzahl der möglichen Ergebnisse: 9
Anzahl der günstigen Ergebnisse: 2
Berechne die Wahrscheinlichkeit für den 2. Zug:
$p_2 = \frac{2}{9}$
Notiere die Anzahl der möglichen und günstigen Ergebnisse für den 3. Zug:
In der Urne sind noch 7 rote und 1 weiße Kugeln.
Anzahl der möglichen Ergebnisse: 8
Anzahl der günstigen Ergebnisse: 1
Berechne die Wahrscheinlichkeit für den 3. Zug:
$p_3 = \frac{1}{8}$
Berechne mit der Pfadregel die Wahrscheinlichkeit des Ereignisses:

$P(E) = P(www) = p_1 \cdot p_2 \cdot p_3 = \frac{3}{10} \cdot \frac{2}{9} \cdot \frac{1}{8} = \frac{1}{120} = 0{,}008\overline{3} = 0{,}8\overline{3}\,\%$

9 Königskarte

P („Er zieht die Königskarte.") = 1 – P (3x „Nicht-Königskarte") $= 1 - (\frac{4}{5} \cdot \frac{3}{4} \cdot \frac{2}{3}) = 1 - \frac{2}{5} = 0{,}6 = 60\,\%$

10 Fremdsprachen

P („Keine Schülerin lernt russisch.") $= \frac{19}{25} \cdot \frac{18}{24} \cdot \frac{17}{23} \cdot \frac{16}{22} \cdot \frac{15}{21} \approx 0{,}219 = 21{,}9\,\%$

11 Pokerspiel

a) Ereignis A: Die Karte ist jedes Mal eine Herz-Karte.
$P(A) = \frac{13}{52} \cdot \frac{12}{51} \cdot \frac{11}{50} = \frac{429}{33150} = 0{,}0129 = 1{,}29\,\%$
b) Ereignis B: Die Karte ist jedes Mal rot.
$P(B) = \frac{26}{52} \cdot \frac{25}{51} \cdot \frac{24}{50} = \frac{15600}{132600} = \frac{2}{17} \approx 0{,}1176 = 11{,}76\,\%$

c) Ereignis C: Die Karte ist beim ersten Mal rot, dann schwarz und dann wieder rot.
$P(C) = \frac{26}{52} \cdot \frac{26}{51} \cdot \frac{25}{50} = \frac{16900}{132600} = \frac{13}{102} \approx 0{,}1275 = 12{,}75\,\%$

12 Beutel mit Bällen

a) Ereignis A: Alle drei Bälle sind schwarz.
$P(A) = \frac{5}{10} \cdot \frac{4}{9} \cdot \frac{3}{8} = \frac{60}{720} = 0{,}08\overline{3} = 8{,}\overline{3}\,\%$

b) Ereignis B: Die ersten beiden Bälle sind schwarz, der dritte ist blau.
$P(B) = \frac{5}{10} \cdot \frac{4}{9} \cdot \frac{3}{8} = \frac{60}{720} = 0{,}08\overline{3} = 8{,}\overline{3}\,\%$

c) Ereignis C: Der erste Ball ist schwarz, der zweite blau und der dritte rot.
$P(C) = \frac{5}{10} \cdot \frac{3}{9} \cdot \frac{2}{8} = \frac{30}{720} = 0{,}041\overline{6} = 4{,}1\overline{6}\,\%$

13 Fotos von Sportlern

a) Du ziehst zuerst das Foto eines Leichtathleten, dann das eines Schwimmers und zuletzt das eines Fußballers.

b) Du ziehst zuerst das Foto eines Leichtathleten, dann nochmal das eines Leichtathleten und zuletzt das eines Schwimmers.

c) i) Du ziehst zuerst das Foto eines Fußballers, dann das eines Schwimmers und zuletzt das eines Leichtathleten.
ii) Du ziehst zuerst das Foto eines Fußballers, dann nochmal das eines Fußballers und zuletzt das eines Leichtathleten.
iii) Du ziehst dreimal hintereinander das Foto eines Fußballers.
iv) Du ziehst zuerst das Foto eines Fußballers, dann das eines Schwimmers und zuletzt nochmal das eines Schwimmers.

d) i) Du ziehst zuerst das Foto eines Fußballers, dann das eines Leichtathleten und zuletzt das eines Schwimmers.
ii) Du ziehst zuerst das Foto eines Fußballers, dann das eines Leichtathleten und zuletzt nochmal das eines Fußballers.

14 Streichhölzer

Ereignis S1: Spieler 1 verliert.
$P(S1) = \frac{1}{4}$
Ereignis S2: Spieler 2 verliert.
$P(S2) = \frac{3}{4} \cdot \frac{1}{3} = \frac{3}{12} = \frac{1}{4}$
Ereignis S3: Spieler 3 verliert.
$P(S3) = \frac{3}{4} \cdot \frac{2}{3} \cdot \frac{1}{2} = \frac{6}{24} = \frac{1}{4}$
Ereignis S4: Spieler 4 verliert.
$P(S4) = \frac{3}{4} \cdot \frac{2}{3} \cdot \frac{1}{2} \cdot 1 = \frac{6}{24} = \frac{1}{4}$
Es ist also egal, an welcher Position du ein Streichholz ziehst. Die Wahrscheinlichkeit zu verlieren ist immer genau 25 %.

SCHRITT 4

Das brauchst du wieder

$\frac{1}{3} + \frac{2}{3} = \frac{1+2}{3} = \frac{3}{3} = 1$

$\frac{1}{2} + \frac{2}{5} = \frac{5}{10} + \frac{4}{10} = \frac{9}{10}$

$\frac{2}{3} + \frac{1}{6} = \frac{4}{6} + \frac{1}{6} = \frac{5}{6}$

$\frac{1}{6} + \frac{4}{6} = \frac{1+4}{6} = \frac{5}{6}$

$\frac{2}{3} + \frac{1}{8} = \frac{16}{24} + \frac{3}{24} = \frac{19}{24}$

$\frac{1}{2} + \frac{1}{4} = \frac{2}{4} + \frac{1}{4} = \frac{3}{4}$

1 „Du bist dran" aus dem „So geht's"-Kasten

Schreibe die möglichen Ergebnisse auf:
A, D
Bestimme die Wahrscheinlichkeit für den ersten Zug:
1. Ergebnis: Ass. $P(A) = \frac{3}{6}$
2. Ergebnis: Dame. $P(B) = \frac{3}{6}$

Da die Karten nicht wieder umgedreht werden, handelt es sich hier um ein Ziehen ohne Zurücklegen.
Notiere den Stand vor dem zweiten Zug:
Für den 2. Zug sind noch 5 Karten verdeckt.
beim 1. Ergebnis: 2 Ass und 3 Damen
beim 2. Ergebnis: 3 Ass und 2 Damen
Für jedes Ergebnis gibt es wieder zwei mögliche Ergebnisse. Bestimme die Wahrscheinlichkeiten für den zweiten Zug.
nach dem 1. Ergebnis: $P(A) = \frac{2}{5}$; $P(D) = \frac{3}{5}$
nach dem 2. Ergebnis: $P(A) = \frac{3}{5}$; $P(D) = \frac{2}{5}$
Zeichne das Baumdiagramm und schreibe ans Ende jedes Pfades das Ergebnis und die Wahrscheinlichkeiten:

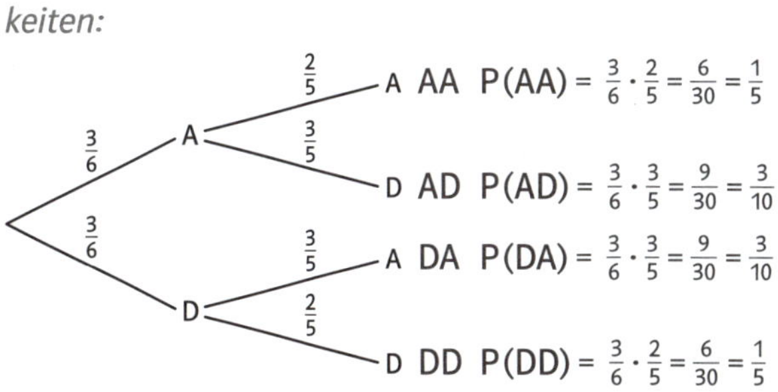

Schreibe alle Ergebnisse für das Ereignis E auf:
DD
Lies die Wahrscheinlichkeiten der günstigen Ergebnisse am Baumdiagramm ab und addiere sie:
$P(E) = P(DD) = \frac{3}{6} \cdot \frac{2}{5} = \frac{6}{30} = \frac{1}{5} = 20\,\%$

2 Dreimaliges Werfen einer Münze

a)

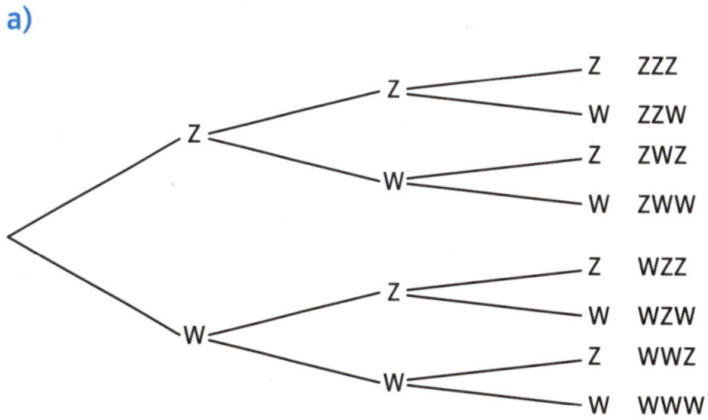

b) ZZW; ZWZ; WZZ

c) $P(\text{Genau 2-mal Zahl}) = \frac{1}{2} \cdot \frac{1}{2} \cdot \frac{1}{2} + \frac{1}{2} \cdot \frac{1}{2} \cdot \frac{1}{2} + \frac{1}{2} \cdot \frac{1}{2} \cdot \frac{1}{2} = \frac{3}{8}$

3 Vase mit 10 Blumen

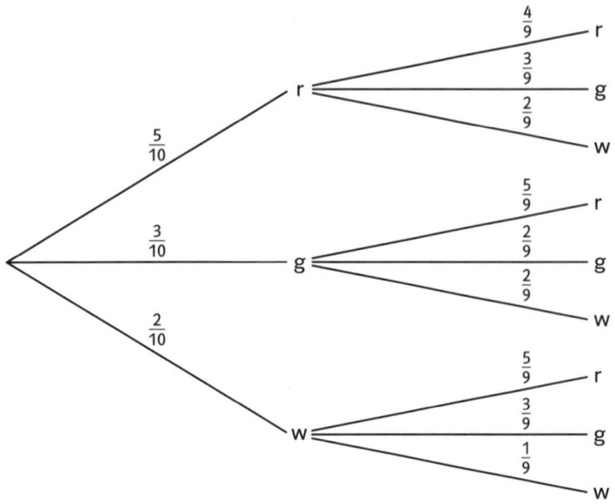

P (zwei Blumen haben unterschiedliche Farbe) =
P ((r;g);(r;w);(g;r);(g;w);(w;r);(w;g)) =

$\frac{5}{10}\cdot\frac{3}{9}+\frac{5}{10}\cdot\frac{2}{9}+\frac{3}{10}\cdot\frac{5}{9}+\frac{3}{10}\cdot\frac{2}{9}+\frac{2}{10}\cdot\frac{5}{9}+\frac{2}{10}\cdot\frac{3}{9}=\frac{15}{90}+\frac{10}{90}+\frac{15}{90}+\frac{6}{90}+$

$\frac{10}{90}+\frac{6}{90}=\frac{62}{90}=0{,}6\overline{8}=68{,}\overline{8}\ \%$

4 Fehlende Wahrscheinlichkeiten bestimmen

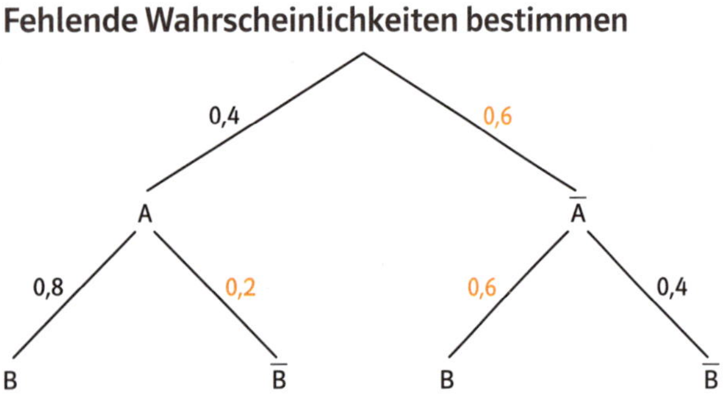

$P(AB)=0{,}4\cdot0{,}8=0{,}32$; $P(A\overline{B})=0{,}4\cdot0{,}2=0{,}08$;
$P(\overline{A}B)=0{,}6\cdot0{,}6=0{,}36$; $P(\overline{A}\,\overline{B})=0{,}6\cdot0{,}4=0{,}24$

5 „Du bist dran" aus dem „So geht's"-Kasten

Hier interessiert nur das Ergebnis „König" (K) und „Nicht König" ($\overline{K}$). Bestimme die Wahrscheinlichkeit für den 1. Zug:

$P(K)=\frac{3}{7}$; $P(\overline{K})=\frac{4}{7}$

Für den 2. Zug liegen noch 6 Karten auf dem Tisch.

Bestimme die Wahrscheinlichkeit für den 2. Zug:

K aufgedeckt: $P(K)=\frac{2}{6}$; $P(\overline{K})=\frac{4}{6}$

$\overline{K}$ aufgedeckt: $P(K)=\frac{3}{6}$; $P(\overline{K})=\frac{3}{6}$

Für den 3. Zug liegen noch 5 Karten auf dem Tisch.

Bestimme die Wahrscheinlichkeit für den 3. Zug:

KK aufgedeckt: $P(K)=\frac{1}{5}$; $P(\overline{K})=\frac{4}{5}$

K$\overline{K}$ aufgedeckt: $P(K)=\frac{2}{5}$; $P(\overline{K})=\frac{3}{5}$

$\overline{K}$K aufgedeckt: $P(K)=\frac{2}{5}$; $P(\overline{K})=\frac{3}{5}$

$\overline{K}\,\overline{K}$ aufgedeckt: $P(K)=\frac{3}{5}$; $P(\overline{K})=\frac{2}{5}$

Zeichne das dazugehörige Baumdiagramm:

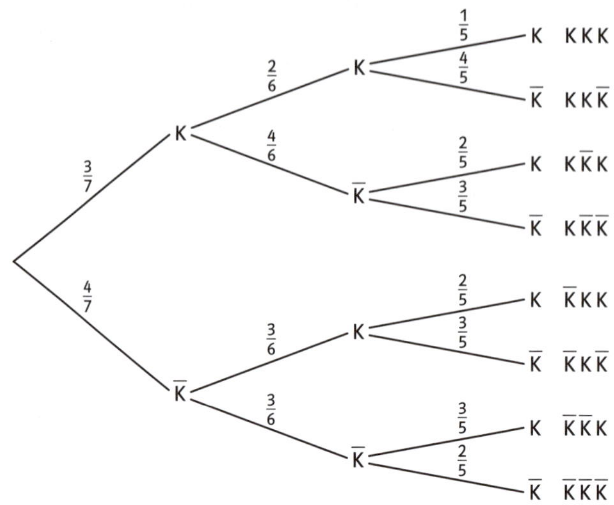

Schreibe alle Ergebnisse für das Ereignis E auf:

$KK\overline{K}$, $K\overline{K}K$, $\overline{K}KK$

Bestimme die Wahrscheinlichkeit mit der Summenregel und der Pfadregel:

$P(E)=P(KK\overline{K})+P(K\overline{K}K)+P(\overline{K}KK)$
$=\frac{3}{7}\cdot\frac{2}{6}\cdot\frac{4}{5}+\frac{3}{7}\cdot\frac{4}{6}\cdot\frac{2}{5}+\frac{4}{7}\cdot\frac{3}{6}\cdot\frac{2}{5}=\frac{12}{35}\approx0{,}3429=34{,}29\,\%$

6 Drei Karten aus einem Stapel

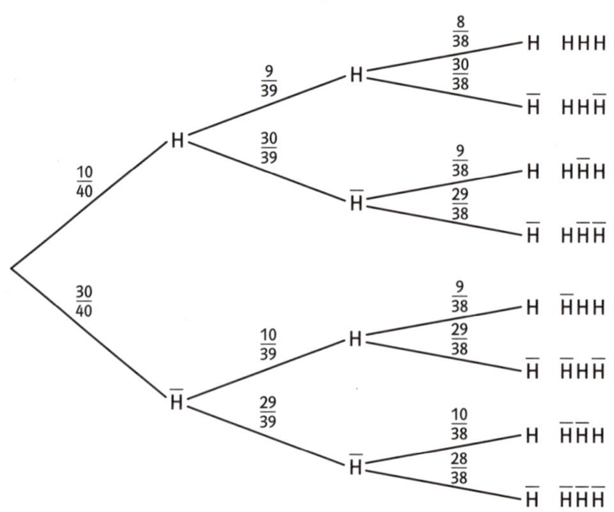

E: Man zieht genau eine Herz-Karte.

$P(E)=P(H\overline{H}\,\overline{H})+P(\overline{H}H\overline{H})+P(\overline{H}\,\overline{H}H)$
$=\frac{10}{40}\cdot\frac{30}{39}\cdot\frac{29}{38}+\frac{30}{40}\cdot\frac{10}{39}\cdot\frac{29}{38}+\frac{30}{40}\cdot\frac{29}{39}\cdot\frac{10}{38}=\frac{435}{988}$
$\approx0{,}4403=44{,}03\,\%$

7 Glücksrad

a) Man landet genau dreimal auf dem blauen Feld.

b) Man landet einmal auf dem roten Feld und zweimal auf einem anderen Feld.

c) Man landet einmal auf dem roten Feld und zweimal auf dem weißen Feld.

8 Urne

a) A: Man zieht genau einmal eine blaue Kugel.

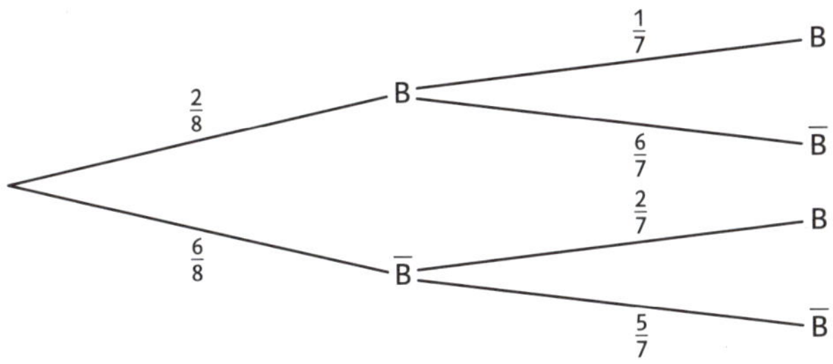

$P(A) = \frac{2}{8} \cdot \frac{6}{7} + \frac{6}{8} \cdot \frac{2}{7} = \frac{24}{56} = \frac{3}{7} \approx 0{,}4286 = 42{,}86\,\%$

b) B: Man zieht die weiße Kugel.

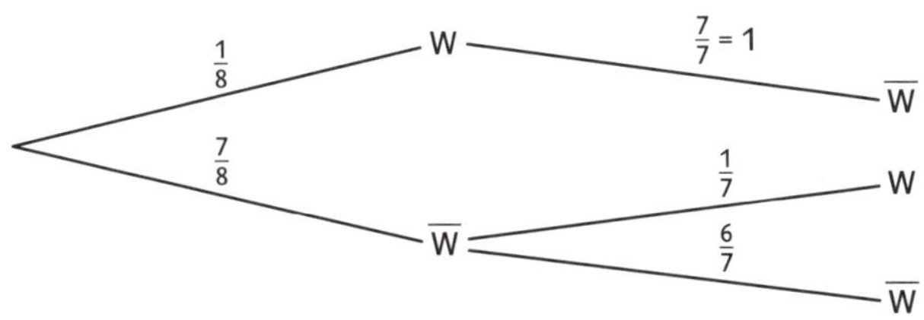

$P(B) = \frac{1}{8} \cdot 1 + \frac{7}{8} \cdot \frac{1}{7} = \frac{2}{8} = \frac{1}{4} = 25\,\%$

c) C: Man zieht genau eine grüne und eine weiße Kugel.

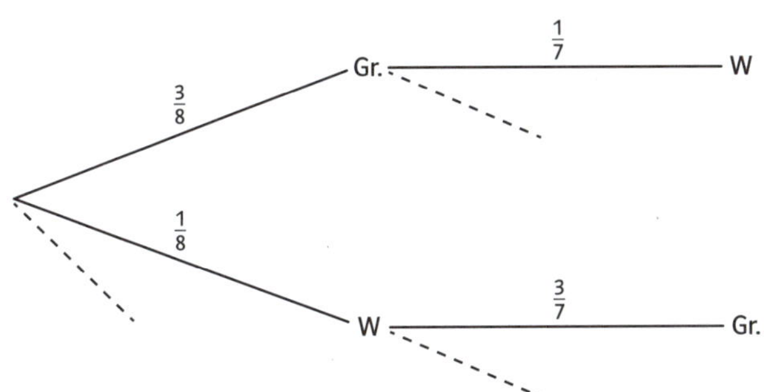

$P(C) = \frac{3}{8} \cdot \frac{1}{7} + \frac{1}{8} \cdot \frac{3}{7} = \frac{6}{56} = 10{,}71\,\%$

9 Spielwürfel

P („Es tritt erst beim 5. Mal eine Sechs auf.")
$= \frac{5}{6} \cdot \frac{5}{6} \cdot \frac{5}{6} \cdot \frac{5}{6} \cdot \frac{1}{6} = \frac{625}{7776} \approx 0{,}0804 = 8{,}04\,\%$

10 Lotterie

P („Er zieht erst im 4. Versuch einen Gewinn.")
$= \frac{3}{4} \cdot \frac{3}{4} \cdot \frac{3}{4} \cdot \frac{1}{4} = \frac{27}{256} \approx 0{,}1055 = 10{,}55\,\%$

11 Tetraeder

a) $P(4 \cdot \text{gleiche Ziffer}) = \frac{4}{4^4} = \frac{1}{4^3} \approx 0{,}0156 = 1{,}56\,\%$

b) P(Eine Zahl größer als 1) = 1 − P („1111") $= 1 - \frac{1}{4^4}$
$\approx 0{,}9961 = 99{,}61\,\%$

12 Nicht gemachte Hausaufgaben

$P(A) = \frac{6}{21} \cdot \frac{5}{20} \cdot \frac{4}{19} = \frac{2}{133} \approx 0{,}0150 = 1{,}5\,\%$

$P(B) = \frac{6}{21} \cdot \frac{15}{20} \cdot \frac{14}{19} \cdot 3 = \frac{9}{19} \approx 0{,}4737 = 47{,}37\,\%$

$P(C) = \frac{15}{21} \cdot \frac{14}{20} \cdot \frac{13}{19} + P(B) = \frac{31}{38} \approx 0{,}8158 = 81{,}58\,\%$

SCHRITT 5

Das brauchst du wieder

Durchschnitt von 1,3,5,7 und 9:
$m = \frac{1}{5} \cdot (1 + 3 + 5 + 7 + 9) = \frac{25}{5} = 5$

Durchschnitt von 2,2,2,3,4 und 5:
$m = \frac{1}{6} \cdot (2 + 2 + 2 + 3 + 4 + 5) = \frac{18}{6} = 3$

1 „Du bist dran" aus dem „So geht's"-Kasten

Notiere die Zufallsgröße und die Wahrscheinlichkeit:
$X = \{1;2;3;4\}$
P(Eine beliebige Seite des Würfels) $= \frac{1}{6}$
$P(X = 1) = \frac{2}{6}$ $\quad P(X = 2) = \frac{2}{6}$

$P(X = 3) = \frac{1}{6}$ $\quad P(X = 4) = \frac{1}{6}$

Stelle eine Tabelle auf. Schreibe in die
1. Zeile: die Werte x_i der Zufallsvariablen
2. Zeile: die Wahrscheinlichkeiten $P(X = x_i)$ dieser Werte.
3. Zeile: die Produkte $x_i \cdot P(X = x_i)$:

x_i	1	2	3	4
$P(X = x_i)$	$\frac{2}{6}$	$\frac{2}{6}$	$\frac{1}{6}$	$\frac{1}{6}$
$x_i \cdot P(X = x_i)$	$\frac{2}{6}$	$\frac{4}{6}$	$\frac{3}{6}$	$\frac{4}{6}$

Bestimme den Erwartungswert als Summe der 3. Zeile:
$E(X) = \frac{2}{6} + \frac{4}{6} + \frac{3}{6} + \frac{4}{6} = \frac{13}{6} = 2{,}1\overline{6}$

2 Münze

$X = \{0;1;2;3;4;5\}$

3 Kartenstapel

a) $X = \{3;4;5;6;7;8;9;10\}$ **b)** $Y = \{0;1;2;3;4;5;6;7\}$

4 Lostopf

a) $X = \{0;1;2;3;4;5;6\}$ **b)** $Y = \{4;5;6;7;8;9;10\}$

5 Pokerspiel

a) $X = \{2;1;-0{,}1\}$

b) $E(X) = 2 \cdot \frac{4}{52} + 1 \cdot \frac{4}{52} - 0{,}1 \cdot \frac{44}{52} \approx 0{,}1462$

6 Glücksrad

a) $X = \{1;3;5\}$

b) $E(X) = 1 \cdot \frac{6}{12} + 3 \cdot \frac{4}{12} + 5 \cdot \frac{2}{12} = \frac{7}{3} \approx 2{,}\overline{3}$

x_i	1	3	5
$P(X = x_i)$	$\frac{1}{2} = \frac{6}{12}$	$\frac{1}{3} = \frac{4}{12}$	$\frac{1}{6} = \frac{2}{12}$

7 Schulfest

$X = \{9;6;4;3;1;0;-5\}$

8 Mountainbike Strecken

$X = \{[30;50];]50;70];]70;90];]90;110];]110;130];]130;150]\}$

9 Spiel mit Karten

a) $X = \{10;6;3;1\}$

b) $E(X) = 10 \cdot \frac{5}{50} + 6 \cdot \frac{10}{50} + 3 \cdot \frac{15}{50} + 1 \cdot \frac{20}{50} = \frac{7}{2} = 3{,}5$
Du kannst nach einer Runde die Punktzahl von 3,5 erwarten.

c) $3{,}5 \cdot 20 = 70$. Du kannst nach 20 Runden die Punktzahl von 70 erwarten.

10 Lehrer

a) $E(X) = 1 \cdot 0{,}12 + 2 \cdot 0{,}3 + 3 \cdot 0{,}26 + 4 \cdot 0{,}21 + 5 \cdot 0{,}1 + 6 \cdot 0{,}01 = 2{,}9$

b) $\frac{1}{20} \cdot (4 \cdot 1 + 8 \cdot 2 + 3 \cdot 3 + 3 \cdot 4 + 2 \cdot 5) = 2{,}55$

Das Ergebnis entspricht dieses Mal nicht dem Erwartungswert.

11 Spielbox

X: Zahl, die die Spielbox anzeigt.

p: Wahrscheinlichkeit, dass die Zahl „1" angezeigt wird.

$E(X) = 1{,}5$

$E(X) = 1 \cdot p + 3 \cdot (1 - p)$

$1{,}5 = p + 3 \cdot (1 - p)$

$1{,}5 = p + 3 - 3p \mid -3$

$-1{,}5 = -2p \mid : (-2)$

$p = 0{,}75$

Die Wahrscheinlichkeit, dass die Zahl „1" angezeigt wird, ist 0,75.

12 Glücksrad

p: Wahrscheinlichkeit für die Zahl „1"

$2{,}25 = 1 \cdot p + 2 \cdot 0{,}25 + 3 \cdot (0{,}6 - p) + 5 \cdot 0{,}15$

$2{,}25 = p + 0{,}5 + 1{,}8 - 3p + 0{,}75$

$2{,}25 = -2p + 3{,}05$

$-0{,}8 = -2p$

$p = 0{,}4$

Die Wahrscheinlichkeit für die Zahl „1" ist 0,4. Für die Zahl „3" ergibt sich eine Wahrscheinlichkeit von 0,2.

SCHRITT 6

Das brauchst du wieder

8 Karten: $E(X) = 11 \cdot \frac{3}{8} + 10 \cdot \frac{2}{8} + 3 \cdot \frac{3}{8} = \frac{31}{4} = 7{,}75$

7 Karten: $E(X) = 11 \cdot \frac{1}{7} + 10 \cdot \frac{3}{7} + 4 \cdot \frac{1}{7} + 3 \cdot \frac{2}{7} = \frac{51}{7} \approx 7{,}29$

1 „Du bist dran" aus dem „So geht's"-Kasten

Bestimme die möglichen Ergebnisse, deren Anzahl und Wahrscheinlichkeit:

Ergebnisse: (1;1);(1;2);(1;3);(1;0);(2;1);(;2;2);(2;3);(2;0);(3;1);(3;2);(3;3);(3;0);(0;1);(0;2);(0;3);(0;0)

Anzahl: $4 \cdot 4 = 16$

Alle Ergebnisse haben die gleiche Wahrscheinlichkeit $p = \frac{1}{16}$.

Notiere alle möglichen Werte x_i der Zufallsgröße X, die sich bei der Multiplikation bzw. Addition ergeben:

$X = \{0;1;2;3;4;5;6\}$

Schreibe in die 1. Spalte alle Ergebnisse, in die 2. Spalte die dazugehörigen Werte (Produkte) für x_1 und in die 3. Spalte die Wahrscheinlichkeiten $P(X = x_i)$:

Ergebnisse	x_i	$P(X = x_i)$	$x_i \cdot P(X = x_i)$
(0;0)	0	$\frac{1}{16}$	0
(0;1),(1;0)	1	$\frac{2}{16}$	$\frac{2}{16}$
(1;1),(0;2),(2;0)	2	$\frac{3}{16}$	$\frac{6}{16}$
(1;2),(2;1),(0;3),(3;0)	3	$\frac{4}{16}$	$\frac{12}{16}$
(1;3),(3;1),(2;2)	4	$\frac{3}{16}$	$\frac{12}{16}$
(2;3),(3;2)	5	$\frac{2}{16}$	$\frac{10}{16}$
(3;3)	6	$\frac{1}{16}$	$\frac{6}{16}$

Berechne die Summe der rechten Spalte:

$E(X) = 0 + \frac{2}{16} + \frac{6}{16} + \frac{12}{16} + \frac{12}{16} + \frac{10}{16} + \frac{6}{16} = \frac{48}{16} = 3$

2 Spielwürfel

a) $X = \{-2;2;1\}$

Ergebnisse	x_i	$P(X = x_i)$	$x_i \cdot P(X = x_i)$
rot	−2	$\frac{1}{6}$	$-\frac{2}{6}$
blau	+2	$\frac{2}{6}$	$\frac{4}{6}$
gelb	+1	$\frac{3}{6}$	$\frac{3}{6}$

$E(X) = -\frac{2}{6} + \frac{4}{6} + \frac{3}{6} = \frac{5}{6}$

b) $n \cdot \frac{5}{6} = 24 \Rightarrow n \approx 28{,}8$; also 29 Runden.

3 Zauberwörter

a) $X = \{0;2;5\}$

b)

Ergebnisse	x_i	$P(X = x_i)$	$x_i \cdot P(X = x_i)$
HOKUSPOKUS	0	$\frac{1}{6}$	0
SIMSALABIM, SABBERBRABBEL, ALOHOMORA, BOMBARDA	2	$\frac{4}{6}$	$\frac{8}{6}$
ABRAKADABRA	5	$\frac{1}{6}$	$\frac{5}{6}$

$E(X) = 0 + \frac{8}{6} + \frac{5}{6} = \frac{13}{6} = 2{,}1\overline{6}$

c) $X = \{0;1;2;5\}$

Ergebnisse	x_i	$P(X = x_i)$	$x_i \cdot P(X = x_i)$
HOKUSPOKUS, ALOHOMORA	0	$\frac{2}{6}$	0
SIMSALABIM,	1	$\frac{1}{6}$	$\frac{1}{6}$
ABRAKADABRA, BOMBARDA	2	$\frac{2}{6}$	$\frac{4}{6}$
SABBERBRABBEL	5	$\frac{1}{6}$	$\frac{5}{6}$

$E(X) = 0 + \frac{1}{6} + \frac{4}{6} + \frac{5}{6} = \frac{10}{6} = 1{,}\overline{6}$

4 Karten

a) $X = \{1;2\}$

b) s: schwarze Karte r: rote Karte

Ergebnisse	x_i	$P(X = x_i)$	$x_i \cdot P(X = x_i)$
(s;r), (r;s)	1	$\frac{6}{12}$	$\frac{6}{12}$
(s;s)	2	$\frac{6}{12}$	$\frac{12}{12}$

$E(X) = \frac{6}{12} + \frac{12}{12} = \frac{18}{12} = 1{,}5$

c) $X = \{0;1\}$

Ergebnisse	x_i	$P(X = x_i)$	$x_i \cdot P(X = x_i)$
(s;s)	0	$\frac{6}{12}$	0
(s;r), (r;s)	1	$\frac{6}{12}$	$\frac{6}{12}$

$E(X) = 0 + \frac{6}{12} = \frac{6}{12} = 0{,}5$

5 Omelett

a) $X = \{0;1;2;3\}$

b)

x_i	0	1	2	3
$P(X = x_i)$	$1 \cdot 0{,}4^3$	$3 \cdot 0{,}6 \cdot 0{,}4^2$	$3 \cdot 0{,}6^2 \cdot 0{,}4$	$1 \cdot 0{,}6^3$
$x_i \cdot P(X = x_i)$	0	0,288	0,864	0,648

$E(X) = 0 + 0{,}288 + 0{,}864 + 0{,}648 = 1{,}8$

Du kannst im Schnitt mit ca. 1,8 Treffern rechnen.

6 Schlüsselbund

X: Anzahl der Versuche, die du brauchst, bis du den passenden Schlüssel gefunden hast.

$X = \{1;2;3;4\}$

x_i	$P(X = x_i)$	$x_i \cdot P(X = x_i)$
1	$\frac{1}{4}$	$\frac{1}{4}$
2	$\frac{3}{4} \cdot \frac{1}{3} = \frac{3}{12}$	$\frac{1}{2}$
3	$\frac{3}{4} \cdot \frac{2}{3} \cdot \frac{1}{2} = \frac{6}{24}$	$\frac{3}{4}$
4	$\frac{3}{4} \cdot \frac{2}{3} \cdot \frac{1}{2} \cdot 1 = \frac{6}{24}$	$\frac{4}{4} = 1$

$E(X) = \frac{1}{4} + \frac{1}{2} + \frac{3}{4} + 1 = \frac{10}{4} = 2{,}5$

Man bräuchte im Schnitt 2,5 Versuche, bis man den richtigen Schlüssel gezogen hat.

7 Karten ziehen

X: Anzahl der Karten, die du ziehen musst, bis du ein Ass gezogen hast.

$X = \{1;2;3\}$

x_i	$P(X = x_i)$	$x_i \cdot P(X = x_i)$
1	$\frac{1}{2}$	$\frac{1}{2}$
2	$\frac{1}{2} \cdot \frac{2}{3} = \frac{2}{6}$	$\frac{2}{3}$
3	$\frac{1}{2} \cdot \frac{1}{3} \cdot 1 = \frac{1}{6}$	$\frac{1}{2}$

$E(X) = \frac{1}{2} + \frac{2}{3} + \frac{1}{2} = \frac{10}{6} = \frac{5}{3} = 1{,}\overline{6}$

8 Tabelle

Die Summe der Werte p_1 und p_2 muss zusammen 0,3 betragen. Es ergeben sich also zwei Extremfälle:

1. Extremfall: $p_1 = 0{,}3$; $p_2 = 0$

$E(X) = -1 + 0 + 0{,}1 + 0{,}6 + 0{,}9 + 0 = 0{,}6$

2. Extremfall: $p_1 = 0$; $p_2 = 0{,}3$

$E(X) = -1 + 0 + 0{,}1 + 0{,}6 + 0 + 1{,}5 = 1{,}2$

Der Erwartungswert kann zwischen den Werten 0,6 und 1,2 liegen.

9 Felder zum Aufrubbeln

a) $P(\text{drei leere Felder}) = \frac{3}{6} \cdot \frac{2}{5} \cdot \frac{1}{4} = \frac{6}{120} = \frac{1}{20} = 0{,}05 = 5\,\%$

b) X: Anzahl Felder, die ich freirubbeln muss, bis ein Feld mit einem Preis kommt:

$E(X) = 1 \cdot \frac{3}{6} + 2 \cdot \frac{3}{6} \cdot \frac{3}{5} + 3 \cdot \frac{3}{6} \cdot \frac{2}{5} \cdot \frac{3}{4} + 4 \cdot \frac{3}{6} \cdot \frac{2}{5} \cdot \frac{1}{4} \cdot 1$

$= \frac{3}{6} + \frac{3}{5} + \frac{9}{20} + \frac{3}{15} = 1{,}75$

Im Schnitt muss man 1,75 Felder freirubbeln, bis ein Feld mit einem Preis kommt.

10 Urne

a) $P = \frac{1}{8} \cdot 1 \cdot 1 + \frac{7}{8} \cdot \frac{1}{7} \cdot 1 + \frac{7}{8} \cdot \frac{6}{7} \cdot \frac{1}{6} = 3 \cdot \frac{1}{8} = \frac{3}{8} = 0{,}375 = 37{,}5\,\%$

b) X: Gewinn in €

Ereignis	weiß	schwarz	rot
x_i	2	−1	0
$P(X = x_i)$	$\frac{1}{8}$	$\frac{4}{8} = \frac{1}{2}$	$\frac{3}{8}$

$E(X) = 2 \cdot \frac{1}{8} - 1 \cdot \frac{1}{2} + 0 \cdot \frac{3}{8} = \frac{1}{4} - \frac{1}{2} = -\frac{1}{4}$

Man kann das Spiel im Schnitt acht Mal wiederholen, bis man 2 € verloren hat.

SCHRITT 7

Das brauchst du wieder

Voraussichtliche Punktzahl nach 200 Würfen:

$200 \cdot 2 = 400$

Voraussichtliche Punktzahl nach 500 Würfen:

$500 \cdot 2 = 1000$

1 „Du bist dran" aus dem „So geht's"-Kasten

Definiere die Zufallsgröße X:

X: Gewinne x_i in Euro.

Berechne und notiere alle möglichen Werte x_i, indem du den Einsatz vom Gewinn abziehst:

keine Sechs: −1 €

eine Sechs: 0 €

zwei Sechsen: 3 €

drei Sechsen: 9 €

Stelle eine Tabelle auf und berechne den Erwartungswert:

Anzahl „6"	Gewinn x_i	$P(X = x_i)$	$x_i \cdot P(X = x_i)$
0	−1 €	$(\frac{5}{6})^3$	−0,579 €
1	0 €	$3 \cdot (\frac{5}{6})^2 \cdot \frac{1}{6}$	0 €
2	3 €	$3 \cdot \frac{5}{6} \cdot (\frac{1}{6})^2$	0,208 €
3	9 €	$(\frac{1}{6})^3$	0,0417 €

$E(X) = -0{,}579\,€ + 0\,€ + 0{,}208\,€ + 0{,}0417\,€ = -0{,}3293\,€$

Interpretiere den Erwartungswert:

Das Spiel ist nicht fair, du verlierst im Durchschnitt pro Spiel ca. 33 Cent.

2 Spielwürfel

$X = \{-1\text{ Chip}; +3\text{ Chips}\}$

Ergebnisse	Gewinn x_i	$P(X = x_i)$	$x_i \cdot P(X = x_i)$
weiß	-1	$\frac{3}{4}$	$-\frac{3}{4}$
grün	3	$\frac{1}{4}$	$\frac{3}{4}$

$E(X) = -\frac{3}{4} + \frac{3}{4} = 0$

Das Spiel ist fair.

3 Münzen gleichzeitig werfen

a) $X = \{0;1;2;3\}$

b)

Ergebnisse	Gewinn x_i	$P(X = x_i)$	$x_i \cdot P(X = x_i)$
(K;K;K)	0 €	$\frac{1}{8}$	0 €
(Z;K;K), (K;Z;K), (K;K;Z)	1 €	$\frac{3}{8}$	$\frac{3}{8}$ €
(Z;Z;K), (K;Z;Z), (Z;K;Z)	2 €	$\frac{3}{8}$	$\frac{6}{8}$ €
(Z;Z;Z)	3 €	$\frac{1}{8}$	$\frac{3}{8}$ €

$E(X) = 0\,€ + \frac{3}{8}\,€ + \frac{6}{8}\,€ + \frac{3}{8}\,€ = \frac{12}{8}\,€ = 1{,}5\,€$

c) Erwartungswert nach 3-maligem Werfen:

$3 \cdot 1{,}5\,€ = 4{,}5\,€$

Das Spiel ist nicht fair, du verlierst im Durchschnitt 0,5 €.

4 Werfen von zwei Würfeln

a) X: Gewinne x_i in €

Ergebnisse	Gewinn x_i	$P(X = x_i)$	$x_i \cdot P(X = x_i)$
(4;6), (5;5), (5;6), (6;4), (6;5), (6;6) → Anzahl: 6	1,5 €	$\frac{6}{36}$	$\frac{9}{36}$ €
Anzahl: 36 − 6 = 30	−0,5 €	$\frac{30}{36}$	$-\frac{15}{36}$ €

$E(X) = \frac{9}{36}\,€ - \frac{15}{36}\,€ = -\frac{6}{36}\,€ \approx -0{,}17\,€$

Das Spiel ist nicht fair, du verlierst im Durchschnitt ca. 17 Cent.

b) a: Auszahlungsbetrag

Ergebnisse	Gewinn x_i	$P(X = x_i)$	$x_i \cdot P(X = x_i)$
(4;6), (5;5), (5;6), (6;4), (6;5), (6;6) → Anzahl: 6	a − 0,5 €	$\frac{6}{36}$	$\frac{6}{36} \cdot a - \frac{3}{36}$ €
Anzahl: 36 − 6 = 30	−0,5 €	$\frac{30}{36}$	$-\frac{15}{36}$ €

$E(X) = \frac{6}{36}a - \frac{3}{36}\,€ = \frac{6}{36}\,€ \cdot a - \frac{18}{36}\,€$

Damit das Spiel fair ist, muss der Erwartungswert Null sein.

$\frac{6}{36} \cdot a - \frac{18}{36}\,€ = 0 \quad |\cdot 36$

$6 \cdot a - 18\,€ = 0 \quad |+18$

$6 \cdot a = 18\,€ \quad |:6$

$a = 3\,€$

Der Auszahlungsbetrag müsste 3 € sein, damit das Spiel fair ist.

5 Lotterie

a) X: Kosten eines Loses in €

Gewinn x_i	$P(X = x_i)$	$x_i \cdot P(X = x_i)$
10 € − x	0,1	1 € − 0,1x
5 € − x	0,1	0,5 € − 0,1x
1 € − x	0,2	0,2 € − 0,2x
−x	0,6	−0,6x

$E(X) = 1\,€ - 0{,}1x + 0{,}5\,€ - 0{,}1x + 0{,}2\,€ - 0{,}2x - 0{,}6x = 1{,}7\,€ - x$

Da $E(X) = 0$ sein muss, muss $x = 1{,}7\,€$ sein. Die Lose müssten 1,7 € kosten, damit der Lotterie-Veranstalter keinen Verlust macht.

b) $50\,€ : 100 = 0{,}5\,€$

Der Erwartungswert muss also −0,5 € betragen. Dies ist bei einem Preis von 2,2 € pro Los der Fall.

6 Glücksrad beim Schulfest

e: Einsatz pro Runde

Gewinn x_i	$P(X = x_i)$	$x_i \cdot P(X = x_i)$
0 − e	0,4	−0,4e
1 − e	0,3	0,3 − 0,3e
2 − e	0,2	0,4 − 0,2e
4 − e	0,1	0,4 − 0,1e

$E(X) = -0{,}4e + 0{,}3 - 0{,}3e + 0{,}4 - 0{,}2e + 0{,}4 - 0{,}1e = 1{,}1 - e$

Da $E(X) = 0$ sein muss, muss $e = 1{,}1$ sein. Der Einsatz pro Runde muss also 1,1 betragen, damit das Spiel fair ist.

7 Urne

a)

Ergebnisse	Gewinn x_i	$P(X = x_i)$	$x_i \cdot P(X = x_i)$
(r;r)	−10 €	$\frac{2}{90}$	$-\frac{20}{90}$ €
(r;w), (w;r)	−4 €	$\frac{32}{90}$	$-\frac{128}{90}$ €
(w;w)	2 €	$\frac{56}{90}$	$\frac{112}{90}$ €

$E(X) = -\frac{20}{90}\,€ - \frac{128}{90}\,€ + \frac{112}{90}\,€ = -\frac{36}{90}\,€ = -0{,}4\,€$

Der erwartende Verlust pro Spiel beträgt im Schnitt 40 Cent.

b)

Ergebnisse	Gewinn x_i	$P(X = x_i)$	$x_i \cdot P(X = x_i)$
(r;r)	−8 €	$\frac{2}{90}$	$-\frac{16}{90}$ €
(r;w), (w;r)	−3 €	$\frac{32}{90}$	$-\frac{96}{90}$ €
(w;w)	2 €	$\frac{56}{90}$	$\frac{112}{90}$ €

$E(X) = -\frac{16}{90}\,€ - \frac{96}{90}\,€ + \frac{112}{90}\,€ = 0\,€$

8 Glücksspiel

a) $E(X) = -2 \cdot 0{,}3 + (-1) \cdot 0{,}1 + 0 \cdot 0{,}3 + 1 \cdot 0{,}2 + 4 \cdot 0{,}1 =$
$-0{,}6 - 0{,}1 + 0{,}2 + 0{,}4 = -0{,}1$

b) Der Einsatz müsste 2 € − 0,1 €, also 1,90 € sein, damit das Spiel fair ist.

c) $E(X) = 0$

$-2 \cdot 0{,}3 + (-1) \cdot 0{,}1 + 0 \cdot 0{,}3 + x \cdot 0{,}2 + 4 \cdot 0{,}1 = 0$

$-0{,}3 + 0{,}2x = 0$

$0{,}2x = 0{,}3$

$x = 1{,}5$

Der Gewinn von 1 € müsste 1,5 € betragen, damit das Spiel fair ist.

9 Glücksrad

a)

Ergebnisse	Gewinn x_i	$P(X = x_i)$	$x_i \cdot P(X = x_i)$
(blau, blau)	3 €	$\frac{1}{9}$	$\frac{3}{9}$ €
(blau, weiß); (weiß, blau)	0 €	$\frac{4}{9}$	0 €
(weiß, weiß)	−2 €	$\frac{4}{9}$	$-\frac{8}{9}$ €

$E(X) = \frac{3}{9}\,€ + 0\,€ - \frac{8}{9}\,€ = -\frac{5}{9}\,€ = 0{,}\overline{5}\,€$

b) b: Betrag für „2-mal blau"

Ergebnisse	Gewinn x_i	$P(X = x_i)$	$x_i \cdot P(X = x_i)$
(blau, blau)	b − 2 €	$\frac{1}{9}$	$\frac{1}{9}b - \frac{2}{9}$€
(blau, weiß); (weiß, blau)	0 €	$\frac{4}{9}$	0 €
(weiß, weiß)	−2 €	$\frac{4}{9}$	$-\frac{8}{9}$ €

$E(X) = \frac{1}{9}b - \frac{2}{9}\,€ + 0\,€ - \frac{8}{9}\,€ = \frac{1}{9}b - \frac{10}{9}\,€$

Da E(X) = 0 sein muss, muss b = 10 € sein. Der Betrag für „2-mal blau" muss 10 € sein, damit das Spiel fair ist.

10 Schmuggler

a) $P(A) = \frac{2}{5} \cdot \frac{1}{4} = \frac{2}{20} = \frac{1}{10} = 10\,\%$

$P(\overline{B}) = \frac{3}{5} \cdot \frac{2}{4} = \frac{6}{20} = \frac{3}{10}$

$\rightarrow P(B) = 1 - P(\overline{B}) = \frac{7}{10} = 70\,\%$

b) Die Wahrscheinlichkeit, einmal unerkannt durchzukommen, ist $p = \frac{3}{5} \cdot \frac{2}{4} = \frac{6}{20} = \frac{3}{10} = 0{,}3$.
Die Wahrscheinlichkeit, 10-mal unerkannt durchzukommen, ist $0{,}3^{10} \approx 0{,}000006 = 0{,}0006\,\%$.

11 Schulklasse

a) $P(5\,€) = \frac{1}{36} \approx 0{,}02\overline{7} = 2{,}\overline{7}\,\%$

$P(1\,€) = \frac{1}{9} + \frac{1}{4} = \frac{13}{36} \approx 0{,}361\overline{7} = 36{,}1\overline{7}$

$P(0\,€) = 1 - P(5\,€) - P(1\,€) = 1 - \frac{1}{36} - \frac{13}{36} = \frac{11}{18} \approx 0{,}6\overline{1}$
$= 61{,}\overline{1}\,\%$

b) $E(X) = 5 \cdot \frac{1}{36} + \frac{13}{36} = \frac{18}{36} = 0{,}5$

Bei 100 Spielen kann man mit einem Gewinn von ca. $0{,}5 \cdot 100 = 50$ € rechnen.

TRAINING 1

1 Spielwürfel

a) Ereignis A: Die Summe beider Augenzahlen ist größer als 10.
Anzahl möglicher Ereignisse: 36
günstige Ereignisse: (5;6); (6;5); (6;6)
$P(A) = \frac{3}{36} = \frac{1}{12} = 0{,}08\overline{3} = 8{,}\overline{3}\,\%$

b) Ereignis B: Die Augenzahl ist kleiner als 5 und die Augenzahl des zweiten Würfels ist gerade.
Anzahl möglicher Ereignisse: 36
günstige Ereignisse: (1;2); (1;4); (1;6); (2;2); (2;4); (2;6); (3;2); (3;4); (3;6); (4;2); (4;4); (4;6)
Anzahl günstiger Ereignisse: 12
$P(B) = \frac{12}{36} = \frac{1}{3} = 0{,}\overline{3} = 33{,}\overline{3}\,\%$

2 Brettspiel mit Würfeln

a)

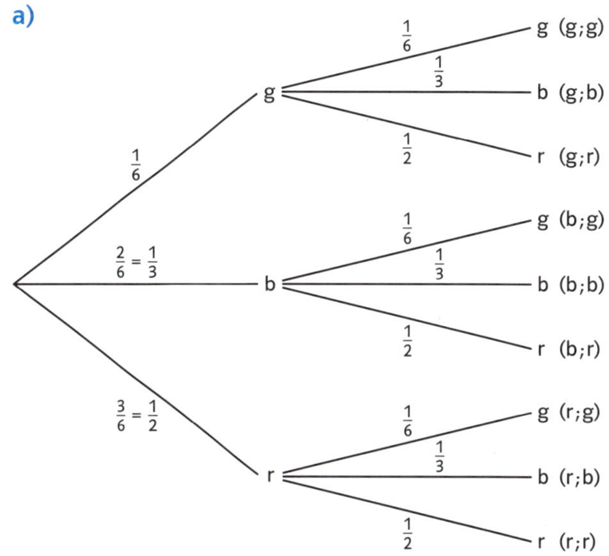

b) E_1: (g;g); (g;b); (b;g); (b;b)
$P(E_1) = \frac{1}{6} \cdot \frac{1}{6} + \frac{1}{6} \cdot \frac{1}{3} + \frac{1}{3} \cdot \frac{1}{6} + \frac{1}{3} \cdot \frac{1}{3} = \frac{1}{36} + \frac{1}{18} + \frac{1}{18} + \frac{1}{9} = \frac{1}{36} + \frac{2}{36}$
$+ \frac{2}{36} + \frac{4}{36} = \frac{9}{36} = \frac{1}{4} = 0{,}25 = 25\,\%$

E_2: (g;r); (b;r); (r;g); (r;b)
$P(E_1) = \frac{1}{6} \cdot \frac{1}{2} + \frac{1}{3} \cdot \frac{1}{2} + \frac{1}{2} \cdot \frac{1}{6} + \frac{1}{2} \cdot \frac{1}{3} = \frac{1}{12} + \frac{1}{6} + \frac{1}{12} + \frac{1}{6} = \frac{2}{12} + \frac{2}{6} = \frac{6}{12}$
$= \frac{1}{2} = 0{,}50 = 50\,\%$

E_3: (g;g); (b;b); (r;r)
$P(E_1) = \frac{1}{6} \cdot \frac{1}{6} + \frac{1}{3} \cdot \frac{1}{3} + \frac{1}{2} \cdot \frac{1}{2} = \frac{1}{36} + \frac{1}{9} + \frac{1}{4} = \frac{1}{36} + \frac{4}{36} + \frac{9}{36} = \frac{14}{36} = \frac{7}{18}$
$= 0{,}3\overline{8} = 38{,}\overline{8}\,\%$

3 Glücksrad

X: Gewinn in €

Ereignis	„2 €"	„3 €"	„4 €"
x_i	−1	0	1
$P(X = x_i)$	$\frac{3}{8}$	$\frac{3}{8}$	$\frac{1}{4}$

$E(X) = -1 \cdot \frac{3}{8} + 0 \cdot \frac{3}{8} + 1 \cdot \frac{1}{4} = -\frac{1}{8}$

Man verliert langfristig im Schnitt $\frac{1}{8}$ €, also ca. 12,5 Cent pro Spiel.

4 Schaltbrett

$P(E_1) = \frac{1}{2} \cdot \frac{1}{2} \cdot \frac{1}{2} \cdot \frac{1}{2} = \frac{1}{16}$

$P(E_2) = \frac{1}{2} \cdot \frac{1}{2} \cdot \frac{1}{2} \cdot 1 = \frac{1}{8}$

$P(E_3) = \frac{1}{2} \cdot 1 \cdot \frac{1}{2} \cdot 1 = \frac{1}{4}$

$P(E_4) = \frac{1}{2} \cdot 1 \cdot 1 \cdot 1 = \frac{1}{2}$

5 Schmuggelgut

a) S = Schmuggelgut
K = kein Schmuggelgut
$P(S) = \frac{1}{4} = \frac{3}{12}$

$P(K) = \frac{3}{4} = \frac{9}{12}$

$P(KKK) = \frac{9}{12} \cdot \frac{8}{11} \cdot \frac{7}{10} = 38{,}18\,\%$

b) E = {(KSK), (SKK), (KKS)}
$P(E) = \frac{9}{12} \cdot \frac{3}{11} \cdot \frac{8}{10} + \frac{3}{12} \cdot \frac{9}{11} \cdot \frac{8}{10} + \frac{9}{12} \cdot \frac{8}{11} \cdot \frac{3}{10} = 49{,}09\,\%$

6 Elektrogeschäft

a) E: Alle Glühbirnen sind in Ordnung
P(„eine Glühbirne ist defekt") = 0,005
P(„eine Glühbirne ist in Ordnung") = 1 − 0,005 = 0,995
$P(E) = (0{,}995)^5 \approx 0{,}9752 = 97{,}52\,\%$

b) F: Mindestens eine Glühbirne ist defekt.
$\overline{F}$: Alle Glühbirnen sind in Ordnung.
$P(F) = 1 - P(\overline{F}) = 1 - P(E) \approx 1 - 0{,}9752 = 0{,}0248 = 2{,}48\,\%$

7 Buchstabenkarten

a)

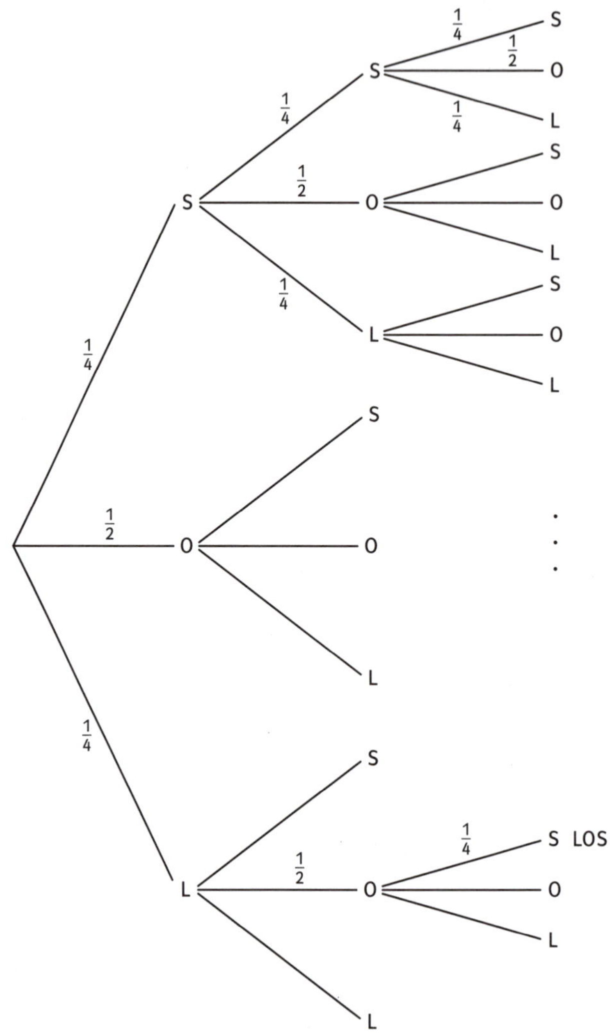

b) $P(LOS) = \frac{1}{4} \cdot \frac{1}{2} \cdot \frac{1}{4} = \frac{1}{32} = 0{,}0313 = 3{,}13\,\%$

8 Würfel mit 30 Seiten

a) A: gewürfelte Zahl ist durch 4 teilbar oder eine Primzahl
Anzahl möglicher Ereignisse: 30
günstige Ereignisse: 2; 3; 4; 5; 7; 8; 11; 12; 13; 16; 17; 19; 20; 23; 24; 28; 29
$P(A) = \frac{17}{30} \approx 0{,}5667 = 56{,}67\,\%$

b) B: erste Zahl ist gerade oder die zweite Zahl ist kleiner als 11

E: erste Zahl ist gerade $\quad P(B) = \frac{15}{30} \cdot 1 = \frac{1}{2}$

F: zweite Zahl ist kleiner als 11 $\quad P(C) = 1 \cdot \frac{10}{30} = \frac{1}{3}$

$B \cup C: \frac{1}{2} \cdot \frac{1}{3} = \frac{1}{6}$

Additionssatz:
$P(B) = (E \cup F) = \frac{1}{2} + \frac{1}{3} - \frac{1}{6} = \frac{2}{3} = 0{,}\overline{6} = 66{,}\overline{6}\,\%$

SCHRITT 8

Das brauchst du wieder

Zwei schwarze Karten: $P(X = ss) = \frac{3}{8} \cdot \frac{2}{7} = \frac{6}{56} \approx 0{,}1071 = 10{,}71\,\%$

Zuerst eine rote, dann eine schwarze Karte:
$P(X = rs) = \frac{5}{8} \cdot \frac{3}{7} = \frac{15}{56} \approx 0{,}2679 = 26{,}79\,\%$

Zuerst eine schwarze, dann eine rote Karte:
$P(X = sr) = \frac{3}{8} \cdot \frac{5}{7} = \frac{15}{56} \approx 0{,}2679 = 26{,}79\,\%$

1 „Du bist dran" aus dem „So geht's"-Kasten

Schreibe das Ergebnis und die Bedingung auf:
Ergebnis: „ungerade Zahl und 1"
Bedingung: ungerade Zahl
Lies aus der Tabelle die Wahrscheinlichkeiten der Ereignisse ab und addiere:
$P(u \cap 1) = 0{,}3$
$P(u) = 0{,}3 + 0{,}3 + 0{,}2 = 0{,}8$
Berechne mithilfe der Formel die bedingte Wahrscheinlichkeit $P_u(1)$:

$P_u(1) = \frac{P(u \cap 1)}{P(u)} = \frac{0{,}3}{0{,}8} = 0{,}375 = 37{,}5\,\%$

2 Baumdiagramm

a)

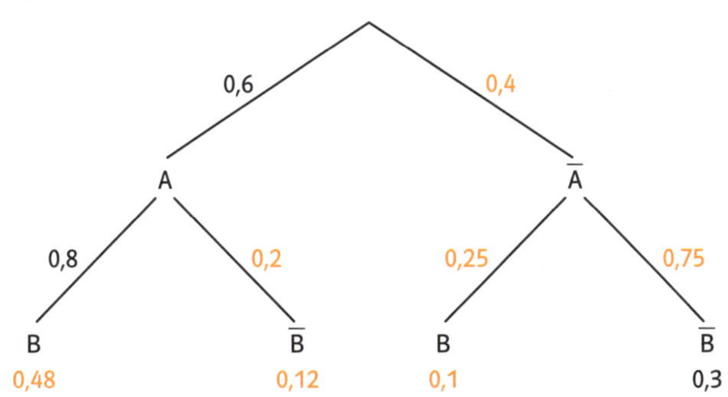

b) $P_A(B) = 0{,}8$ $P_{\overline{A}}(B) = 0{,}25$ $P_A(\overline{B}) = 0{,}2$ $P_{\overline{A}}(\overline{B}) = 0{,}75$

3 Jugendgruppe

R: rothaarig M: Mädchen

$P_M(R) = \frac{P(R \cap M)}{P(M)} = \frac{0{,}15}{0{,}6} = 0{,}25 = 25\,\%$

Die Wahrscheinlichkeit beträgt 25 %.

4 Hochsprung-Wettbewerb

1,90: über 1,90 Meter gesprungen
2,00: über 2 Meter gesprungen

$P_{1,90}(2{,}00) = \frac{P(1{,}90 \cap 2{,}00)}{P(1{,}90)} = \frac{0{,}2}{0{,}8} = 0{,}25 = 25\,\%$

Die Wahrscheinlichkeit beträgt 25 %.

5 Rauchmelder

a) $P_R(S)$: Wahrscheinlichkeit, dass das Signal ertönt, nachdem sich Rauch gebildet hat.
$P_R(\overline{S})$: Wahrscheinlichkeit, dass das Signal nicht ertönt, nachdem sich Rauch gebildet hat.
$P_{\overline{R}}(S)$: Wahrscheinlichkeit, dass das Signal ertönt, ohne das sich vorher Rauch gebildet hat.
b) $P_R(S)$ ist eher groß; $P_R(\overline{S})$ ist eher klein; $P_{\overline{R}}(S)$ ist eher klein.

6 Würfelbecher

G: Beide Zahlen sind gerade.
$P(G) = \frac{9}{36}$
6: Genau eine Zahl ist eine 6.
$P(G \cap 6) = \frac{4}{36}$

$P_G(6) = \frac{\frac{4}{36}}{\frac{9}{36}} = \frac{4}{9} = 0{,}\overline{4} = 44{,}\overline{4}\,\%$

7 Smartphones

a) P („Das Smartphone funktioniert auch noch nach 2 Jahren einwandfrei.") $= \frac{375}{500} = 0{,}75 = 75\,\%$;

b) $P_{2J}(4J) = \frac{P(2J \cap 4J)}{P(2J)} = \frac{P(4J)}{P(2J)} = \frac{255}{375} = 0{,}68 = 68\,\%$;

Anmerkung: Bei diesem Beispiel gilt:
$P(4J) = P(2J \cap 4J)$

SCHRITT 9

Das brauchst du wieder

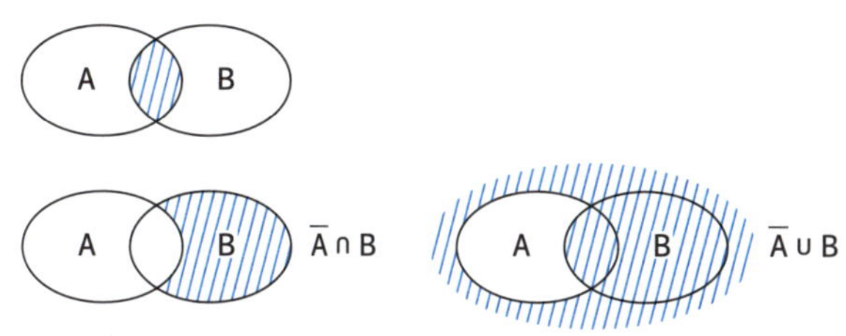

1 „Du bist dran" aus dem „So geht's"-Kasten

Schreibe die Merkmale und ihre Anzahlen auf:
männlich (m) = 225; weiblich (w) = 275
männlich ohne Wirkung $(m \cap \overline{W}) = 120$
weiblich ohne Wirkung $(w \cap \overline{W}) = 80$
Trage die Werte in die Vierfeldertafel ein und ergänze sie:

	W	$\overline{W}$	
m	105	120	225
w	195	80	275
	300	200	500

2 Kursstufe/Instrument

a) 35 Schüler sind Mädchen und spielen ein Blasinstrument.
24 Schüler sind Jungen und spielen ein Streichinstrument.
52 Schüler spielen ein Streichinstrument. Insgesamt sind es 120 Schüler.

b)

	S-I	B-I	
M	28	35	63
J	24	33	57
	52	68	120

c) M: 63 J: 57 B-I: 68 J ∩ B-I: 33

3 Schreibfehler

	S-I	B-I	
A	~~10~~ 6	18	24
$\overline{A}$	12	4	16
	18	22	40

4 Daten eintragen

	A	$\overline{A}$	
B	7	12	19
$\overline{B}$	3	3	6
	10	15	25

5 Obstplantage

a) M: Mehltau; K: Kirchbäume; P: Pfirsichbäume

	K	P	
M	28	12	40
$\overline{M}$	62	58	120
	90	70	160

b) 62 Kirschbäume sind nicht vom Mehltau befallen.

6 „Du bist dran“ aus dem „So geht's“-Kasten

Trage die Prozentzahlen als Dezimalzahlen in die Vierfeldertafel ein und ergänze sie: (M = Mädchen; J = Junge, Th = Theatergruppe, Mu = Musikgruppe)

	Th	Mu	
M	0,4	0,15	0,55
J	0,2	0,25	0,45
	0,6	0,4	1

Lies aus der Vierfeldertafel ab:

a) P(Mu) = 0,4 = 40 %

b) P(J ∩ Mu) = 0,25 = 25 %

7 Vierfeldertafel vervollständigen

	B	$\overline{B}$	
A	0,24	0,1	0,34
$\overline{A}$	0,36	0,3	0,66
	0,6	0,4	1

b) P(A) = 0,34 = 34 %
P(A ∩ B) = 0,24 = 24 %
P($\overline{A}$ ∩ $\overline{B}$) = 0,3 = 30 %

8 Rauchen

a)

	R	$\overline{R}$	
w	58	86	144
m	53	43	96
	111	129	240

b)

	R	$\overline{R}$	
w	0,2417	0,3583	0,6
m	0,2208	0,1792	0,4
	0,4625	0,5375	1

c) (1) P(m) = 0,4 = 40 %
(2) P(m ∩ R) ≈ 0,2208 = 22,08 %
(3) P(w ∩ $\overline{R}$) ≈ 0,3583 = 35,83 %

9 Dorffest

a) F: Fußball; H: Handball; Ho: Hobby-Gruppen; V: Vereine

	F	H	
Ho	10	2	12
V	22	6	28
	32	8	40

b) P(Ho ∩ H) = $\frac{2}{40}$ = 0,05 = 5 %

10 Erhebung über Berufstätigkeit

w: weiblich m: männlich b: berufstätig
P(w) = 0,513 P(m) = 0,487 $P_w(b)$ = 0,534
$P_m(b)$ = 0,672

a) P(w ∩ b) = P(w) · $P_w(b)$ = 0,513 · 0,534 ≈ 0,2739 = 27,39 %
P(m ∩ b) = P(m) · $P_m(b)$ = 0,487 · 0,672 ≈ 0,3273 = 32,73 %

b)

	m	w	
b	0,3273	0,2739	0,6012
$\overline{b}$	0,1597	0,2391	0,3988
	0,487	0,513	1

11 Bürgermeisterwahl

$P(A) = 0{,}425 \quad P(Ü50) = 0{,}556 \quad P_{Ü50}(A) = 0{,}53$

$P(Ü50 \cap A) = P(Ü50) \cdot P_{Ü50}(A) = 0{,}556 \cdot 0{,}53 \approx 0{,}2947 = 29{,}47\,\%$

	A	$\overline{A}$	
Ü50	0,2947	0,2613	0,556
U50	0,1303	0,3137	0,444
	0,425	0,575	1

$P(U50) = 0{,}444 = 44{,}4\,\%$

$P_{U50}(\overline{A}) = \frac{P(U50 \cap \overline{A})}{P(U50)} = \frac{0{,}3137}{0{,}444} \approx 0{,}7065 = 70{,}65\,\%$

SCHRITT 10

Das brauchst du wieder

	B	$\overline{B}$	
A	0,35	0,25	0,6
$\overline{A}$	0,25	0,15	0,4
	0,6	0,4	1

$P(A) = 0{,}6; \quad P(\overline{A} \cap B) = 0{,}25 \quad P(A \cap \overline{B}) = 0{,}25$

$P(\overline{A} \cap \overline{B}) = 0{,}15$

1 „Du bist dran“ aus dem „So geht's“-Kasten

a) Zeichne das Baumdiagramm mit den Wahrscheinlichkeiten, die du aus der Vierfeldertafel ablesen kannst:

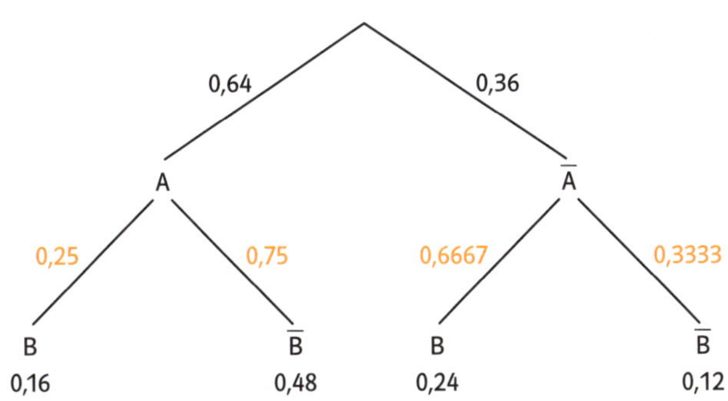

b) Berechne die fehlenden bedingten Wahrscheinlichkeiten und trage sie in das Baumdiagramm ein:

$P_A(B) = \frac{P(A \cap B)}{P(A)} = \frac{0{,}16}{0{,}64} = 0{,}25$

$P_A(\overline{B}) = 1 - P_A(B) = 1 - 0{,}25 = 0{,}75$

$P_{\overline{A}}(B) = \frac{P(\overline{A} \cap B)}{P(\overline{A})} = \frac{0{,}24}{0{,}36} = 0{,}\overline{6} \approx 0{,}6667$

$P_{\overline{A}}(\overline{B}) = 1 - P_{\overline{A}}(B) = 1 - 0{,}\overline{6} = 0{,}\overline{3} \approx 0{,}3333$

2 Vierfeldertafel ergänzen

a)

	B	$\overline{B}$	
A	0,2	0,24	0,44
$\overline{A}$	0,15	0,41	0,56
	0,35	0,65	1

b) $P(A \cap \overline{B}) = 0{,}24 \quad P(\overline{A} \cap B) = 0{,}15 \quad P(\overline{B}) = 0{,}65$

c) $P_{\overline{A}}(B) = \frac{P(\overline{A} \cap B)}{P(\overline{A})} = \frac{0{,}15}{0{,}56} \approx 0{,}2679$

$P_{\overline{B}}(A) = \frac{P(\overline{B} \cap A)}{P(\overline{B})} = \frac{0{,}24}{0{,}65} \approx 0{,}3692 = 36{,}92\,\%$

3 Baumdiagramm aus entsprechendem Vierfeldertafel erstellen

a)

	B	$\overline{B}$	
A	0,07	0,15	0,22
$\overline{A}$	0,33	0,45	0,78
	0,4	0,6	1

b) $P_A(B) = \frac{P(A \cap B)}{P(A)} = \frac{0{,}07}{0{,}22} \approx 0{,}3182$

$P_{\overline{A}}(B) = \frac{P(\overline{A} \cap B)}{P(\overline{A})} = \frac{0{,}33}{0{,}78} \approx 0{,}4231$

c)

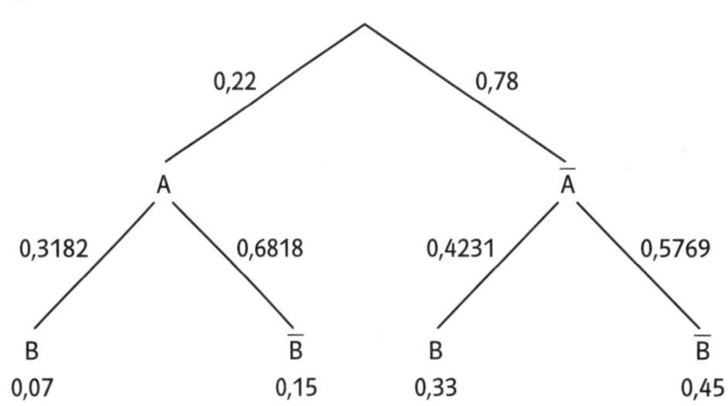

4 Vierfeldertafel aus entsprechendem Baumdiagramm erstellen

a)

	B	$\overline{B}$	
A	0,3	0,4	0,7
$\overline{A}$	0,1	0,2	0,3
	0,4	0,6	1

$P(A) = 0{,}7 \quad P(\overline{A}) = 0{,}3 \quad P(B) = 0{,}4 \quad P(\overline{B}) = 0{,}6$

b)

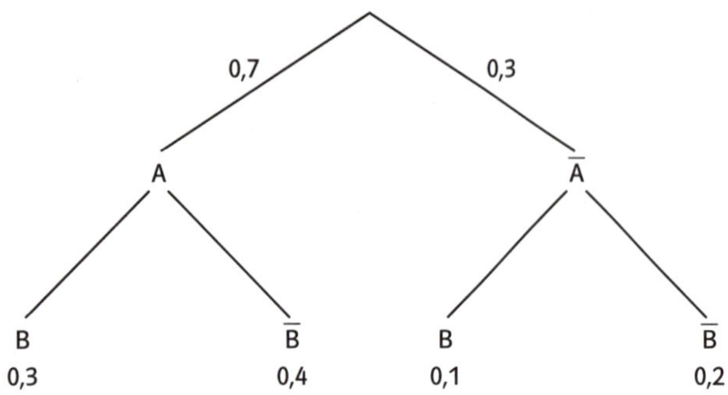

$P_A(B) = \frac{P(A \cap B)}{P(A)} = \frac{0,3}{0,7} \approx 0,4286$

$P_{\overline{A}}(B) = \frac{P(\overline{A} \cap B)}{P(\overline{A})} = \frac{0,1}{0,3} \approx 0,3333$

c)

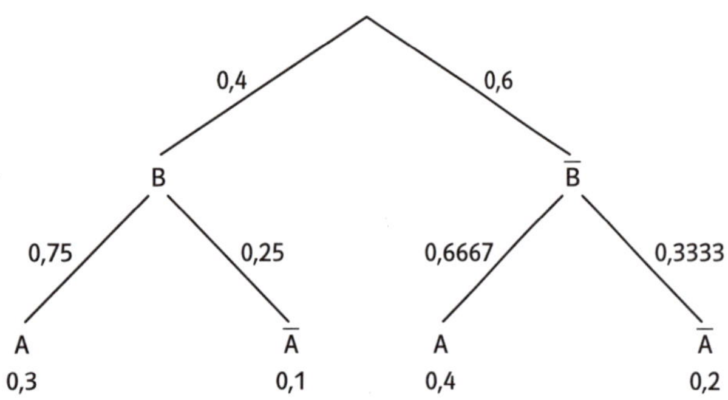

5 Netz mit Bällen

a)

	L (Leder)	K (Kunststoff)	
w (weiß)	6	10	16
b (bunt)	4	5	9
	10	15	25

b) $P(L) = \frac{10}{25} = \frac{2}{5} = 0,4$

c) $P(L \cap b) = \frac{4}{25} = 0,16$

d) $P_L(b) = \frac{P(L \cap b)}{P(L)} = \frac{0,16}{0,4} = 0,4$

e)

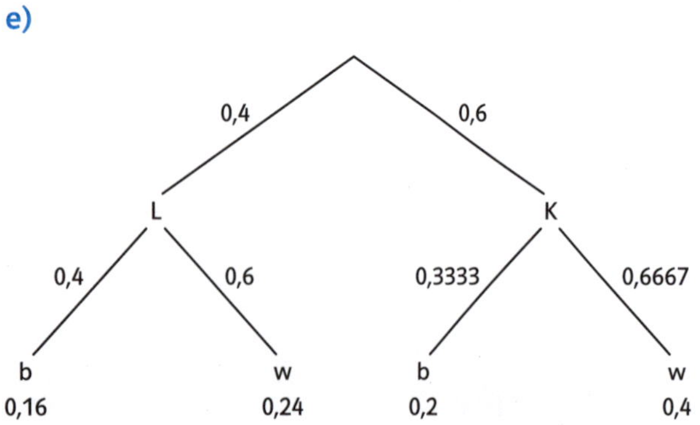

6 Spam

a)

	F − T	$\overline{F-T}$	
S (Spam)	16	20	36
$\overline{S}$ (kein Spam)	2	10	12
	18	30	48

b) $P_{\overline{S}}(F-T) = \frac{P(\overline{S} \cap F-T)}{P(\overline{S})} = \frac{2}{12} = 0,1667$

c) $P_{\overline{F-T}}(S) = \frac{P(\overline{F-T} \cap S)}{P(\overline{F-T})} = \frac{20}{30} = 0,6667$

7 Musikschule

a)

	M (Musik-schule)	A (Außer-halb)	
S (Saxophon)	0,5	0,1	0,6
$\overline{S}$ (kein Saxophon)	0,25	0,15	0,4
	0,75	0,25	1

b) 24 Saxophon-Spieler entsprechen 60 % der Bandmitglieder.
→ 4 Spieler entsprechen 10 % der Bandmitglieder.
→ 40 Spieler entsprechen 100 % der Bandmitglieder.
→ 25 % davon, also 10 Spieler kommen von außerhalb.

c) $P_A(S) = \frac{P(A \cap S)}{P(A)} = \frac{0,1}{0,25} = 0,4$

d)

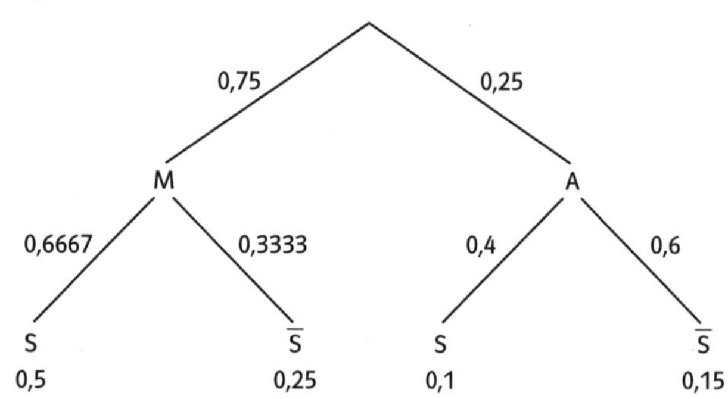

8 Kursstufe Stochastik

a)

	11a	11b	
S (Mögen Stochastik)	10	12	22
$\overline{S}$ (Mögen kein Stochastik)	14	14	28
	24	26	50

b)

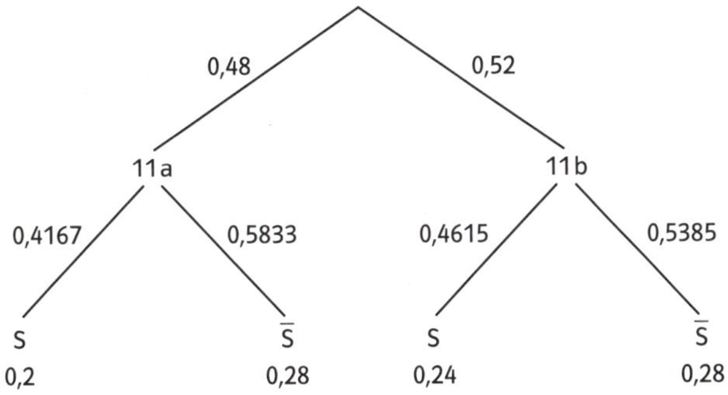

c) In der 11b mögen ca. 46,15 % Stochastik und damit prozentual mehr als in der 11a.

9 Kleinstadt

	m (männlich)	w (weiblich)	
Ü (Über 65)	1800	2000	3800
U (unter 65)	15 000	16 200	31 200
	16 800	18 200	35 000

a) $P(Ü) = \frac{3800}{35000} \approx 0{,}1086$

b) $P_Ü(m) = \frac{P(Ü \cap m)}{P(Ü)} = \frac{1800}{3800} \approx 0{,}4737$

c) $P_m(Ü) = \frac{P(m \cap Ü)}{P(m)} = \frac{1800}{16800} \approx 0{,}1071$

d) $P_w(Ü) = \frac{P(w \cap Ü)}{P(w)} = \frac{2000}{18200} \approx 0{,}1099$

Damit ist der Anteil der über 65-Jährigen bei den Frauen mit ca. 10,99% größer als bei den Männern.

SCHRITT 11

Das brauchst du wieder

$P(A \cap B) = 0{,}8 \cdot 0{,}4 = 0{,}32$

$P(\overline{A}) = 0{,}2$; $P(\overline{A} \cap B) = 0{,}1$; $P_{\overline{A}}(B) = 0{,}1 : 0{,}2 = 0{,}5$

1 „Du bist dran“ aus dem „So geht's“-Kasten

Notiere die Wahrscheinlichkeiten:

Mädchen = A; Jungen = $\overline{A}$; Musikinstrument = B;

kein Musikinstrument = $\overline{B}$

$P(A) = 0{,}45$; $P(\overline{A}) = 1 - 0{,}45 = 0{,}55$

$P_A(B) = 0{,}6$; $P_{\overline{A}}(B) = 0{,}5$

Berechne die totale Wahrscheinlichkeit:

$P(B) = P(A \cap B) + P(\overline{A} \cap B)$

$= P(A) \cdot P_A(B) + P(\overline{A}) \cdot P_{\overline{A}}(B)$

$= 0{,}45 \cdot 0{,}6 + 0{,}55 \cdot 0{,}5$

$= 0{,}27 + 0{,}275 = 0{,}545 = 54{,}5\,\%$

54,5 % aller Kinder spielen ein Musikinstrument.

2 Fehlende Wahrscheinlichkeiten ergänzen

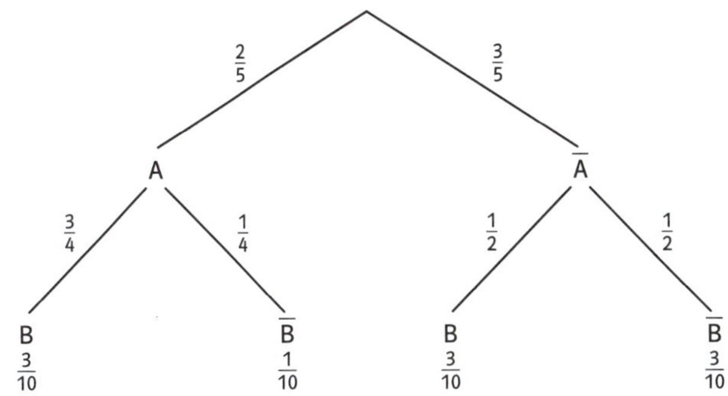

$P(B) = P(A \cap B) + P(\overline{A} \cap B) = 0{,}3 + 0{,}3 = 0{,}6$

$P(\overline{B}) = 1 - 0{,}6 = 0{,}4$

3 Kurssprecher

$P(K1) = 0{,}35$ $\quad P(K2) = 0{,}7$

W: Wahlberechtigt $\quad \overline{W}$: Nicht wahlberechtigt

$P_{K1}(W) = 0{,}54$ $\quad P_{K2}(W) = 0{,}46$

$P(W) = P(K1) \cdot P_{K1}(W) + P(K2) \cdot P_{K2}(W) = 0{,}35 \cdot 0{,}54 + 0{,}7 \cdot 0{,}46 = 0{,}511$

Esther ist von 51,1 % aller Wahlberechtigten gewählt worden.

4 Gemeinde

KFZ: KFZ-Führerschein $\quad \overline{KFZ}$: Keinen KFZ – Führerschein

M: Motorrad-Führerschein $\quad \overline{M}$: Keinen Motorrad-Führerschein

$P(KFZ) = 0{,}9$ $\quad P(\overline{KFZ}) = 0{,}1$ $\quad P_{KFZ}(M) = 0{,}15$

$P_{\overline{KFZ}}(M) = 0{,}25$

$P(M) = P(KFZ) \cdot P_{KFZ}(M) + P(\overline{KFZ}) \cdot P_{\overline{KFZ}}(M) = 0{,}9 \cdot 0{,}15 + 0{,}1 \cdot 0{,}25 = 0{,}16$

Die Wahrscheinlichkeit, dass ein Bewohner, den ich zufällig treffe, den Motorrad-Führerschein besitzt, beträgt 16 %.

5 Grippewelle

M: Männer $\quad$ F: Frauen $\quad$ K: Krank $\quad \overline{K}$: Nicht Krank

$P(M) = 0{,}52$ $\quad P(F) = 1 - 0{,}52 = 0{,}48$

$P_M(K) = 0{,}034$ $\quad P_F(K) = 0{,}009$

$P(K) = P(M) \cdot P_M(K) + P(F) \cdot P_F(K) = 0{,}52 \cdot 0{,}034 + 0{,}48 \cdot 0{,}009 = 0{,}022$

2,2 % aller Personen sind erkrankt.

6 Baumdiagramm

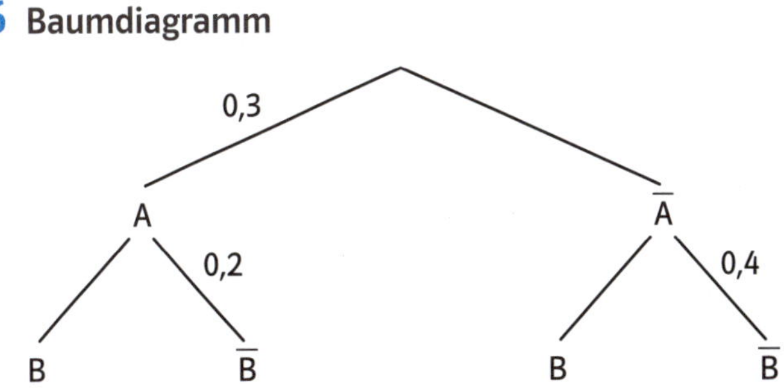

$P(B) = 0{,}3 \cdot 0{,}8 + 0{,}7 \cdot 0{,}6 = 0{,}66 = 66\,\%$

7 Kartenstapel

R: Rot S: Schwarz A: Ass K: König

$P(R) = \frac{2}{3}$ $P_R(A) = \frac{3}{4}$ $P_S(A) = \frac{1}{2}$

a) $P(A) = P(R) \cdot P_R(A) + P(S) \cdot P_S(A) = \frac{2}{3} \cdot \frac{3}{4} + \frac{1}{3} \cdot \frac{1}{2} = \frac{2}{3}$

Die Wahrscheinlichkeit, ein Ass zu ziehen, ist $\frac{2}{3}$.

b) Es müssen immer doppelt so viele Asse wie Könige sein, also z. B. 4 Asse, 2 Könige.

8 Gymnasium

G: Gymnasium

EG: Elternteil hat das Gymnasium besucht

$P(G) = 0{,}52$ $P_G(EG) = 0{,}63$ $P_{\overline{G}}(EG) = 0{,}22$

$P_G(\overline{EG}) = 1 - P_G(EG) = 1 - 0{,}63 = 0{,}37$

$P_{\overline{G}}(\overline{EG}) = 1 - P_{\overline{G}}(EG) = 1 - 0{,}22 = 0{,}78$

$P(\overline{EG}) = P(G) \cdot P_G(\overline{EG}) + P(\overline{G}) \cdot P_{\overline{G}}(\overline{EG}) = 0{,}52 \cdot 0{,}37 + 0{,}48 \cdot 0{,}78 = 0{,}5668 = 56{,}68\,\%$

Die Wahrscheinlichkeit, ein Elternteil anzutreffen, das nicht auf dem Gymnasium war, ist ca. 56,68 %.

SCHRITT 12

Das brauchst du wieder

$P_A(B) = \frac{\frac{1}{4}}{\frac{1}{3}} = \frac{3}{4}$; $P(\overline{A}) = \frac{2}{3}$; $P_{\overline{A}}(B) = \frac{\frac{3}{5}}{\frac{2}{3}} = \frac{9}{10}$

$P(B) = P(A) \cdot P_A(B) + P(\overline{A}) \cdot P_{\overline{A}}(B) =$

$\frac{1}{3} \cdot \frac{3}{4} + \frac{2}{3} \cdot \frac{9}{10} = \frac{3}{12} + \frac{18}{30} = \frac{17}{20}$

1 „Du bist dran" aus dem „So geht's"-Kasten

Schreibe die beiden Ergebnisse und ihre Wahrscheinlichkeiten auf:

$P(S1) = \frac{1}{2}$; $P(S2) = \frac{1}{2}$

1. Ergebnis: S1 und schwarz

$P(S1 \cap s) = \frac{1}{2} \cdot \frac{1}{5} = \frac{1}{10}$

2. Ergebnis: S2 und schwarz

$P(S2 \cap s) = \frac{1}{2} \cdot \frac{3}{5} = \frac{3}{10}$

Bestimme die totale Wahrscheinlichkeit, eine schwarze Karte zu ziehen:

$P(s) = P(S1 \cap s) + P(S2 \cap s) = \frac{1}{10} + \frac{3}{10} = \frac{4}{10}$

Berechne mit der Regel von Bayes die bedingte Wahrscheinlichkeit $P_s(S2)$:

$P_s(S2) = \frac{P(S2 \cap s)}{P(s)} = \frac{\frac{3}{10}}{\frac{4}{10}} = \frac{3}{4}$

2 Fehlende Wahrscheinlichkeiten ergänzen

a)

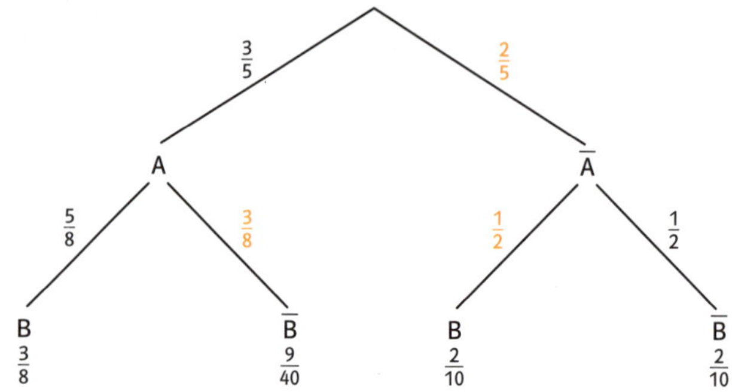

$P(B) = \frac{3}{8} + \frac{2}{10} = \frac{23}{40}$ $P(\overline{B}) = 1 - P(B) = \frac{17}{40}$

b) $P_B(A) = \frac{\frac{3}{8}}{\frac{23}{40}} = \frac{15}{23}$ $P_B(\overline{A}) = \frac{\frac{2}{10}}{\frac{23}{40}} = \frac{8}{23}$ oder

$P_B(\overline{A}) = 1 - P_B(A) = 1 - \frac{15}{23} = \frac{8}{23}$

3 Spielwürfel

$P_1(W2) = \frac{P(W2 \cap 1)}{P(W1) \cdot P_{W1}(1) + P(W2) \cdot P_{W2}(1)} = \frac{\frac{1}{2} \cdot \frac{3}{6}}{\frac{1}{2} \cdot \frac{2}{6} + \frac{1}{2} \cdot \frac{3}{6}} = \frac{3}{5}$

4 Urne

a) $P_{blau}(U1) = \frac{P(U1 \cap blau)}{P(U1) \cdot P_{U1}(blau) + P(U2) \cdot P_{U2}(blau)} =$

$\frac{\frac{1}{2} \cdot \frac{5}{8}}{\frac{1}{2} \cdot \frac{5}{8} + \frac{1}{2} \cdot \frac{4}{6}} = \frac{15}{31}$

b) $P_{blau}(U2) = \frac{P(U2 \cap blau)}{P(U1) \cdot P_{U1}(blau) + P(U2) \cdot P_{U2}(blau)} =$

$\frac{\frac{1}{2} \cdot \frac{4}{6}}{\frac{1}{2} \cdot \frac{5}{8} + \frac{1}{2} \cdot \frac{4}{6}} = \frac{16}{31}$

Man stellt fest: $P_{blau}(U2) = 1 - P_{blau}(U1)$

5 Kindergarten

a) $P(\overline{S} \cap KG)$

Jemand ist Nichtschwimmer und im Kindergarten.

b) $P_{\overline{S}}(GS)$

Jemand, der Nichtschwimmer ist, ist in der Grundschule.

c) $P(KG)$

Jemand ist im Kindergarten.

d) $P_{KG}(S)$

Jemand, der im Kindergarten ist, ist Schwimmer.

6 Filmpremiere

Ü40: Über 40 U40: Unter 40 G: Fanden den Film gut

$\overline{G}$: Fanden den Film nicht gut

a) $P(G) = P(Ü40 \cap G) + P(U40 \cap G) = 0{,}35 \cdot 0{,}2 + 0{,}65 \cdot 0{,}6 = 0{,}46$

b) $P_G(Ü40) = \frac{P(Ü40 \cap G)}{P(G)} = \frac{0{,}35 \cdot 0{,}2}{0{,}46} = 0{,}1522$

7 Schornsteinfeger

H: Heizung entspricht den Vorschriften.

$\overline{H}$: Heizung entspricht nicht den Vorschriften.

Ü10: Heizung ist älter als 10 Jahre.

U10: Heizung ist nicht älter als 10 Jahre.

a) $P(Ü10) = P(H \cap Ü10) + P(\overline{H} \cap Ü10)$
$= 0{,}04 + 0{,}15 \cdot 0{,}8 = 0{,}16$

b) $P_{Ü10}(\overline{H}) = \frac{P(\overline{H} \cap Ü10)}{P(Ü10)} = \frac{0{,}15 \cdot 0{,}8}{0{,}16} = 0{,}75$

c) $P_{\overline{H}}(Ü10) = \frac{P(\overline{H} \cap Ü10)}{P(\overline{H})} = \frac{0{,}15 \cdot 0{,}8}{0{,}15} = 0{,}8$

8 Brauerei

A: 0,5 Liter Flaschen
B: $\frac{1}{3}$ Liter Flaschen
D: Defekte Verschlüsse
$\overline{D}$: Funktionierende Verschlüsse

$P(A) = 0{,}75 \quad P(B) = 1 - 0{,}75 = 0{,}25$

$P(B \cap D) = 0{,}25 \cdot 0{,}05 = 0{,}0125$

Da $P(D) = P(B \cap D) + P(A \cap D)$ und $P(D) = 0{,}02$ ist, folgt

$P(A \cap D) = 0{,}02 - 0{,}0125 = 0{,}0075$

$P_A(D) = \frac{P(A \cap D)}{P(A)} = \frac{0{,}0075}{0{,}75} = 0{,}01$

SCHRITT 13

Das brauchst du wieder

$A \cap B = \{2;4\}$

$A \cap B = \{1;3;21\}$

1 „Du bist dran" aus dem „So geht's"-Kasten

Schreibe die Ergebnisse und ihre Wahrscheinlichkeiten auf:

$A = \{4;5;6\} \quad P(A) = \frac{3}{6} = \frac{1}{2}$

$B = \{2;4;6\} \quad P(B) = \frac{3}{6} = \frac{1}{2}$

Bilde das Produkt der beiden Wahrscheinlichkeiten:

$P(A) \cdot P(B) = \frac{1}{2} \cdot \frac{1}{2} = \frac{1}{4}$

Schreibe die Schnittmenge und ihre Wahrscheinlichkeit auf:

$A \cap B = \{4;6\} \; P(A \cap B) = \frac{2}{6} = \frac{1}{3}$

Vergleiche die beiden Ergebnisse:

$P(A \cap B) = \frac{1}{3} \neq P(A) \cdot P(B)$

Das heißt: A und B sind stochastisch abhängig.

2 Baumdiagramm ergänzen

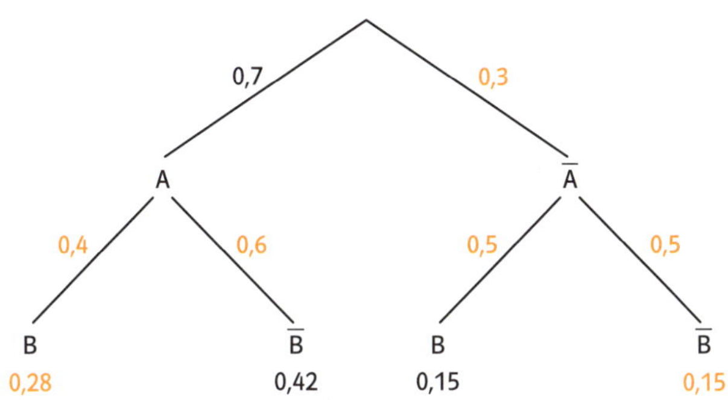

$P(A) = 0{,}7 \quad P(B) = 0{,}28 + 0{,}15 = 0{,}43$

$P_A(B) = 0{,}4$

A und B sind stochastisch abhängig.

3 Baumdiagramm ergänzen

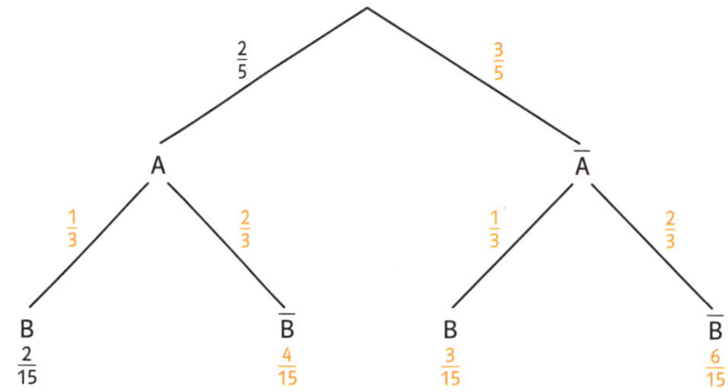

Die $\frac{3}{15}$ wurde so gewählt, dass die Summe von $\frac{2}{15}$ und der Zahl, also insgesamt $P(B)$ gleich $\frac{5}{15} = \frac{1}{3}$, also $P_A(B)$ ist.

4 Betriebssport

$P(S) = \frac{160}{400} = 0{,}4 \quad P(l) = \frac{240}{400} = 0{,}6$

$P(S) \cdot P(l) = 0{,}24 \quad P(S \cap l) = \frac{96}{400} = 0{,}24$

Damit sind die beiden Ereignisse stochastisch unabhängig.

5 Vierfeldtafel ergänzen

	B	$\overline{B}$	
A	0,2	0,2	0,4
$\overline{A}$	0,3	0,3	0,6
	0,5	0,5	1

Es muss gelten: $P(A) \cdot P(B) = P(A \cap B)$, also

$0{,}4 \cdot 0{,}5 = 0{,}2$

6 Urne

P („rote Kugel beim 1. Zug") $= \frac{10}{16} = \frac{5}{8}$

P („keine rote Kugel beim 3. Zug") $= \frac{6}{16} = \frac{3}{8}$

P („rote Kugel beim 1. Zug") · P („keine rote Kugel beim 3. Zug") $= \frac{5}{8} \cdot \frac{3}{8} = \frac{15}{64}$

P („rote Kugel beim 1. Zug ∩ keine rote Kugel beim 3. Zug) $= \frac{5}{8} \cdot 1 \cdot \frac{3}{8} = \frac{15}{64}$

Beide Ereignisse sind stochastisch unabhängig.

7 Zwei Würfel

$P(A) = \frac{6}{36} = \frac{1}{6} \quad P(B1) = \frac{14}{36} = \frac{7}{18} \quad P(B2) = \frac{16}{36} = \frac{4}{9}$

$P(A) \cdot P(B1) = \frac{1}{6} \cdot \frac{7}{18} = \frac{7}{108} \quad P(A \cap B1) = \frac{2}{36} = \frac{1}{18}$

A und B1 sind stochastisch abhängig.

$P(A) \cdot P(B2) = \frac{1}{6} \cdot \frac{4}{9} = \frac{2}{27} \quad P(A \cap B2) = \frac{2}{36} = \frac{1}{18}$

A und B2 sind stochastisch abhängig.

8 Volleyball

V: Ein Mädchen spielt Volleyball.

$\overline{V}$: Ein Mädchen spielt nicht Volleyball.

b: blond $\quad \overline{b}$: nicht blond

$P(V) = 0{,}3 \quad P(b) = 0{,}65 \quad P(V) \cdot P(b) \doteq 0{,}195$

$P(V \cap b) + P(\overline{V} \cap b) = P(b)$

$P(V \cap b) + 0{,}315 = 0{,}65$

$P(V \cap b) = 0{,}335$

Die Haarfarbe ist stochastisch abhängig davon, ob ein Mädchen Volleyball spielt.

9 Fitness-Studio

M: Frau Müller ist im Fitness-Studio.
$\overline{M}$: Frau Müller ist nicht im Fitness-Studio.
S: Frau Schmidt ist im Fitness-Studio.
$\overline{S}$: Frau Schmidt ist nicht im Fitness-Studio.

a)

	M	$\overline{M}$	
S	0,5	0,1	0,6
$\overline{S}$	0,3	0,1	0,4
	0,8	0,2	1

Antwort: Beide Damen sind zu 50 % im Fitness-studio.

b) Abgelesene Werte:
$P(\overline{M}) = 0{,}2 \quad P(\overline{S}) = 0{,}4 \quad P(\overline{M} \cap \overline{S}) = 0{,}1$
$P(\overline{M}) \cdot P(\overline{S}) = 0{,}2 \cdot 0{,}4 = 0{,}08 \neq 0{,}1$
Das Nicht-Erscheinen der beiden Damen ist stochastisch unabhängig.

10 Fahrrad

F: Noah nimmt das Fahrrad.
$\overline{F}$: Noah nimmt nicht das Fahrrad.
S: Noah kommt zu spät.
$\overline{S}$: Noah kommt nicht zu spät.

	F	$\overline{F}$	
S	0,15	0,05	0,2
$\overline{S}$	0,65	0,15	0,8
	0,8	0,2	1

$P(F) = 0{,}8 \quad P(S) = 0{,}2 \quad P(F) \cdot P(S) = 0{,}16 \quad P(F \cap S) = 0{,}15$
Das Fahren mit dem Fahrrad und das Zu-spät-Kommen sind stochastisch abhängig.

TRAINING 2

1 Bedingte Wahrscheinlichkeit berechnen

a)
$P_A(B) = \frac{P(A \cap B)}{P(A)} = \frac{\frac{40}{200}}{\frac{50}{200}} = \frac{4}{5} = 0{,}8 = 80\,\%$

$P_B(A) = \frac{P(A \cap B)}{P(B)} = \frac{\frac{40}{200}}{\frac{140}{200}} = \frac{2}{7} \approx 0{,}286 = 28{,}6\,\%$

$P_B(\overline{A}) = \frac{P(\overline{A} \cap B)}{P(B)} = \frac{\frac{100}{200}}{\frac{150}{200}} = \frac{5}{7} \approx 0{,}714 = 71{,}4\,\%$

$P_{\overline{A}}(\overline{B}) = \frac{P(\overline{A} \cap \overline{B})}{P(\overline{A})} = \frac{\frac{50}{200}}{\frac{150}{200}} = \frac{5}{15} = \frac{1}{3} = 0{,}\overline{3} = 33{,}\overline{3}\,\%$

b)
$P_A(B) = \frac{P(A \cap B)}{P(A)} = \frac{0{,}4}{0{,}6} = \frac{2}{3} = 0{,}\overline{6} = 66{,}\overline{6}\,\%$

$P_B(A) = \frac{P(A \cap B)}{P(B)} = \frac{0{,}4}{0{,}7} = \frac{4}{7} = 0{,}5714 = 57{,}14\,\%$

$P_B(\overline{A}) = \frac{P(\overline{A} \cap B)}{P(B)} = \frac{0{,}3}{0{,}7} = \frac{3}{7} = 0{,}4286 = 42{,}86\,\%$

$P_{\overline{A}}(\overline{B}) = \frac{P(\overline{A} \cap \overline{B})}{P(\overline{A})} = \frac{0{,}1}{0{,}4} = \frac{1}{4} = 0{,}25 = 25\,\%$

2 Vierfeldertafel

a) blau
b) rot

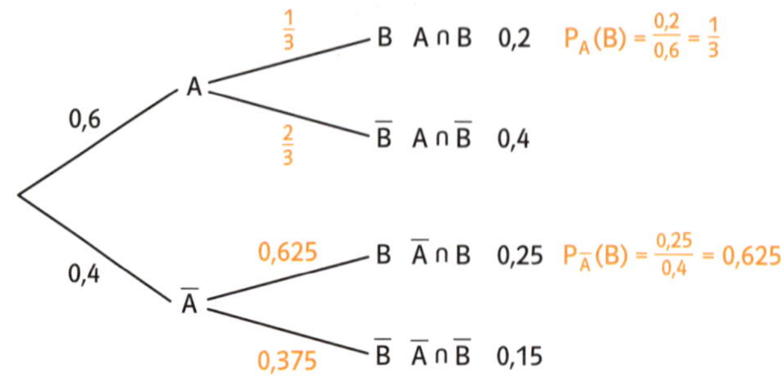

3 Schule

S1: Sekundarstufe 1 S2: Sekundarstufe 2

	AG	$\overline{AG}$	
S1	200	400	600
S2	40	160	200
	240	560	800

$P(S1) = \frac{600}{800} = \frac{3}{4} \quad P(AG) = \frac{240}{800} = \frac{3}{10}$

$P(S1) \cdot P(AG) = \frac{3}{4} \cdot \frac{3}{10} = \frac{9}{40}$

$P(S1 \cap AG) = \frac{200}{800} = \frac{1}{4}$

→ Die Ereignisse S1 („geht in die Sekundarstufe 1") und AG („besucht eine AG") sind voneinander abhängig.

4 Bürgermeisterwahl

a)

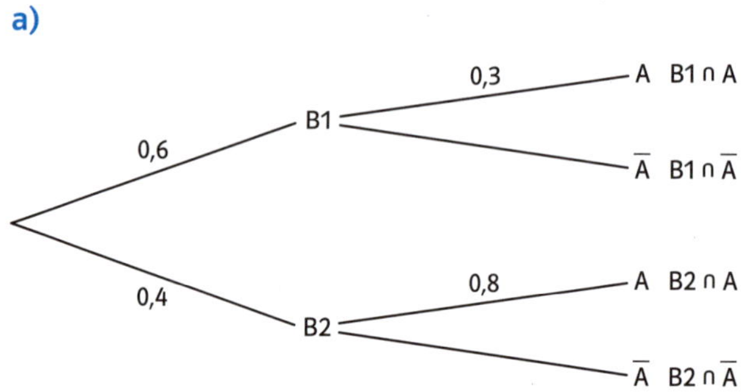

b) $P(A) = P(B1 \cap A) + P(B2 \cap A)$
$= 0{,}6 \cdot 0{,}3 + 0{,}4 \cdot 0{,}8 = 0{,}5 = 50\,\%$
Er hat insgesamt 50 % der Stimmen erhalten.

5 Kartenstapel

A: Ziehung einer roten Karte
$\overline{A}$: Ziehung keiner roten Karte
B: Ziehung vom Stapel 1
$\overline{B}$: Ziehung vom Stapel 2
$P(A) = P(B) \cdot P_B(A) + P(\overline{B}) \cdot P_{\overline{B}}(A) = \frac{1}{2} \cdot \frac{1}{2} + \frac{1}{2} \cdot 1 = \frac{1}{4} + \frac{1}{2} = \frac{3}{4}$
Freund A hat also Recht.

6 Theater- und Musicalstück

T: Kannten das Theaterstück
$\overline{T}$: Kannten das Theaterstück nicht
M: Kannten das Musicalstück
$\overline{M}$: Kannten das Musicalstück nicht

$P(\overline{T}) = 0{,}68$
$P(\overline{T} \cap \overline{M}) = 0{,}6 \rightarrow P(\overline{T} \cap M) = P(\overline{T}) - P(\overline{T} - \overline{M})$
$= 0{,}68 - 0{,}6 = 0{,}08$
$P_{\overline{T}}(M) = \frac{0{,}8}{0{,}68} = \frac{2}{17} \approx 0{,}1176 = 11{,}76\,\%$

7 Zeitungsartikel
S: Zu schnelles Fahren
$\overline{S}$: Kein zu schnelles Fahren
U25: Personen unter 25 Jahren
Ü25: Personen über 25 Jahren
a)

	S	$\overline{S}$	
U25	0,24	0,44	0,68
Ü25	0,12	0,20	0,32
	0,36	0,64	1

b) $P(Ü25 \cap S) = 0{,}12 = 12\,\%$
c) $P_{Ü25}(\overline{S}) = \frac{0{,}2}{0{,}32} = 0{,}625 = 62{,}5\,\%$

SCHRITT 14

Das brauchst du wieder
$3! = 3 \cdot 2 \cdot 1 = 6 \quad 6! = 6 \cdot 5 \cdot 4 \cdot 3 \cdot 2 \cdot 1 = 720$

1 „Du bist dran" aus dem „So geht's"-Kasten
Notiere die Zufallsgröße und alle Daten des Zufallsexperiments:
X: Anzahl gerader Ergebnisse;
Es liegt eine Bernoulli-Kette vor mit $n = 5$; $k = 3$ und p = konstant.
Schreibe die Ergebnisse von Treffer und Niete und deren Wahrscheinlichkeiten auf:
$T = \{2; 4; 6\}$; $P(T) = \frac{3}{6} = \frac{1}{2}$
$N = \{1; 3; 5\}$; $P(N) = \frac{3}{6} = \frac{1}{2}$
Bestimme die Anzahl der Möglichkeiten für 3 Treffer:
Anzahl $= \binom{5}{3} = \frac{5!}{3! \cdot 2!} = \frac{5 \cdot 4 \cdot \cancel{3} \cdot \cancel{2} \cdot \cancel{1}}{\cancel{3} \cdot \cancel{2} \cdot \cancel{1} \cdot 2 \cdot 1} = \frac{20}{2} = 10$
Berechne die Wahrscheinlichkeit:
$P(X = 3) = \binom{5}{3} \cdot \left(\frac{1}{2}\right)^3 \cdot \left(\frac{1}{2}\right)^2 = 10 \cdot \frac{1}{8} \cdot \frac{1}{4} = \frac{10}{32} = \frac{5}{16} = 31{,}25\,\%$

2 Binomialkoeffizienten
$\binom{3}{2} = \frac{3!}{2! \cdot 1!} = \frac{3 \cdot \cancel{2} \cdot \cancel{1}}{\cancel{2} \cdot \cancel{1} \cdot 1} = 3$; $\binom{4}{3} = \frac{4!}{3! \cdot 1!} = \frac{4 \cdot \cancel{3} \cdot \cancel{2} \cdot \cancel{1}}{\cancel{3} \cdot \cancel{2} \cdot \cancel{1} \cdot 1} = 4$;
$\binom{4}{2} = \frac{4!}{2! \cdot 2!} = \frac{4 \cdot 3 \cdot \cancel{2} \cdot \cancel{1}}{2 \cdot 1 \cdot \cancel{2} \cdot \cancel{1}} = 6$; $\binom{4}{1} = \frac{4!}{1! \cdot 3!} = \frac{4 \cdot \cancel{3} \cdot \cancel{2} \cdot \cancel{1}}{1 \cdot \cancel{3} \cdot \cancel{2} \cdot \cancel{1}} = 4$;
$\binom{5}{2} = \frac{5!}{2! \cdot 3!} = \frac{5 \cdot 4 \cdot \cancel{3} \cdot \cancel{2} \cdot \cancel{1}}{2 \cdot 1 \cdot \cancel{3} \cdot \cancel{2} \cdot \cancel{1}} = 10$

3 Bernoulli-Formel mit dem Taschenrechner
a) $P(X = 3) \approx 0{,}0425$
b) $P(X = 5) \approx 0{,}2007$
c) $P(X = 7) \approx 0{,}2150$

4 LED-Leuchten
X: Anzahl defekter Leuchten;
Es liegt eine Bernoulli-Kette vor mit $n = 100$ und $p = 0{,}02$.
a) $P(X = 2) = \binom{100}{2} \cdot (0{,}02)^2 \cdot (0{,}98)^{98} \approx 0{,}2734$
b) $P(X = 1) = \binom{100}{1} \cdot (0{,}02)^1 \cdot (0{,}98)^{99} \approx 0{,}2707$
c) $P(X = 5) = \binom{100}{5} \cdot (0{,}02)^5 \cdot (0{,}98)^{95} \approx 0{,}0353$
$P(X = 0) = \binom{100}{0} \cdot (0{,}02)^0 \cdot (0{,}98)^{100} \approx 0{,}1326$
Es ist wahrscheinlicher, dass keine LED-Leuchte defekt ist, als dass 5 defekt sind.

5 Bernoulli-Kette: Ja oder nein?
a) Es gibt zwei mögliche Ergebnisse, „Treffer" oder „Fehlwurf". Die Wahrscheinlichkeit beider Ergebnisse bleibt beim mehrmaligem Durchführen gleich. Es handelt sich daher um eine Bernoulli-Kette.
X: Anzahl Treffer; $n = 20$; $p = 0{,}7$
b) Es gibt zwei mögliche Ergebnisse, „Pasch" oder „kein Pasch".
Die Wahrscheinlichkeit beider Ergebnisse bleibt bei mehrmaligem Durchführen gleich. Es handelt sich daher um eine Bernoulli-Kette.
X: Anzahl Pasche; $n = 20$; $p = \frac{1}{6}$
c) Es gibt zwei mögliche Ergebnisse, „lebt mit nur einem Elternteil" oder „lebt mit beiden Elternteilen". Die Wahrscheinlichkeit beider Ergebnisse ändert sich aber je nach Zusammensetzung der Klasse. Es handelt sich daher nicht um eine Bernoulli-Kette.

6 Dodekaeder

A: $n = 10$; $k = 3$; $p = \frac{1}{12}$;	$P(X = 3) \approx 0{,}0378$
B: $n = 10$; $k = 7$; $p = \frac{1}{2}$;	$P(X = 7) \approx 0{,}1172$
C: $n = 10$; $k = 5$; $p = \frac{4}{12}$;	$P(X = 5) \approx 0{,}1366$
D: $n = 10$; $k = 6$; $p = \frac{5}{12}$;	$P(X = 6) \approx 0{,}1272$

7 Glücksrad mit 12 Sektoren
a) Da man nur die beiden Ergebnisse „weiß" und „nicht weiß" (blau und rot) betrachtet, kann man hier ein Bernoulli-Experiment annehmen.
b) X: Anzahl weißer Treffer;
Es liegt eine Bernoulli-Kette vor mit $n = 5$; $k = 2$ und $p = \frac{1}{4}$.
$P(X = 2) = \binom{5}{2} \cdot \left(\frac{1}{4}\right)^2 \cdot \left(\frac{3}{4}\right)^3 = 10 \cdot \frac{1}{16} \cdot \frac{27}{64} \approx 0{,}2637$
c) A: Man erhält bei 10 Versuchen genau 3-mal einen roten Sektor.
B: Man erhält bei 10 Versuchen genau 5-mal einen blauen Sektor.

8 Pokerkartenspiel
a) Ein mögliches Ergebnis lautet:
A: Man erhält beim Ziehen von 10 Karten genau 6 rote Karten.
b) Ein mögliches Ergebnis lautet:
B: Man erhält beim Ziehen von 10 Karten genau 3 Herz-Karten.
c) Ein mögliches Ergebnis lautet:
C: Man erhält bei Ziehen von 5 Karten genau 1 Ass-Karte.

SCHRITT 15

Das brauchst du wieder

$n = 5;\ p = 0{,}4 \qquad P(X = 1) = \binom{5}{1} \cdot 0{,}4 \cdot 0{,}6^4 = 0{,}2592$

$n = 7;\ p = \frac{1}{3} \qquad P(X = 4) = \binom{7}{4} \cdot \left(\frac{1}{3}\right)^4 \cdot \left(\frac{2}{3}\right)^3 \approx 0{,}1280$

$P(X = 5) = \binom{7}{5} \cdot \left(\frac{1}{3}\right)^5 \cdot \left(\frac{2}{3}\right)^2 \approx 0{,}0384$

$P(X = 0) = \binom{7}{0} \cdot \left(\frac{2}{3}\right)^7 \approx 0{,}0585$

1 „Du bist dran" aus dem „So geht's"-Kasten

Berechne mit dem Taschenrechner die Wahrscheinlichkeiten für alle Treffer:

Treffer k	P(X = k)
0	0,1317
1	0,3292
2	0,3292
3	0,1646
4	0,0412
5	0,0041

Trage die Werte in ein Histogramm ein:

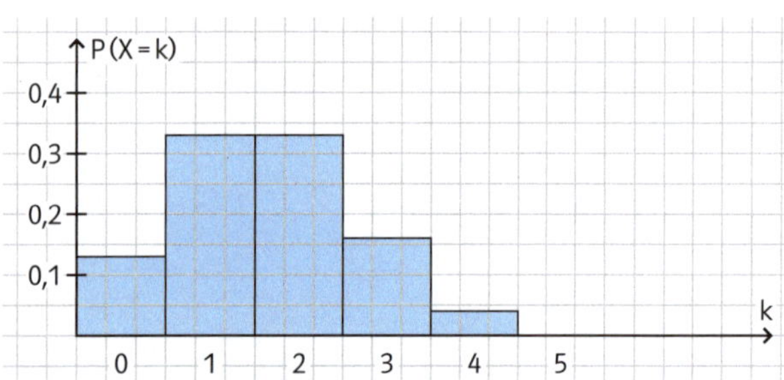

2 Werte von Binomialverteilungen berechnen

a) $B_{4;\,0{,}5}(1) = 0{,}25$

b) $B_{4;\,0{,}4}(2) = 0{,}3456$

c) $B_{3;\,0{,}8}(3) = 0{,}512$

d) $B_{5;\,0{,}2}(0) = 0{,}32768$

e) $B_{5;\,0{,}6}(3) = 0{,}3456$

3 Histogramme zeichnen

a) Wertetabelle und Histogramm der Binomialverteilung:

Treffer k	P(X = k)
0	0
1	0,0001
2	0,0014
3	0,0090
4	0,0368
5	0,1029
6	0,2001
7	0,2668
8	0,2335
9	0,1211
10	0,0282

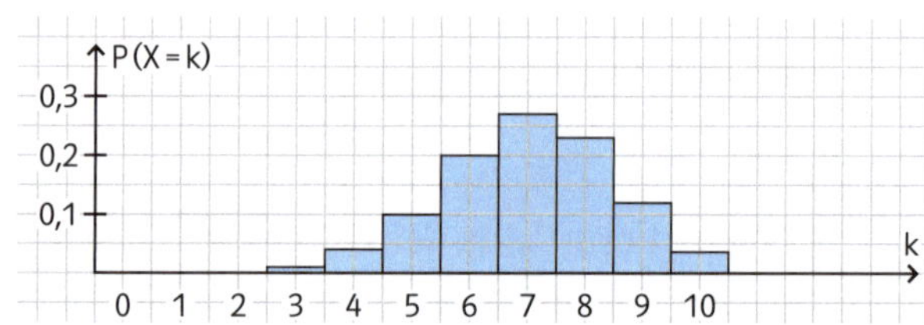

b) Wertetabelle und Histogramm der Binomialverteilung:

Treffer k	P(X = k)
0	0,1681
1	0,3602
2	0,3087
3	0,1323
4	0,0284
5	0,0024

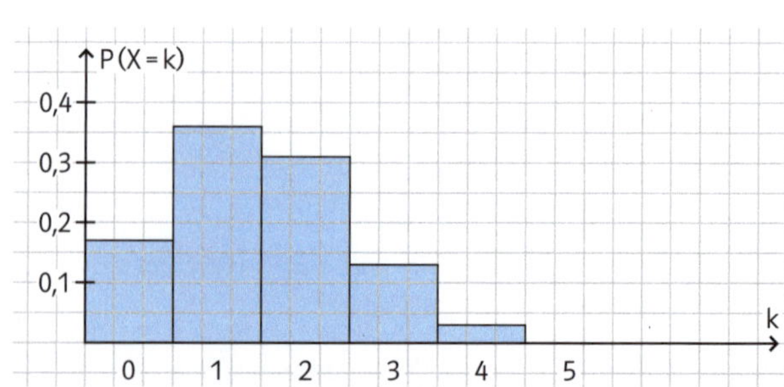

c) Wertetabelle und Histogramm der Binomialverteilung:

Treffer k	P(X = k)
0	0,0156
1	0,0938
2	0,2344
3	0,3125
4	0,2344
5	0,0938
6	0,0156

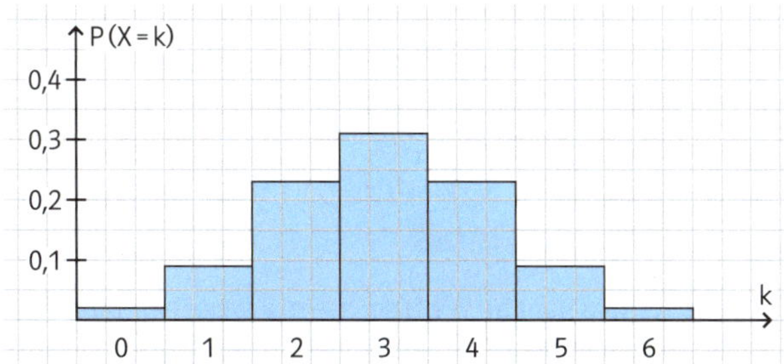

4 Reißnagel Aufgabe

X: Anzahl Reißnägel auf glatter Fläche;
Es liegt eine Bernoulli-Kette vor mit n = 10 und p = 0,4.
Wertetabelle und Histogramm der Binomialverteilung:

Treffer k	P(X = k)
0	0,0060
1	0,0403
2	0,1209
3	0,2150
4	0,2508
5	0,2007
6	0,1115
7	0,0425
8	0,0106
9	0,0016
10	0,0001

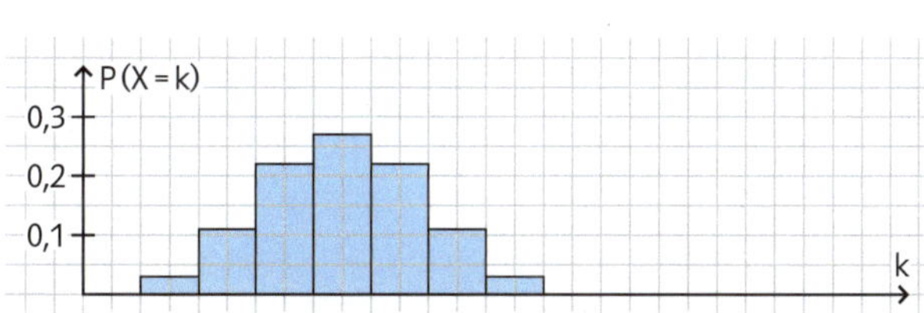

5 Würfel-Aufgabe

a) X: Augenzahl 6;
Es liegt eine Bernoulli-Kette vor mit n = 6 und $p = \frac{1}{6}$.
Wertetabelle und Histogramm der Binomialverteilung:

Treffer k	P(X=k)
0	0,3349
1	0,4019
2	0,2009
3	0,0536
4	0,0080
5	0,0006
6	0

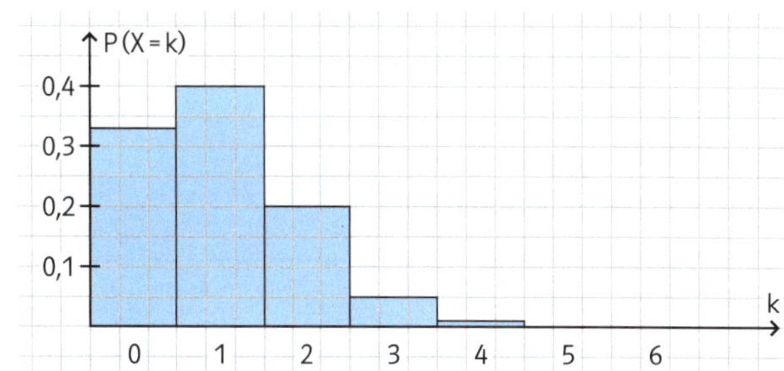

b) X: Augenzahl 1 oder 6;
Es liegt eine Bernoulli-Kette vor mit n = 6 und $p = \frac{1}{3}$.
Wertetabelle und Histogramm der Binomialverteilung:

Treffer k	P(X = k)
0	0,0878
1	0,2634
2	0,3292
3	0,2195
4	0,0823
5	0,0165
6	0,0014

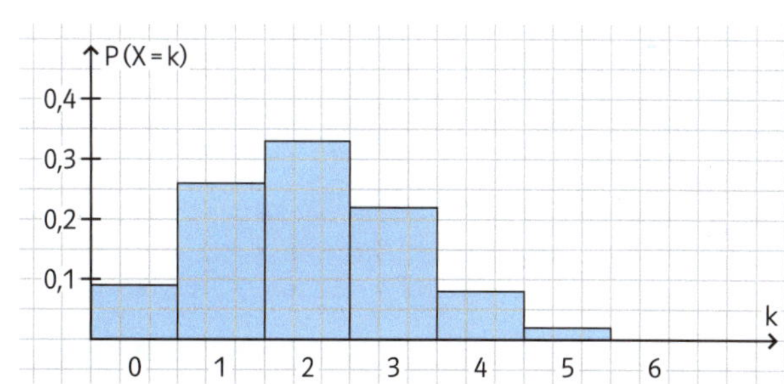

c) X: Ungerade Augenzahl;
Es liegt eine Bernoulli-Kette vor mit $n = 6$ und $p = \frac{1}{2}$.
Wertetabelle und Histogramm der Binomialverteilung:

Treffer k	P(X = k)
0	0,0156
1	0,0938
2	0,2344
3	0,3125
4	0,2344
5	0,0938
6	0,0156

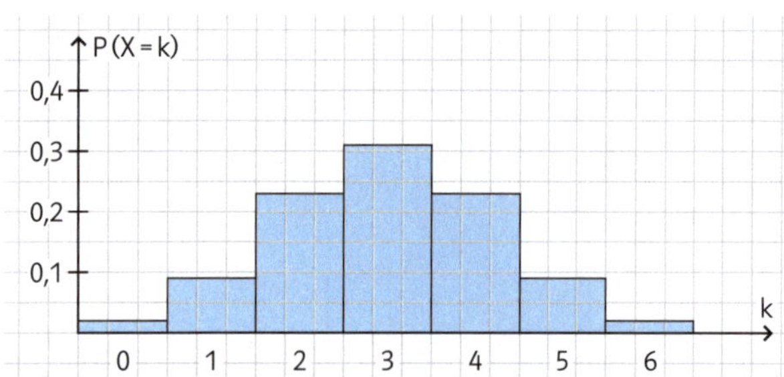

6 Münzwurf

a) Wertetabelle und Histogramm der Binomialverteilung:

Treffer k	P(X = k)
0	0,0039
1	0,0313
2	0,1094
3	0,2188
4	0,2734
5	0,2188
6	0,1094
7	0,0313
8	0,0039

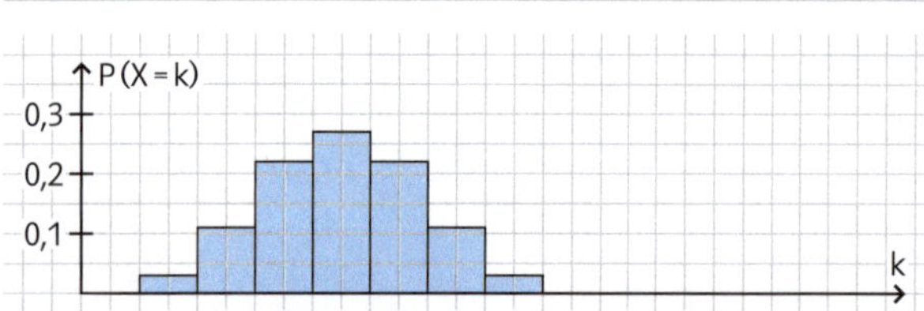

b) Das Histogramm ist achsensymmetrisch, da die Trefferwahrscheinlichkeit bei einer Münze 50 % beträgt.

7 Diagramme zuordnen

Diagramm 1 → B
Diagramm 2 → C
Diagramm 3 → A

SCHRITT 16

Das brauchst du wieder

höchstens vier Schüler bedeutet: 0, 1, 2, 3 oder 4 Schüler
mindestens 8 von 10 Schülern bedeutet: 8, 9, oder 10 Schüler
mindestens 5, aber höchstens 9 Schülerinnen bedeutet: 5, 6, 7, 8 oder 9 Schülerinnen

1 „Du bist dran" aus dem „So geht's"-Kasten

Schreibe alle Ergebnisse der Ereignisse mit deren Wahrscheinlichkeiten auf:
$P(E) = P(X \leq 1) = P(X = 0) + P(X = 1) = 0{,}02 + 0{,}12 = 0{,}14$
$P(F) = P(X \geq 2) = P(X = 2) + P(X = 3) + P(X = 4) = 0{,}3 + 0{,}38 + 0{,}18 = 0{,}86$

2 Kumulierte Wahrscheinlichkeiten mit Werten aus einer Tabelle

a) $P(X \leq 2) = P(X = 0) + P(X = 1) + P(X = 2) = 0{,}02 + 0{,}09 + 0{,}21 = 0{,}32$
b) $P(X < 5) = P(X \leq 4) = P(X = 0) + P(X = 1) + P(X = 2) + P(X = 3) + P(X = 4) = 0{,}85$
c) $P(X > 4) = P(X \geq 5) = P(X = 5) + P(X = 6) + P(X = 7) = 0{,}15$
d) $P(X \geq 2) = P(X = 2) + P(X = 3) + P(X = 4) + P(X = 5) + P(X = 6) + P(X = 7) = 0{,}89$ oder $P(X \geq 2) = 1 - P(X \leq 1) = 1 - (P(X = 0) + P(X = 1)) = 1 - 0{,}11 = 0{,}89$
e) $P(2 \leq X \leq 4) = P(X = 2) + P(X = 3) + P(X = 4) = 0{,}74$
f) $P(3 < X < 7) = P(4 \leq X \leq 6) = P(X = 4) + P(X = 5) + P(X = 6) = 0{,}39$

3 Kumulierte Wahrscheinlichkeiten mit Werten aus einem Histogramm

a) $P(X = 3) = 0{,}24$
b) $P(X \leq 3) = P(X = 0) + P(X = 1) + P(X = 2) + P(X = 3) \approx 0 + 0{,}02 + 0{,}1 + 0{,}24 = 0{,}36$
c) $P(X \geq 4) = P(X = 4) + P(X = 5) + P(X = 6) \approx 0{,}33 + 0{,}24 + 0{,}07 = 0{,}64$
d) $P(3 \leq X \leq 5) = P(X = 3) + P(X = 4) + P(X = 5) \approx 0{,}24 + 0{,}33 + 0{,}24 = 0{,}81$
e) $P(0 < X < 4) = P(1 \leq X \leq 3) = P(X = 1) + P(X = 2) + P(X = 3) \approx 0{,}02 + 0{,}1 + 0{,}24 = 0{,}36$

4 Kumulierte Wahrscheinlichkeiten mit dem Taschenrechner

a) $P(X \leq 6) \approx 0{,}8281$
b) $P(X \leq 5) \approx 0{,}8042$
c) $P(X \geq 32) = 1 - P(X \leq 31) \approx 0{,}9845$
d) $P(X \geq 26) = 1 - P(X \leq 25) \approx 0{,}4465$
e) $P(15 \leq X \leq 20) = P(X \leq 20) - P(X \leq 14) = 0{,}5574$
f) $P(25 < X < 35) = P(26 \leq X \leq 34) = P(X \leq 34) - P(X \leq 25) \approx 0{,}8465$

5 Münzwurf

X: Anzahl Würfe mit Ergebnis Zahl;
Es liegt eine Bernoulli-Kette vor mit $n = 100$ und $p = 0{,}5$.
a) $P(X = 50) \approx 0{,}0796 = 7{,}96\,\%$
b) $P(X \leq 50) \approx 0{,}5398 = 53{,}98\,\%$
c) $P(X \geq 50) = 1 - P(X \leq 49) \approx 0{,}5398 = 53{,}98\,\%$
d) $P(X < 60) = P(X \leq 59) \approx 0{,}9716 = 97{,}16\,\%$
e) $P(X > 60) = P(X \geq 61) = 1 - P(X \leq 60) \approx 0{,}0176 = 1{,}76\,\%$
f) $P(45 < X < 55) = P(46 \leq X \leq 54) = P(X \leq 54) - P(X \leq 45) \approx 0{,}6318 = 63{,}18\,\%$

6 Blumenzwiebeln

a) X: Anzahl rotblühender Zwiebeln;
Es liegt eine Bernoulli-Kette vor mit $n = 6$ und $p = 0{,}4$.
$P(X \leq 5) \approx 0{,}9959$
b) X: Anzahl gelbblühender Zwiebeln;
Es liegt eine Bernoulli-Kette vor mit $n = 6$ und $p = 0{,}3$.
$P(X \geq 3) = 1 - P(X \leq 2) \approx 0{,}2557$
c) X: Anzahl blaublühender Zwiebeln;
Es liegt eine Bernoulli-Kette vor mit $n = 6$ und $p = 0{,}3$.
$P(1 \leq X \leq 4) = P(X \leq 4) - P(X = 0) \approx 0{,}8714$

7 Überraschungseier

X: Anzahl Figuren;
Es liegt eine Bernoulli-Kette vor mit $n = 8$ und $p = \frac{1}{3}$.
a) $P(X \leq 4) \approx 0{,}9121$
b) $P(X \geq 4) = 1 - P(X \leq 3) \approx 0{,}2586$
c) $P(1 \leq X \leq 5)\ P = (X \leq 5) - P(X = 0) \approx 0{,}9413$

8 Brennen von CDs

X: defekte CDs;
Es liegt eine Bernoulli-Kette vor mit $n = 10$ und $p = 0{,}05$.
$P(X \leq 3) \approx 0{,}9990$
Die Wahrscheinlichkeit, dass höchstens drei defekt sind, liegt bei 99,9 %.

9 Kätzchen

X: männliche Kätzchen;
Es liegt eine Bernoulli-Kette vor mit $n = 4$ und $p = 0{,}54$.
$P(X \geq 2) = 1 - P(X \leq 1) \approx 0{,}7450$
Die Wahrscheinlichkeit für mindestens zwei männliche Kätzchen liegt bei 74,5 %.

10 Tombola

X: Gewinne;
Es liegt eine Bernoulli-Kette vor mit $p = 0{,}3$.
a) $n = 5$: $P(X \geq 2) = 1 - P(X \leq 1) \approx 0{,}4718$
Bei 5 Losen beträgt die gesuchte Wahrscheinlichkeit 47,18 %.
b) $n = 10$: $P(X \geq 2) = 1 - P(X \leq 1) \approx 0{,}8507$
Bei 10 Losen beträgt die gesuchte Wahrscheinlichkeit 85,07 %.

11 Ungleichungen

a) Die Ungleichung ist korrekt, denn da die kumulierte Wahrscheinlichkeit $P(X \leq 11)$ ein k mehr umfasst, ist sie größer als $P(X \leq 10)$.
b) Die Ungleichung ist nicht korrekt, denn da die kumulierte Wahrscheinlichkeit $P(X > 10)$ ein k mehr umfasst, ist sie größer als $P(X > 11)$.
c) Nicht entscheidbar, da zwar beide Bereiche gleich groß sind, aber je nach Auswahl der Werte p und n entweder der eine oder der andere Bereich eine größere Wahrscheinlichkeit hat.
d) Die Ungleichung ist korrekt, denn $1 - P(X \leq 10) = P(X \geq 11)$ umfasst ein k weniger als $P(X \geq 10)$.

12 Aussagen über Binomialverteilung

a) Die Aussage ist korrekt, denn wenn die Anzahl n der Versuche zunimmt, vergrößert sich der Bereich von k + 1 bis n Treffern und damit wird die Wahrscheinlichkeit des Bereichs von 0 bis k Treffern kleiner.
b) Die Aussage ist korrekt, denn wenn die Anzahl n der Versuche zunimmt, vergrößert sich der Bereich von k bis n Treffern und damit wird die Wahrscheinlichkeit dieses Bereichs ebenfalls größer.

13 Roulette-Spiel

$A \to 3$; $C \to 1$; $B \to 1$

14 Parkplätze

X: Mitarbeiter, die mit dem Auto kommen;
Es liegt eine Bernoulli-Kette vor mit $n = 78$ und $p = \frac{1}{3}$.
a) Es ist noch ein Parkplatz vorhanden, wenn 25 oder weniger Mitarbeiter mit dem Auto gekommen sind.
$P(X \leq 25) \approx 0{,}4575$
Die Wahrscheinlichkeit, dass es noch einen freien Parkplatz gibt, liegt bei 45,75 %.
b) Gleiche Voraussetzungen wie in a), aber mit neuer Versuchsanzahl $n = 76$.
$P(X \leq 25) \approx 0{,}5216$
Die Wahrscheinlichkeit liegt bei 52,16 % und ist damit größer als 50 %.

SCHRITT 17

Das brauchst du wieder

$P(X = 13) \approx 0{,}0703$	$P(X = 14) \approx 0{,}0874$
$P(X = 15) \approx 0{,}1002$	$P(X = 16) \approx 0{,}1065$
$P(X = 17) = 0{,}1052$	$P(X = 18) = 0{,}0971$

1 „Du bist dran" aus dem „So geht's"-Kasten

Notiere die Zufallsgröße und alle benötigten Daten:

X: Anzahl Dreier = $\{0, 1, \dots, 15\}$

X ist binomialverteilt mit $n = 15$ und $p = \frac{1}{6}$.

$1 - p = 1 - \frac{1}{6} = \frac{5}{6}$

Setze die Werte in die Formeln ein:

$E(X) = 15 \cdot \frac{1}{6} = 2{,}5$

$\sigma = \sqrt{15 \cdot \frac{1}{6} \cdot \frac{5}{6}} \approx 1{,}443$

Bestimme die Wahrscheinlichkeiten in der σ-Umgebung von E(X). Zeichne ein Histogramm und markiere die σ-Umgebung:

$E(X) - \sigma = 2{,}5 - 1{,}443 = 1{,}057$

$E(X) + \sigma = 2{,}5 + 1{,}443 = 3{,}943$

Die gesuchten Trefferzahlen sind 2 und 3.

$P(X = 2) \approx 0{,}2726$

$P(X = 3) \approx 0{,}2363$

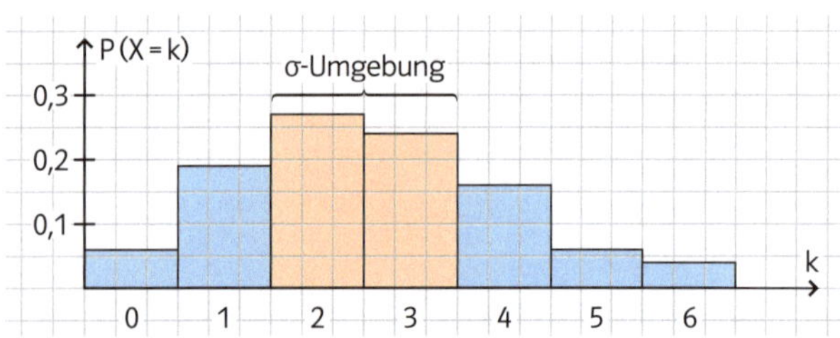

2 Zusätzliche Wahrscheinlichkeiten in der 2σ-Umgebung

a)

$E(X) - 2\sigma \approx 5 - 2 \cdot 2{,}041 = 0{,}918$

$E(X) + 2\sigma \approx 5 + 2 \cdot 2{,}041 = 9{,}082$

$P(X = 1) \approx 0{,}0253$

$P(X = 2) \approx 0{,}0733$

$P(X = 8) \approx 0{,}0631$

$P(X = 9) \approx 0{,}0309$

(Alle restlichen Wahrscheinlichkeiten in der 2σ-Umgebung entsprechen denen aus dem Beispiel.)

b) $P(1 \le X \le 9) = P(X \le 9) - P(X = 0) \approx 0{,}9761$

In dieser Umgebung liegen also 97,61 % aller Treffer.

3 Vergleich von Binomialverteilungen

a) $B_{120;\,0,4}$: $E(X) = 120 \cdot 0{,}4 = 48$

$B_{80;\,0,6}$: $E(X) = 80 \cdot 0{,}6 = 48$

b) $B_{120;\,0,4}$: $P(46 \le X \le 50) = P(X \le 50) - P(X \le 45) \approx 0{,}3585$

Im Intervall liegen 35,85 % aller Ergebnisse.

$B_{80;\,0,6}$: $P(46 \le X \le 50) = P(X \le 50) - P(X \le 45) \approx 0{,}4314$

Im Intervall liegen 43,14 % aller Ergebnisse.

4 Histogramme vergleichen

a) $B_{10;\,0,4}$ ist binomialverteilt mit $n = 10$ und $p = 0{,}4$ und $(1 - p) = 0{,}6$.

$E(X) = 10 \cdot 0{,}4 = 4$

$\sigma = \sqrt{10 \cdot 0{,}4 \cdot 0{,}6} \approx 1{,}549$

$E(X) - \sigma = 4 - 1{,}549 \approx 2{,}451$

$E(X) + \sigma = 4 + 1{,}549 \approx 5{,}549$

$P(X = 3) \approx 0{,}2150$

$P(X = 4) \approx 0{,}2508$

$P(X = 5) \approx 0{,}2007$

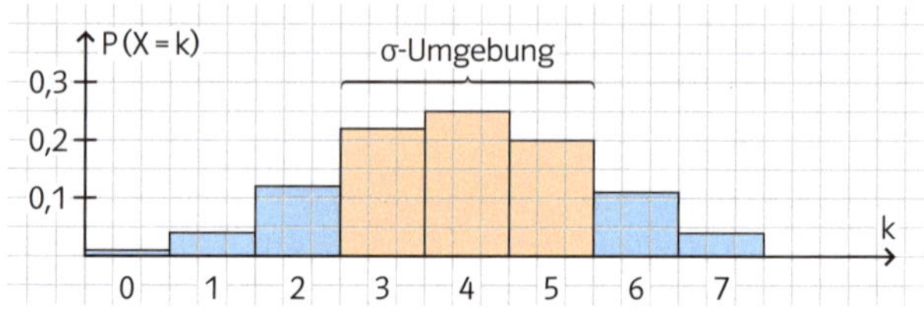

Restliche Wahrscheinlichkeiten zum Zeichnen des Histogramms:

$P(X = 0) \approx 0{,}0060$; $P(X = 1) \approx 0{,}0403$; $P(X = 2) \approx 0{,}1209$

$P(X = 6) \approx 0{,}1115$; $P(X = 7) \approx 0{,}0425$

b) $B_{20;\,0,2}$ ist binomialverteilt mit $n = 20$ und $p = 0{,}2$ und $(1 - p) = 0{,}8$.

$E(X) = 20 \cdot 0{,}2 = 4$

$\sigma = \sqrt{20 \cdot 0{,}2 \cdot 0{,}8} \approx 1{,}789$

$E(X) - \sigma = 4 - 1{,}789 \approx 2{,}211$

$E(X) + \sigma = 4 + 1{,}789 \approx 5{,}789$

$P(X = 3) \approx 0{,}2054$

$P(X = 4) \approx 0{,}2182$

$P(X = 5) \approx 0{,}1746$

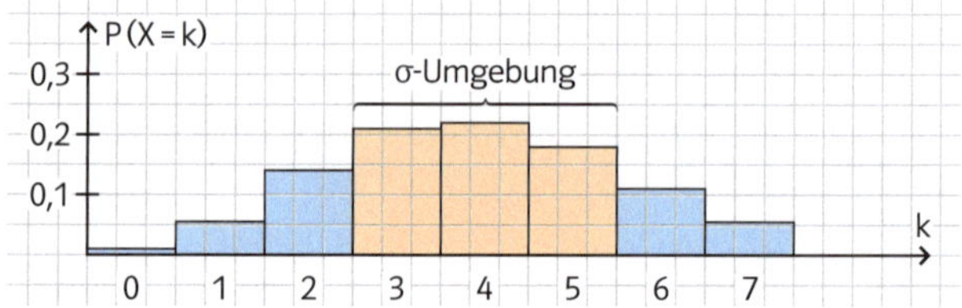

Restliche Wahrscheinlichkeiten zum Zeichnen des Histogramms:

$P(X = 0) \approx 0{,}0115$; $P(X = 1) \approx 0{,}0576$; $P(X = 2) \approx 0{,}1369$

$P(X = 6) \approx 0{,}1091$; $P(X = 7) \approx 0{,}0545$

Vergleicht man beide Histogramme, so fällt auf, dass diese recht ähnlich sind, obwohl sie zu unterschiedlichen Binomialverteilungen gehören. Das liegt daran, dass sie den gleichen Erwartungswert und die gleiche σ-Umgebung haben.

5 Erwartungswert, Standardabweichung und Bestimmung einer Umgebung

a) $E(X) = 100 \cdot 0{,}6 = 60$

$\sigma = \sqrt{100 \cdot 0{,}6 \cdot 0{,}4} \approx 4{,}899$

b) $E(X) - \sigma \approx 60 - 4{,}899 = 55{,}101$

$E(X) + \sigma \approx 60 + 4{,}899 = 64{,}899$

Innerhalb des Intervalls liegen die Trefferzahlen bei $56 \le k \le 64$.

c) $P(56 \le X \le 64) = P(X \le 64) - P(X \le 55) \approx 0{,}6416$
Es liegen 64,16 % aller Ergebnisse in diesem Intervall.
d) $P(53 \le X \le 67) = P(X \le 67) - P(X \le 52) \approx 0{,}8747$
$P(52 \le X \le 68) = P(X \le 68) - P(X \le 51) \approx 0{,}9179$
Die gesuchte Umgebung ist $[E(X) - 8; E(X) + 8]$.

6 n und p aus Histogrammen ablesen

Für n = 6 und p = 0,4 ist der Erwartungswert
$E(X) = 6 \cdot 0{,}4 = 2{,}4$.
Dazu passt das Histogramm B.
In Histogramm C ist die höchste Säule bei k = 3, was auch dem Erwartungswert entspricht und das Histogramm ist symmetrisch. Damit ist p = 0,5 und n = 6.
In Histogramm A ist ebenfalls n = 6. Die höchste Säule liegt bei k = 4. Geht man daher von E(X) = 4 als Erwartungswert aus, so erhält man $p = \frac{4}{6} = \frac{2}{3}$.

7 Zuordnen mit dem Erwartungswert

Die drei Erwartungswerte lauten:
A: $E(X) = 3 \cdot 0{,}3 = 0{,}9$
B: $E(X) = 8 \cdot 0{,}5 = 4$
C: $E(X) = 8 \cdot 0{,}4 = 3{,}2$
Da der Erwartungswert im Histogramm auf oder neben der höchsten Säule liegt, ist C die passende Binomialverteilung.

8 Binomialverteilung, Erwartungswert, Begründen

a) $E(X) = 20 \cdot 0{,}4 = 8$
b) $P(X \le 8) \approx 0{,}5956$
Beim Erwartungswert liegt der größte Wert der Binomialverteilung. Die Summe der rechts und links davon liegenden Wahrscheinlichkeiten ist ungefähr gleich groß, also ohne den Erwartungswert jeweils etwas weniger als 50 %. Wird der Erwartungswert daher wie hier zur kumulierten Wahrscheinlichkeit hinzugenommen, wird diese größer als 50 %.

9 Münzwurf

a) $E(X) = 50 \cdot 0{,}5 = 25$
b) Das Histogramm ist symmetrisch zum Erwartungswert, da die Erfolgswahrscheinlichkeit 0,5 beträgt.
$P(X = 20) = P(X = 30) \approx 0{,}0419$
c) Da das Histogramm symmetrisch ist, sind die Wahrscheinlichkeiten im gleichen Abstand links und rechts vom Erwartungswert bzw. im gleichen Abstand vom Anfang bzw. Ende der Binomialverteilung gleich groß.
$P(X \le k)$ sind die von 0 bis k aufsummierten Wahrscheinlichkeiten der Binomialverteilung. In $P(X \ge n - k)$ sind alle Wahrscheinlichkeiten von n − k bis n aufsummiert. Da es sich aufgrund der Symmetrie um die gleichen Wahrscheinlichkeiten wie von 0 bis k handelt, gilt also:
$P(X \le k) = P(X \ge n - k)$
Im konkreten Fall gilt:
$P(X \le 20) = P(X \ge 50 - 20) = P(X \ge 30) = 0{,}1013$

10 Aussagen prüfen

a) Betrachtet man die Formeln von Erwartungswert und Standardabweichung, so wird deutlich, dass beide bei gleichbleibendem p mit Anzahl der Versuche n größer werden. Die Aussage ist somit richtig.
b) Betrachtet man die Formel vom Erwartungswert, so wird deutlich, dass dieser bei festem n und zunehmendem p größer wird.
Betrachtet man die Formel der Standardabweichung, so sieht man, dass wenn p größer wird gleichzeitig (1 − p) kleiner wird. Die genaue Auswirkung auf den Wert der Standardabweichung hängt vom jeweiligen Wert von p ab.
Der erste Teil der Aussage ist somit richtig, über den zweiten Teil kann dagegen keine Entscheidung getroffen werden.

SCHRITT 18

Das brauchst du wieder
$P(X \ge 7) = 1 - P(X \le 6)$
$P(X \ge 2) = 1 - P(X \le 1)$

1 „Du bist dran" aus dem „So geht's"-Kasten

Notiere die Zufallsgröße und alle benötigten Daten:
X: Anzahl Fünfen und Sechsen
X ist binomialverteilt mit $p = \frac{1}{3}$ und k = 2; n ist gesucht.
Schreibe die Bedingung für die Wahrscheinlichkeit auf:
$P(X \ge 2) \ge 0{,}8$
$1 - P(X \le 1) \ge 0{,}8 \quad |-1$
$-P(X \le 1) \ge -0{,}2 \quad |\cdot(-1)$
$P(X \le 1) \le 0{,}2$
Suche im Taschenrechner mit p aus der Aufgabenstellung und k aus der letzten Ungleichung den Wert für n, für den diese letzte Ungleichung erstmals erfüllt wird, durch Probieren.
n = 7: $P(X \le 1) \approx 0{,}2634$
n = 8: $P(X \le 1) \approx 0{,}1951$
Schreibe die Antwort auf:
Du musst den Würfel mindestens 8-mal werfen, um mit einer Wahrscheinlichkeit von mindestens 80 % mindestens zweimal eine Zahl größer oder gleich 5 zu erhalten.

2 Kinderparadies

X: Anzahl goldener Bälle

X ist binomialverteilt mit $p = \frac{1}{4}$ und $k = 3$;
n ist gesucht.

$P(X \geq 3) \geq 0{,}5$

$1 - P(X \leq 2) \geq 0{,}5 \quad |-1$

$-P(X \leq 2) \geq -0{,}5 \quad |\cdot(-1)$

$P(X \leq 2) \leq 0{,}5$

$n = 10$: $P(X \leq 2) \approx 0{,}5256$

$n = 11$: $P(X \leq 2) \approx 0{,}4552$

Ein Kind muss mindestens 11 Bälle ziehen, um mit einer Wahrscheinlichkeit von 50 % mindestens drei goldene Bälle zu ziehen und einen davon behalten zu dürfen.

3 Quiz

X: Anzahl richtiger Antworten

X ist binomialverteilt mit $p = 0{,}5$ und $k = 5$;
n ist gesucht.

$P(X \geq 5) \geq 0{,}8$

$P(X \leq 4) \leq 0{,}2$

$n = 11$: $P(X \leq 4) \approx 0{,}2744$

$n = 12$: $P(X \leq 4) \approx 0{,}1938$

Er muss mit mindestens 12 Fragen rechnen, bis er es mit einer Wahrscheinlichkeit von 80 % in die nächste Runde geschafft hat.

4 Tombola

X: Anzahl Gewinne

X ist binomialverteilt mit $p = \frac{1}{3}$ und $k = 3$;
n ist gesucht.

$P(X \geq 3) \geq 0{,}95$

$P(X \leq 2) \leq 0{,}05$

$n = 16$: $P(X \leq 2) \approx 0{,}0594$

$n = 17$: $P(X \leq 2) \approx 0{,}0442$

Er muss mindestens 17 Lose kaufen, um mit einer Wahrscheinlichkeit von 95 % mindestens drei Gewinne zu erzielen.

5 Statisten

X: Anzahl geeigneter Statisten

X ist binomialverteilt mit $p = \frac{1}{3}$ und $k = 200$;
n ist gesucht.

$P(X \geq 200) \geq 0{,}8$

$1 - P(X \leq 199) \geq 0{,}8 \quad |-1$

$-P(X \leq 199) \geq -0{,}2 \quad |\cdot(-1)$

$P(X \leq 199) \leq 0{,}2$

$n = 628$: $P(X \leq 199) \approx 0{,}2030$

$n = 629$: $P(X \leq 199) \approx 0{,}1953$

Das Team muss mindestens 629 Statisten einladen, um mit einer Wahrscheinlichkeit von 80 % mindestens 200 geeignete Statisten zu finden.

6 Multiple-Choice-Test

X: Anzahl richtiger Antworten

X ist binomialverteilt mit $p = \frac{1}{4}$ und $k = 10$;
n ist gesucht.

$P(X \leq 10) \geq 0{,}9$

$n = 29$: $P(X \leq 10) \approx 0{,}9145$

$n = 30$: $P(X \leq 10) \approx 0{,}8943$

Der Test sollte höchstens 29 Fragen haben, damit man durch zufälliges Ankreuzen mit einer Wahrscheinlichkeit von mindestens 90 % höchstens 10 richtige Antworten hat.

7 Autohaus

X: Anzahl ausgefüllter Fragebögen

X ist binomialverteilt mit $p = 0{,}2$ und $k = 500$;
n ist gesucht.

$P(X \geq 500) \geq 0{,}75$

$1 - P(X \leq 499) \geq 0{,}75 \quad |-1$

$-P(X \leq 499) \geq -0{,}25 \quad |\cdot(-1)$

$P(X \leq 499) \leq 0{,}25$

$n = 2566$: $P(X \leq 499) \approx 0{,}2503$

$n = 2567$: $P(X \leq 499) \approx 0{,}2472$

Das Autohaus muss mindestens 2567 Fragebögen verschicken, um mit einer Wahrscheinlichkeit von 75 % mindestens 500 ausgefüllte Fragebögen zurück zu erhalten.

8 Diagramm unterschiedlich großer Stichproben

Bei der roten Datenreihe ist die Stichprobe größer. Würde man für die dargestellten drei Wahrscheinlichkeiten die kumulierte Wahrscheinlichkeit bilden, sie also addieren, dann wäre der Wert der roten kumulierten Wahrscheinlichkeit geringer. Daher muss die rote Datenreihe einen größeren Stichprobenumfang haben, denn z. B. wird $P(X \leq k)$ bei festen Werten für die Trefferanzahl k und die Trefferwahrscheinlichkeit p kleiner, je größer der Wert für n wird.

SCHRITT 19

Das brauchst du wieder

$\log_{0,8}(0{,}2) \approx 7{,}2126$

$\log_{\frac{3}{4}}(0{,}08) \approx 8{,}7796$

1 „Du bist dran" aus dem „So geht's"-Kasten

Notiere die Zufallsgröße:

X: Anzahl aufeinanderfolgender Zahlen

Bestimme die Trefferwahrscheinlichkeit p:

Passende Ergebnisse: {12; 21; 23; 32; 34; 43; 45; 54; 56; 65}

$p = \frac{10}{36} = \frac{5}{18}$

X ist binomialverteilt mit $p = \frac{5}{18}$ und $k = 1$;
n ist gesucht.

Schreibe die Bedingung für die Wahrscheinlichkeit auf:

$P(X \geq 1) \geq 0{,}9$

$P(X = 0) \leq 0{,}1$

Gib die Wahrscheinlichkeit 1–p für eine Niete an und ersetze P(X = 0) durch (1–p)ⁿ:

$1 - p = 1 - \frac{5}{18} = \frac{13}{18}$

$P(X = 0) = \left(\frac{13}{18}\right)^n \leq 0{,}1$

Löse die entsprechende Gleichung nach n auf:

$n = \log_{\frac{13}{18}}(0{,}1) \approx 7{,}1$

Runde für die Antwort auf eine ganze Zahl auf:
Du musst mindestens 8-mal würfeln, damit die Wahrscheinlichkeit zwei aufeinander folgende Zahlen zu erhalten, mindestens 90 % ist.

2 Spielwürfel
X: Anzahl Augenzahl Sechs
X ist binomialverteilt mit $p = \frac{1}{6}$ und $k = 1$;
n ist gesucht.

$1 - p = 1 - \frac{1}{6} = \frac{5}{6}$

$P(X = 0) = \left(\frac{5}{6}\right)^n \leq 0{,}1$

$n = \log_{\frac{5}{6}}(0{,}1) \approx 12{,}6$

Du musst mindestens 13-mal würfeln, damit die Wahrscheinlichkeit eine Sechs zu erhalten, mindestens 90 % ist.

3 Lotterie
X: Anzahl Hauptgewinne
X ist binomialverteilt mit $p = 0{,}02$ und $k = 1$;
n ist gesucht.
$1 - p = 1 - 0{,}02 = 0{,}98$
$P(X = 0) = 0{,}98^n \leq 0{,}2$
$n = \log_{0{,}98}(0{,}2) \approx 79{,}7$
Du musst mindestens 80 Lose kaufen, damit die Wahrscheinlichkeit einen Hauptgewinn zu erhalten, mindestens 80 % ist.

4 Torwandschießen
X: Treffer an der Torwand
X ist binomialverteilt mit $p = \frac{1}{5}$ und $k = 1$; n ist gesucht.

$1 - p = 1 - \frac{1}{5} = \frac{4}{5}$

$P(X = 0) = \left(\frac{4}{5}\right)^n \leq 0{,}2$

$n = \log_{\frac{4}{5}}(0{,}2) \approx 7{,}2$

Er muss mindestens 8-mal schießen, damit die Wahrscheinlichkeit für einen Treffer mindestens 80 % ist.

5 Castingshow
X: Anzahl Castingshows, bei denen Stella angenommen wird.
X ist binomialverteilt mit $p = \frac{1}{20}$ und $k = 1$;
n ist gesucht.

$1 - p = 1 - \frac{1}{20} = \frac{19}{20}$

$P(X = 0) = \left(\frac{19}{20}\right)^n \leq 0{,}5$

$n = \log_{\frac{19}{20}}(0{,}5) \approx 13{,}5$

Sie muss sich bei mindestens 14 Castingshows bewerben, damit die Wahrscheinlichkeit, bei einer angenommen zu werden, mindestens 50 % ist.

6 Schmuggelgut
X: Anzahl geöffneter Container mit Schmuggelgut
X ist binomialverteilt mit $p = \frac{3}{12}$ und $k = 1$;
n ist gesucht.
a) Bei zwei geöffneten Containern ist die Wahrscheinlichkeit, keinen einzigen mit Schmuggelgut zu erhalten, $P(X = 0) = (1 - p)^2 = \left(\frac{9}{12}\right)^2 \approx 0{,}5625$.
Damit ist die Wahrscheinlichkeit, mindestens einen Container mit Schmuggelgut zu finden, bei $1 - 0{,}5625 = 0{,}4375 = 43{,}75\,\%$ und damit deutlich unter den geforderten 60 %.
b) $P(X = 0) = \left(\frac{9}{12}\right)^n \leq 0{,}4$

$n = \log_{\frac{9}{12}}(0{,}4) \approx 3{,}18$

Man muss mindestens 4 Container öffnen, damit die Wahrscheinlichkeit, einen mit Schmuggelgut zu öffnen, mindestens 60 % ist.

7 Erfolgloses Würfeln
Die Wahrscheinlichkeit, z. B. fünfmal hintereinander keine 6 zu würfeln, ist $\left(\frac{5}{6}\right)^5 \approx 0{,}4019$. Die Wahrscheinlichkeit, danach nochmal keine 6 zu würfeln, ist $\left(\frac{5}{6}\right)^6 \approx 0{,}3349$ und damit kleiner. Das heißt: Mit jedem Misserfolg sinkt die Wahrscheinlichkeit, weiterhin keine 6 zu erhalten.

SCHRITT 20

Das brauchst du wieder

k	0	1	2	3	4	5	6	7
P(X = k)	0	0,01	0,05	0,14	0,27	0,30	0,18	0,05
P(X ≤ k)	0	0,01	0,06	0,20	0,47	0,77	0,95	1

$P(X \geq 4) = 1 - P(X \leq 3) = 1 - 0{,}2 = 0{,}8$
$P(X \geq 2) = 1 - P(X \leq 1) = 1 - 0{,}01 = 0{,}99$
$P(X \geq 6) = 1 - P(X \leq 5) = 1 - 0{,}77 = 0{,}23$

1 „Du bist dran" aus dem „So geht's"-Kasten
Notiere die Zufallsgröße und alle benötigten Daten:
X: Anzahl der Treffer des Basketballspielers
X ist binomialverteilt mit $n = 10$ und $k = 8$;
p ist gesucht.

Schreibe die Bedingung für die Wahrscheinlichkeit auf:

$P(X \geq 8) \geq 0{,}9$

$P(X \leq 7) \leq 0{,}1$

Suche im Taschenrechner mit n aus der Aufgabenstellung und k aus der letzten Ungleichung den Wert für p; für den diese letzte Ungleichung erstmals erfüllt wird, durch Probieren.

$p = 0{,}884$: $P(X \leq 7) \approx 0{,}1004$

$p = 0{,}885$: $P(X \leq 7) \approx 0{,}0983$

Schreibe die Antwort auf:

Die Trefferwahrscheinlichkeit muss mindestens 88,5 % betragen, damit von 10 Würfen mindestens 8 mit mindestens 90 % Wahrscheinlichkeit Treffer sind.

2 Biathlet

X: Anzahl Treffer des Biathleten

X ist binomialverteilt mit $n = 5$ und $k = 3$;

p ist gesucht.

$P(X \geq 3) \geq 0{,}9$

$1 - P(X \leq 2) \geq 0{,}9 \quad | -1$

$-P(X \leq 2) \geq -0{,}1 \quad | \cdot (-1)$

$P(X \leq 2) \leq 0{,}1$

Suche nach p mit einer Nachkommastelle:

$p = 0{,}7$: $P(X \leq 2) \approx 0{,}1631$

$p = 0{,}8$: $P(X \leq 2) \approx 0{,}0579$

p liegt zwischen 0,7 und 0,8; daher Suche nach p mit zwei Nachkommastellen:

$p = 0{,}75$: $P(X \leq 2) \approx 0{,}1035$

$p = 0{,}76$: $P(X \leq 2) \approx 0{,}0933$

p liegt zwischen 0,75 und 0,76; daher Suche nach p mit drei Nachkommastellen:

$p = 0{,}753$: $P(X \leq 2) \approx 0{,}1004$

$p = 0{,}754$: $P(X \leq 2) \approx 0{,}0993$

Die Trefferwahrscheinlichkeit muss mindestens 75,4 % betragen, damit von 5 Schüssen mindestens 3 mit mindestens 90 % Wahrscheinlichkeit Treffer sind.

3 Torwandschießen

X: Anzahl Treffer

X ist binomialverteilt mit $n = 6$ und $k = 5$;

p ist gesucht.

$P(X \geq 5) \geq 0{,}8$

$P(X \leq 4) \leq 0{,}2$

$p = 0{,}860$: $P(X \leq 4) \approx 0{,}2003$

$p = 0{,}861$: $P(X \leq 4) \approx 0{,}1980$

Die Trefferwahrscheinlichkeit muss mindestens 86,1 % betragen, damit von 6 Schüssen mindestens 5 mit mindestens 80 % Wahrscheinlichkeit Treffer sind.

4 Nuss Mischung

X: Anzahl Nüsse einer bestimmten Sorte

X ist binomialverteilt mit $n = 70$ und gegebenen k (je nach Nusssorte); p ist gesucht.

Cashewkerne:

$P(X \geq 18) \geq 0{,}85$

$P(X \leq 17) \leq 0{,}15$

$p = 0{,}307$: $P(X \leq 17) \approx 0{,}1502$

$p = 0{,}308$: $P(X \leq 17) \approx 0{,}1461$

Die Cashewkerne müssen mindestens einen Anteil von 30,8 % an der Nussmischung haben, damit in einer Packung mit einer Wahrscheinlichkeit von mindestens 85 % mindestens 18 Cashewkerne sind.

Macadamianüsse

$P(X \geq 15) \geq 0{,}85$

$P(X \leq 14) \leq 0{,}15$

$p = 0{,}261$: $P(X \leq 14) \approx 0{,}1520$

$p = 0{,}262$: $P(X \leq 14) \approx 0{,}1476$

Die Macadamianüsse müssen mindestens einen Anteil von 26,2 % an der Nussmischung haben, damit in einer Packung mit einer Wahrscheinlichkeit von mindestens 85 % mindestens 15 Macadamia-Nüsse sind.

Paranüsse

$P(X \geq 12) \geq 0{,}85$

$P(X \leq 11) \leq 0{,}15$

$p = 0{,}215$: $P(X \leq 11) \approx 0{,}1501$

$p = 0{,}216$: $P(X \leq 11) \approx 0{,}1455$

Die Paranüsse müssen mindestens einen Anteil von 21,6 % an der Nussmischung haben, damit in einer Packung mit einer Wahrscheinlichkeit von mindestens 85 % mindestens 12 Paranüsse sind.

5 Glücksrad

a) X: Anzahl roter Sektoren

X ist binomialverteilt mit $n = 10$ und $k = 4$;

p ist gesucht.

$P(X \leq 4) \geq 0{,}8$

$p = 0{,}326$: $P(X \leq 4) \approx 0{,}8016$

$p = 0{,}327$: $P(X \leq 4) \approx 0{,}7997$

Die Trefferwahrscheinlichkeit darf höchstens 32,6 % betragen, damit von 10 Drehungen mit 80 % Wahrscheinlichkeit nicht mehr als 4 auf einem roten Sektor enden.

b) Die Winkelsumme des gesamten Glücksrads beträgt 360°.

$0{,}326 \cdot 360° = 117{,}36°$

Die Winkelsumme der roten Sektoren darf höchstens 117,36° betragen.

6 Dübel

X: Anzahl defekter Dübel

X ist binomialverteilt mit $n = 1000$ und $k = 5$;

p ist gesucht.

a) Für $p = 0{,}005$ ist $P(X \leq 5) \approx 0{,}6160$

Die Wahrscheinlichkeit für 5 oder weniger defekte Dübel liegt nur bei 61,6 % und ist damit zu gering.

b) $P(X \leq 5) \geq 0{,}85$

$p = 0{,}003$: $P(X \leq 5) \approx 0{,}9164$

$p = 0{,}004$: $P(X \leq 5) \approx 0{,}7854$

Die Fehlerquote bei der Herstellung darf höchstens 0,3 % betragen, damit von 1000 Dübeln mit mindestens 85 % Wahrscheinlichkeit nicht mehr als 5 defekt sind.

SCHRITT 21

Das brauchst du wieder

$P(X \leq 85) \approx 0{,}0538$

$P(X \geq 75) = 1 - P(X \leq 74) \approx 0{,}9981$

1 „Du bist dran" aus dem „So geht's"-Kasten

Schreibe die Zufallsgröße und alle benötigten Daten auf:

X: Anzahl richtiger Antworten

X ist binomialverteilt mit $n = 20$ und $p = \frac{1}{3}$;

k ist gesucht.

Schreibe die Bedingung für die Wahrscheinlichkeit für k Treffer auf:

$P(X \geq k) \leq 0{,}1$

$1 - P(X \leq k - 1) \leq 0{,}1 \quad | -1$

$-P(X \leq k - 1) \leq -0{,}9 \quad | \cdot (-1)$

$P(X \leq k - 1) \geq 0{,}9$

Suche im Taschenrechner mit n und p aus der Aufgabenstellung den Wert für k, für den diese letzte Ungleichung erstmals erfüllt wird, durch Probieren:

$k - 1 = 8$: $P(X \leq 8) \approx 0{,}8095$

$k - 1 = 9$: $P(X \leq 9) \approx 0{,}9081$

Aus $k - 1 = 9$ folgt, dass $k = 10$ ist.

Schreibe die Antwort auf:

Die Lehrerin muss mindestens 10 richtige Antworten einfordern, damit die Wahrscheinlichkeit, zufällig zu bestehen, höchstens 10 % beträgt.

2 Verschiedene Werte von p

a) X ist binomialverteilt mit $n = 20$ und $p = 0{,}6$.

$P(X \geq k) \leq 0{,}4$

$P(X \leq k - 1) \geq 0{,}6$

$k - 1 = 12$: $P(X \leq 12) \approx 0{,}5841$

$k - 1 = 13$: $P(X \leq 13) \approx 0{,}7500$

Gesuchte Trefferzahl: Aus $k - 1 = 13$ folgt, dass $k = 14$ ist.

b) X ist binomialverteilt mit $n = 20$ und $p = 0{,}2$.

$P(X \geq k) \leq 0{,}5$

$P(X \leq k - 1) \geq 0{,}5$

$k - 1 = 3$: $P(X \leq 3) \approx 0{,}4114$

$k - 1 = 4$: $P(X \leq 4) \approx 0{,}6296$

Gesuchte Trefferzahl: Aus $k - 1 = 4$ folgt, dass $k = 5$ ist.

c) X ist binomialverteilt mit $n = 20$ und $p = 0{,}3$.

$P(X \leq k) \leq 0{,}3$

$k = 4$: $P(X \leq 4) \approx 0{,}2375$

$k = 5$: $P(X \leq 5) \approx 0{,}4164$

Gesuchte Trefferzahl: $k = 4$

d) X ist binomialverteilt mit $n = 20$ und $p = 0{,}7$.

$P(X \leq k) \leq 0{,}4$

$k = 13$: $P(X \leq 13) \approx 0{,}3920$

$k = 14$: $P(X \leq 14) \approx 0{,}5836$

Gesuchte Trefferzahl: $k = 13$

3 Spielautomat

X: Anzahl Sonnensymbole

X ist binomialverteilt mit $n = 16$ und $p = 0{,}1$.

$P(X \geq k) \leq 0{,}08$

$P(X \leq k - 1) \geq 0{,}92$

$k - 1 = 2$: $P(X \leq 2) \approx 0{,}7892$

$k - 1 = 3$: $P(X \leq 3) \approx 0{,}9316$

Aus $k - 1 = 3$ folgt, dass $k = 4$ ist.

Es müssen mindestens 4 Sonnensymbole verlangt werden, damit die Wahrscheinlichkeit den Jackpot zu gewinnen höchstens 8 % ist.

4 Würfelwurf

X: Anzahl der Würfe mit der Augenzahl Sechs

X ist binomialverteilt mit $n = 30$ und $p = \frac{1}{6}$.

$P(X \geq k) \leq 0{,}05$

$P(X \leq k - 1) \geq 0{,}95$

$k - 1 = 8$: $P(X \leq 8) \approx 0{,}9494$

$k - 1 = 9$: $P(X \leq 9) \approx 0{,}9803$

Aus $k - 1 = 9$ folgt, dass $k = 10$ ist.

Sie muss mindestens 10-mal eine Sechs würfeln, damit die Wahrscheinlichkeit, dass dies zufällig geschieht höchstens 5 % ist.

5 Multiple-Choice-Test

X: Anzahl richtiger Antworten

X ist binomialverteilt mit $n = 40$ und $p = \frac{1}{4}$.

a) $E(X) = n \cdot p = 40 \cdot \frac{1}{4} = 10$

$k = 10$: $P(X \geq 10) = 1 - P(X \leq 9) \approx 0{,}5605$

Bei einer Mindestanzahl von 8 richtigen Antworten, was dem Erwartungswert entspricht, wäre die Wahrscheinlichkeit durch zufälliges Ankreuzen diese Mindestanzahl zu erreichen bei 56,05 %.

b) $P(X \geq k) \leq 0{,}1$

$1 - P(X \leq k - 1) \leq 0{,}1 \quad | -1$

$-P(X \leq k - 1) \leq -0{,}9 \quad | \cdot (-1)$

$P(X \leq k - 1) \geq 0{,}9$

$k - 1 = 13$: $P(X \leq 13) \approx 0{,}8968$

$k - 1 = 14$: $P(X \leq 14) \approx 0{,}9456$

Aus $k - 1 = 14$ folgt, dass $k = 15$ ist.

Es müssen mindestens 15 richtige Antworten verlangt werden, damit die Wahrscheinlichkeit den Test durch zufälliges Ankreuzen zu bestehen, höchstens 10% beträgt.

6 Tombola

X: Anzahl Nieten

X ist binomialverteilt mit $n = 10$ und $p = 0{,}3$.

$P(X \leq k) \leq 0{,}4$

$k = 2$: $P(X \leq 2) \approx 0{,}3828$

$k = 3$: $P(X \leq 3) \approx 0{,}6496$

Wenn man maximal zwei Nieten haben darf, beträgt die Wahrscheinlichkeit den Zusatzpreis zu erhalten höchstens 40 %.

7 Rote Gummibärchen
X: Anzahl falscher Antworten
X ist binomialverteilt mit $n = 10$ und $p = 0{,}75$.
a) $P(X \leq 4) \approx 0{,}0197$
Sie besteht den Test, unter der Annahme, dass sie nur rät, mit einer Wahrscheinlichkeit von 1,97%.
b) $P(X \leq k) \leq 0{,}1$
$k = 5$: $P(X \leq 5) \approx 0{,}0781$
$k = 6$: $P(X \leq 6) \approx 0{,}2241$
Sie dürfte maximal 5 falsche Antworten geben, damit die Wahrscheinlichkeit, dass ihr dies durch Raten gelingt, maximal 10% beträgt.

TRAINING 3

1 Wahrscheinlichkeiten einer Binomialverteilung
X ist binomialverteilt mit $n = 10$ und $p = 0{,}7$.
a) $P(X = 2) \approx 0{,}0014$
b) $P(X = 6) \approx 0{,}2001$
c) $P(X = 9) \approx 0{,}1211$

2 Urne mit schwarzen und roten Kugeln
a) X: Anzahl schwarzer Kugeln
X ist binomialverteilt mit $n = 8$ und $p = \frac{2}{5}$.
$P(X = 3) \approx 0{,}2787$
b) A: Genau 3 von 9 gezogenen Kugeln sind rot.
B: Genau 2 von 7 gezogenen Kugeln sind schwarz.

3 Kumulierte Wahrscheinlichkeiten, Erwartungswert und Standardabweichung
X ist binomialverteilt mit $n = 20$ und $p = 0{,}3$.
a) i. $P(X \leq 8) \approx 0{,}8867$
ii. $P(X < 7) = P(X \leq 6) \approx 0{,}6080$
iii. $P(X \geq 5) = 1 - P(X \leq 4) \approx 0{,}7625$
iv. $P(7 \leq X \leq 14) = P(X \leq 14) - P(X \leq 6) \approx 0{,}3919$
v. $P(3 \leq X < 12) = P(3 \leq X \leq 11) = P(X \leq 11) - P(X \leq 2)$
$\approx 0{,}9594$
b) $E(X) = 20 \cdot 0{,}3 = 6$
$1 - p = 1 - 0{,}3 = 0{,}7$
$\sigma = \sqrt{20 \cdot 0{,}3 \cdot 0{,}7} \approx 2{,}049$
$E(X) - \sigma = 6 - 2{,}049 \approx 3{,}951$
$E(X) + \sigma = 6 + 2{,}049 \approx 8{,}049$
Innerhalb des Intervalls liegen die Trefferzahlen $4 \leq k \leq 8$. $P(4 \leq X \leq 8) = P(X \leq 8) - P(X \leq 3) \approx 0{,}7796$
Es liegen 77,96% aller Ergebnisse in diesem Intervall.

4 Linkshänder
X: Anzahl Linkshänder
X ist binomialverteilt mit $p = 0{,}14$; n ist gesucht.
a) $k = 1$
$1 - p = 1 - 0{,}14 = 0{,}86$
$P(X = 0) = 0{,}86^n \leq 0{,}25$
$n = \log_{0{,}86}(0{,}25) \approx 9{,}19$
Die Gruppe muss mindestens eine Größe von 10 Personen haben, damit mit einer Wahrscheinlichkeit von mindestens 75% mindestens ein Linkshänder darunter ist.

b) $k = 6$
$P(X \geq 6) \geq 0{,}75$
$1 - P(X \leq 5) \geq 0{,}75 \qquad |-1$
$-P(X \leq 5) \geq -0{,}25 \qquad |\cdot(-1)$
$P(X \leq 5) \leq 0{,}25$
$n = 51$: $P(X \leq 5) \approx 0{,}2634$
$n = 52$: $P(X \leq 5) \approx 0{,}2462$
Die Gruppe muss mindestens eine Größe von 52 Personen haben, damit mit einer Wahrscheinlichkeit von mindestens 75% mindestens sechs Linkshänder darunter sind.

5 Kugelschreiber
X: Anzahl defekter Kugelschreiber
X ist binomialverteilt mit $n = 200$ und $k = 5$;
p ist gesucht.
$P(X \leq 5) \geq 0{,}95$
$p = 0{,}013$: $P(X \leq 5) \approx 0{,}9521$
$p = 0{,}014$: $P(X \leq 5) \approx 0{,}9362$
Der Anteil der defekten Kugelschreiber in der Produktion darf höchstens 1,3% betragen, damit in einer Packung von 200 Stück mit einer Wahrscheinlichkeit von 95% höchstens 5 defekt sind.

6 Multiple-Choice-Test
X: Anzahl richtiger Fragen
X ist binomialverteilt mit $n = 30$ und $p = \frac{1}{5}$.
a) $P(X = 5) \approx 0{,}1723$
b) $P(X \geq 8) = 1 - P(X \leq 7) \approx 0{,}2392$
c) $P(X \geq k) \leq 0{,}04$
$1 - P(X \leq k - 1) \leq 0{,}04 \qquad |-1$
$-P(X \leq k - 1) \leq -0{,}96 \qquad |\cdot(-1)$
$P(X \leq k - 1) \geq 0{,}96$
$k - 1 = 9$: $P(X \leq 9) \approx 0{,}9389$
$k - 1 = 10$: $P(X \leq 10) \approx 0{,}9744$
Aus $k - 1 = 10$ folgt, dass $k = 11$ ist.
Es müssen mindestens 11 richtige Antworten verlangt werden, damit die Wahrscheinlichkeit, den Test durch zufälliges Ankreuzen zu bestehen, höchstens 4% beträgt.

7 Überbuchtes Flugzeug
a) X: Anzahl der Passagiere, die den Flug antreten,
X ist binomialverteilt mit $n = 320$ und $p = 0{,}95$.
$P(X > 300) = (X \geq 301) = 1 - P(X \leq 300) \approx 0{,}8177$
Die Wahrscheinlichkeit, dass zu viele Buchungen angenommen wurden (und mehr als 300 Personen den gebuchten Flug antreten) liegt bei 81,77%.
b) $P(X \geq 301) \leq 0{,}05$
$1 - P(X \leq 300) \leq 0{,}05 \qquad |-1$
$-P(X \leq 300) \leq -0{,}95 \qquad |\cdot(-1)$
$P(X \leq 300) \geq 0{,}95$
$n = 309$: $P(X \leq 300) \approx 0{,}9733$
$n = 310$: $P(X \leq 300) \approx 0{,}9491$
Die Fluggesellschafft sollte maximal 309 Buchungen annehmen, damit die Wahrscheinlichkeit, dass das Flugzeug überbucht ist, höchstens 5% beträgt.

8 Tombola

a) A: Genau 5 von 8 gezogenen Losen sind Gewinne.
b) B: Man zieht 6 Nieten.
c) C: Höchstens 2 von 9 gezogenen Losen sind Gewinne.

SCHRITT 22

Das brauchst du wieder

$r = \frac{37}{50} = 0{,}74 = 74\,\%$

1 „Du bist dran" aus dem „So geht's"-Kasten

Lies an der Grafik den ungefähren Wert ab, dem sich die relativen Häufigkeiten annähern:

$p \approx 29\,\%$ (entspricht dem Wert nach 10 Jahren)

Berechne mit diesem Wert als Wahrscheinlichkeit die Anzahl an Schwimmern:

Anzahl $= p \cdot n = 0{,}29 \cdot 185 = 53{,}65$

Antwort:

Die Schule kann mit etwa 54 Schwimmern rechnen.

2 Verkehrskontrolle

a)

Jahr	2014	2015	2016	2017
Relative Häufigkeit	$\frac{157}{232} \approx$ 0,6767	$\frac{161}{245} \approx$ 0,6571	$\frac{177}{287} \approx$ 0,6167	$\frac{181}{299} \approx$ 0,6054

b) Zwar weisen von Jahr zu Jahr immer mehr Fahrräder Mängel auf, allerdings nimmt auch die Gesamtanzahl der kontrollierten Fahrräder zu.
Vergleicht man die relativen Häufigkeiten, so fällt sogar auf, dass der Anteil an Fahrrädern mit Mängeln von Jahr zu Jahr kleiner wird.

c) Geht man von der gleichen relativen Häufigkeit wie 2017 aus, so gilt:

$p \cdot n = 0{,}6054 \cdot 312 = 188{,}8848$

Es würden also ca. 189 Fahrräder Mängel aufweisen. Da die relative Häufigkeit aber wahrscheinlich weiter abnimmt, wird es eine geringere Anzahl sein.

3 Spielkegel

a)

Kind	A	B	C	D	E	F
Relative Häufigkeit „aufrecht"	$\frac{10}{50} =$ 0,2	$\frac{18}{50} =$ 0,36	$\frac{13}{50} =$ 0,26	$\frac{8}{50} =$ 0,16	$\frac{11}{50} =$ 0,22	$\frac{13}{50} =$ 0,26

b)

Anzahl	50	100	150	200	250	300
Anzahl „aufrecht"	10	28	41	49	60	73
Relative Häufigkeit	$\frac{10}{50} =$ 0,2	$\frac{28}{100} =$ 0,28	$\frac{41}{150} =$ $0{,}2\overline{73}$	$\frac{49}{200} =$ 0,245	$\frac{60}{250} =$ 0,24	$\frac{73}{300} =$ $0{,}24\overline{3}$

Die Wahrscheinlichkeit, dass ein Spielkegel aufrecht stehen bleibt, hat näherungsweise den Wert 24,3 %.

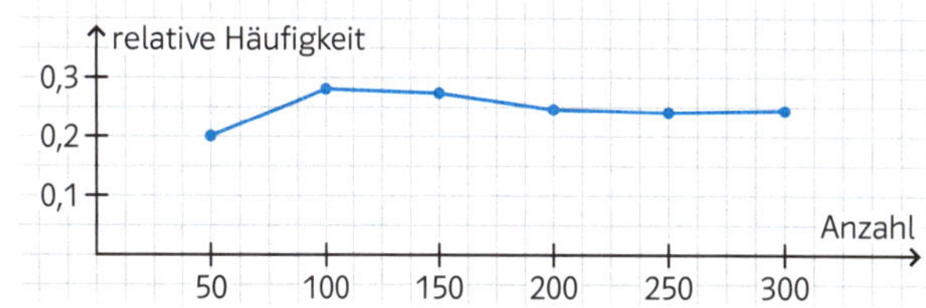

c) $p \cdot n = 0{,}24\overline{3} \cdot 400 = 97{,}\overline{3}$

Es werden von 400 hingeworfenen Spielkegel voraussichtlich ca. 97 aufrecht stehen.

d) $p \cdot n = 0{,}24\overline{3} \cdot 1000 = 243{,}\overline{3}$

Es werden also eher 240 als 230 Spielkegel stehen, das „eher" bezieht sich darauf, dass diese Anzahl wahrscheinlicher ist, es aber auch durchaus sein kann, dass nur 230 Spielkegel stehen werden.

SCHRITT 23

Das brauchst du wieder

$P(X \leq 12) \approx 0{,}0275$
$P(X \leq 13) \approx 0{,}0501$
$E(X) = 120 \cdot \frac{1}{6} = 20$

1 „Du bist dran" aus dem „So geht's"-Kasten

Definiere die Zufallsgröße X und ihre Verteilung:

X: Anzahl gewürfelter Dreien
X ist im Extremfall binomialverteilt mit $n = 600$ und $p = \frac{1}{6}$.

Schreibe die Nullhypothese H_0, die Alternative H_1 und das Signifikanzniveau α auf:

Nullhypothese H_0: $p = \frac{1}{6}$
Alternative H_1: $p < \frac{1}{6}$
Signifikanzniveau $\alpha = 0{,}05$

Schreibe die Bedingung für die Grenze g des Ablehnungsbereichs auf:

$P(X \leq g) \leq 0{,}05$

Notiere einen Auszug und bestimme das größte g mit dem Taschenrechner:

(Da der Erwartungswert $E(X) = 600 \cdot \frac{1}{6} = 100$ beträgt, suchst du g links davon in nicht allzu großer Entfernung.)

g	$P(X \leq g)$
84	0,0424
85	0,0538
86	0,0675
87	0,0837

$g = 84$

Notiere den Ablehnungsbereich und eine Entscheidungsregel für dein Ergebnis:
Ablehnungsbereich = {0; 1; …; 84}
Da das Ergebnis 87 nicht im Ablehnungsbereich liegt, trifft die Nullhypothese zu.
Entscheidungsregel:
Wenn bei 600 Würfen höchstens 84-mal eine 3 erscheint, wird die Nullhypothese verworfen und man geht davon aus, dass die Wahrscheinlichkeit für eine 3 kleiner als $\frac{1}{6}$ ist. Ansonsten wird die Nullhypothese nicht verworfen.

2 Linksseitiger Test mit gegebener Tabelle
Gesucht ist das größte g für das gilt: $P(X \le g) \le 0{,}1$.
Aus der Tabelle kann man dafür den Wert g = 120 ablesen.
Ablehnungsbereich = {0; 1; …; 120}
Entscheidungsregel:
Wenn es bei 200 Versuchen höchstens 120 Treffer gibt, wird die Nullhypothese verworfen und man geht davon aus, dass die Wahrscheinlichkeit für einen Treffer kleiner als 65 % ist. Ansonsten wird die Nullhypothese nicht verworfen.

3 Linksseitiger Hypothesentest mit verschiedenen Versuchsanzahlen n
a) X: Anzahl Treffer
X ist im Extremfall binomialverteilt mit n = 60 und $p = \frac{1}{4}$.
Nullhypothese H_0: $p = \frac{1}{4}$
Alternative H_1: $p < \frac{1}{4}$
Signifikanzniveau $\alpha = 0{,}05$
$P(X \le g) \le 0{,}05$
(Erwartungswert: $E(X) = 60 \cdot \frac{1}{4} = 15$)

g	$P(X \le g)$
9	0,0452
10	0,0859

g = 9
Ablehnungsbereich = {0; 1; …; 9}
Entscheidungsregel:
Wenn es bei 60 Versuchen höchstens 9 Treffer gibt, wird die Nullhypothese verworfen und man geht davon aus, dass die Wahrscheinlichkeit für einen Treffer kleiner als 25 % ist. Ansonsten wird die Nullhypothese nicht verworfen.

b) X: Anzahl Treffer
X ist im Extremfall binomialverteilt mit n = 80 und $p = \frac{1}{4}$.
Nullhypothese H_0: $p = \frac{1}{4}$
Alternative H_1: $p < \frac{1}{4}$
Signifikanzniveau $\alpha = 0{,}05$
$P(X \le g) \le 0{,}05$
(Erwartungswert: $E(X) = 80 \cdot \frac{1}{4} = 20$)

g	$P(X \le g)$
13	0,0421
14	0,0740

g = 13
Ablehnungsbereich = {0; 1; …; 13}
Entscheidungsregel:
Wenn es bei 80 Versuchen höchstens 13 Treffer gibt, wird die Nullhypothese verworfen und man geht davon aus, dass die Wahrscheinlichkeit für einen Treffer kleiner als 25 % ist. Ansonsten wird die Nullhypothese nicht verworfen.

c) X: Anzahl Treffer
X ist im Extremfall binomialverteilt mit n = 100 und $p = \frac{1}{4}$.
Nullhypothese H_0: $p = \frac{1}{4}$
Alternative H_1: $p < \frac{1}{4}$
Signifikanzniveau $\alpha = 0{,}05$
$P(X \le g) \le 0{,}05$
(Erwartungswert: $E(X) = 100 \cdot \frac{1}{4} = 25$)

g	$P(X \le g)$
17	0,0376
18	0,0630

g = 17
Ablehnungsbereich = {0; 1; …; 17}
Entscheidungsregel:
Wenn es bei 100 Versuchen höchstens 17 Treffer gibt, wird die Nullhypothese verworfen und man geht davon aus, dass die Wahrscheinlichkeit für einen Treffer kleiner als 25 % ist. Ansonsten wird die Nullhypothese nicht verworfen.

4 Linksseitiger Hypothesentest mit verschiedenen Signifikanzniveaus α
X: Anzahl Treffer
X ist im Extremfall binomialverteilt mit n = 80 und p = 0,35.
Nullhypothese H_0: $p \ge 0{,}35$
Alternative H_1: $p < 0{,}35$
(Erwartungswert: $E(X) = 80 \cdot 0{,}35 = 28$)
a) Signifikanzniveau $\alpha = 0{,}05$
$P(X \le g) \le 0{,}05$

g	$P(X \le g)$
20	0,0368
21	0,0615

g = 20
Ablehnungsbereich = {0; 1; …; 20}
Entscheidungsregel:
Wenn es bei 80 Versuchen höchstens 20 Treffer gibt, wird die Nullhypothese verworfen und man geht davon aus, dass die Wahrscheinlichkeit für einen Treffer kleiner als 35 % ist. Ansonsten wird die Nullhypothese nicht verworfen.

b) Signifikanzniveau $\alpha = 0{,}1$
$P(X \le g) \le 0{,}1$

g	$P(X \le g)$
22	0,0971
23	0,1454

$g = 22$
Ablehnungsbereich = {0; 1; …; 22}
Entscheidungsregel:
Wenn es bei 80 Versuchen höchstens 22 Treffer gibt, wird die Nullhypothese verworfen und man geht davon aus, dass die Wahrscheinlichkeit für einen Treffer kleiner als 35 % ist. Ansonsten wird die Nullhypothese nicht verworfen.

c) Signifikanzniveau $\alpha = 0{,}15$
$P(X \le g) \le 0{,}15$

g	$P(X \le g)$
23	0,1454
24	0,2072

$g = 23$
Ablehnungsbereich = {0; 1; …; 23}
Entscheidungsregel:
Wenn es bei 80 Versuchen höchstens 23 Treffer gibt, wird die Nullhypothese verworfen und man geht davon aus, dass die Wahrscheinlichkeit für einen Treffer kleiner als 35 % ist. Ansonsten wird die Nullhypothese nicht verworfen.

5 Glücksrad

X: Anzahl Hauptgewinne
X ist im Extremfall binomialverteilt mit $n = 300$ und $p = 0{,}04$.
Nullhypothese H_0: $p = 0{,}04$
Alternative H_1: $p < 0{,}04$
Signifikanzniveau $\alpha = 0{,}05$
$P(X \le 8) \approx 0{,}1497 > \alpha$
Da das Ergebnis 8 größer als das Signifikanzniveau ist und damit nicht im Ablehnungsbereich liegt, ist der Verdacht nicht gerechtfertigt.

6 Schokoladeneier

X: Tüten mit Normgewicht
X ist binomialverteilt mit $n = 50$ und $p = 0{,}95$.
Nullhypothese H_0: $p \ge 0{,}95$
Alternative H_1: $p < 0{,}95$
Signifikanzniveau $\alpha = 0{,}1$
$P(X \le g) \le 0{,}1$
(Erwartungswert: $E(X) = 50 \cdot 0{,}95 = 47{,}5$)

g	$P(X \le g)$
44	0,0378
45	0,1036

$g = 44$

a) Ablehnungsbereich = {0; 1; …; 44}
Da die Anzahl von 43 Tüten im Ablehnungsbereich liegt, wird die Nullhypothese H_0 verworfen.
b) Entscheidungsregel:
Wenn es unter 50 untersuchten höchstens 44 Tüten mit Normgewicht gibt, wird die Nullhypothese verworfen und man geht davon aus, dass die Wahrscheinlichkeit für eine Tüte mit Normgewicht kleiner als 95 % ist. Ansonsten wird die Nullhypothese nicht verworfen.

7 Werbeagentur

X: Anzahl der Befragten, die das Produkt kennen
X ist im Extremfall binomialverteilt mit $n = 200$ und $p = 0{,}3$.
Nullhypothese H_0: $p = 0{,}3$
Alternative H_1: $p < 0{,}3$
Signifikanzniveau $\alpha = 0{,}1$
$P(X \le g) \le 0{,}1$
(Erwartungswert: $E(X) = 200 \cdot 0{,}3 = 60$)

g	$P(X \le g)$
51	0,0934
52	0,1228

$g = 51$
Ablehnungsbereich = {0; 1; …; 51}
Da die Anzahl von 53 Befragten, die das Produkt kennen, nicht im Ablehnungsbereich liegt, reicht diese Anzahl aus und die Agentur erhält die Prämie.

8 Biogemüse

X: Kunden, die lieber Biogemüse kaufen
X ist im Extremfall binomialverteilt mit $n = 80$ und $p = 0{,}5$.
Nullhypothese H_0: $p = 0{,}5$
Alternative H_1: $p < 0{,}5$
Signifikanzniveau $\alpha = 0{,}08$
$P(X \le g) \le 0{,}08$
(Erwartungswert: $E(X) = 80 \cdot 0{,}5 = 40$)

g	$P(X \le g)$
33	0,0728
34	0,1093

$g = 33$
a) Ablehnungsbereich = {0; 1; …; 33}
b) Entscheidungsregel:
Wenn von den 80 Befragten höchstens 33 lieber Biogemüse kaufen, wird die Nullhypothese verworfen und man geht davon aus, dass die Wahrscheinlichkeit für einen Kunden der lieber Biogemüse kauft kleiner als 50 % ist. Ansonsten wird die Nullhypothese nicht verworfen.

SCHRITT 24

Das brauchst du wieder

$P(X \geq 27) = 1 - P(X \leq 26) \approx 0{,}0597$

$P(X \geq 28) = 1 - P(X \leq 27) \approx 0{,}0373$

1 „Du bist dran" aus dem „So geht's"-Kasten

Definiere die Zufallsgröße X und ihre Verteilung:

X: Anzahl gewürfelter Vieren

X ist im Extremfall binomialverteilt mit $n = 600$ und $p = \frac{1}{6}$.

Schreibe die Nullhypothese H_0, die Alternative H_1 und das Signifikanzniveau auf:

Nullhypothese H_0: $p = \frac{1}{6}$

Alternative H_1: $p > \frac{1}{6}$

Signifikanzniveau $\alpha = 0{,}05$

Schreibe die Bedingung für die Grenze g des Ablehnungsbereichs auf:

$P(X \geq g) = 1 - P(X \leq g - 1) \leq 0{,}05$

$P(X \leq g - 1) \geq 0{,}95$

Notiere einen Auszug und bestimme das kleinste g mit dem Taschenrechner:

(Da der Erwartungswert $E(X) = 600 \cdot \frac{1}{6} = 100$ beträgt, suchst du g rechts davon in nicht allzu großer Entfernung.)

$g - 1$	$P(X \leq g - 1)$	g	$P(X \geq g)$
112	0,9130	113	0,0870
113	0,9286	114	0,0714
114	0,9419	115	0,0581
115	0,9532	116	0,0468

$g = 116$

Schreibe den Ablehnungsbereich und eine Entscheidungsregel für dein Ergebnis auf:

Ablehnungsbereich = {116; 117; …; 600}

Da das Ergebnis 117 im Ablehnungsbereich liegt, wird die Nullhypothese verworfen.

Entscheidungsregel:

Wenn bei 600 Würfen mindestens 116-mal eine 4 erscheint, wird die Nullhypothese verworfen und man geht davon aus, dass die Wahrscheinlichkeit für eine 4 größer als $\frac{1}{6}$ ist. Ansonsten wird die Nullhypothese nicht verworfen.

2 Rechtsseitiger Test mit gegebener Tabelle

Gesucht ist das kleinste g für das gilt: $P(X \geq g) \leq 0{,}1$.

Aus der Tabelle kann man dafür den Wert $g = 177$ ablesen.

Ablehnungsbereich = {177; 178; …; 300}

Entscheidungsregel:

Wenn es bei 300 Versuchen mindestens 177 Treffer gibt, wird die Nullhypothese verworfen und man geht davon aus, dass die Wahrscheinlichkeit für einen Treffer größer als 55 % ist. Ansonsten wird die Nullhypothese nicht verworfen.

3 Rechtsseitiger Hypothesentest mit verschiedenen Signifikanzniveaus α

X: Anzahl Treffer

X ist im Extremfall binomialverteilt mit $n = 268$ und $p = 0{,}62$.

Nullhypothese H_0: $p = 0{,}62$

Alternative H_1: $p > 0{,}62$

(Erwartungswert: $E(X) = 268 \cdot 0{,}62 = 166{,}16$)

a) Signifikanzniveau $\alpha = 0{,}25$

$P(X \geq g) = 1 - P(X \leq g - 1) \leq 0{,}25$

$P(X \leq g - 1) \geq 0{,}75$

$g - 1$	$P(X \leq g - 1)$	g	$P(X \geq g)$
171	0,7483	172	0,2517
172	0,7870	173	0,2130

$g = 173$

Ablehnungsbereich = {173; 174; …; 268}

Wenn es bei 268 Versuchen mindestens 173 Treffer gibt, wird die Nullhypothese verworfen und man geht davon aus, dass die Wahrscheinlichkeit für einen Treffer größer als 62 % ist. Ansonsten wird die Nullhypothese nicht verworfen.

b) Signifikanzniveau $\alpha = 0{,}1$

$P(X \geq g) = 1 - P(X \leq g - 1) \leq 0{,}1$

$P(X \leq g - 1) \geq 0{,}9$

$g - 1$	$P(X \leq g - 1)$	g	$P(X \geq g)$
175	0,8805	176	0,1195
176	0,9041	177	0,0959

$g = 177$

Ablehnungsbereich = {177; 178; …; 268}

Wenn es bei 268 Versuchen mindestens 177 Treffer gibt, wird die Nullhypothese verworfen und man geht davon aus, dass die Wahrscheinlichkeit für einen Treffer größer als 62 % ist. Ansonsten wird die Nullhypothese nicht verworfen.

c) Signifikanzniveau $\alpha = 0{,}15$

$P(X \geq g) = 1 - P(X \leq g - 1) \leq 0{,}15$

$P(X \leq g - 1) \geq 0{,}85$

$g - 1$	$P(X \leq g - 1)$	g	$P(X \geq g)$
173	0,8220	174	0,1780
174	0,8532	175	0,1468

$g = 175$

Ablehnungsbereich = {175; 176; …; 268}

Entscheidungsregel:

Wenn es bei 268 Versuchen mindestens 175 Treffer gibt, wird die Nullhypothese verworfen und man geht davon aus, dass die Wahrscheinlichkeit für einen Treffer größer als 62 % ist. Ansonsten wird die Nullhypothese nicht verworfen.

4 Obstverkäufer

X: Anzahl nicht einwandfreier Äpfel
X ist im Extremfall binomialverteilt mit $n = 10$ und $p = 0{,}25$.
Nullhypothese H_0: $p = 0{,}25$
Alternative H_1: $p > 0{,}25$
Signifikanzniveau $\alpha = 0{,}1$
$P(X \geq g) = 1 - P(X \leq g - 1) \leq 0{,}1$
$P(X \leq g - 1) \geq 0{,}9$
(Erwartungswert: $E(X) = 10 \cdot 0{,}25 = 2{,}5$)

g − 1	P(X ≤ g − 1)	g	P(X ≥ g)
3	0,7759	4	0,2241
4	0,9219	5	0,0781

$g = 5$
Ablehnungsbereich = {5; 6; …; 10}
Entscheidungsregel:
Wenn unter 10 untersuchten Äpfeln mindestens 5 nicht einwandfrei sind, wird die Nullhypothese verworfen und man geht davon aus, dass die Wahrscheinlichkeit für einen nicht einwandfreien Apfel größer als 25 % ist. Ansonsten wird die Nullhypothese nicht verworfen.

5 Hygienemängel

X: Betroffene Restaurants
X ist im Extremfall binomialverteilt mit $n = 40$ und $p = \frac{1}{5}$.
Nullhypothese H_0: $p = \frac{1}{5}$
Alternative H_1: $p > \frac{1}{5}$
Signifikanzniveau $\alpha = 0{,}1$
$P(X \geq g) = 1 - P(X \leq g - 1) \leq 0{,}1$
$P(X \leq g - 1) \geq 0{,}9$
(Erwartungswert: $E(X) = 40 \cdot \frac{1}{5} = 8$)

g − 1	P(X ≤ g − 1)
10	0,8392
11	0,9125

$g = 12$ (da dies aus $g - 1 = 11$ folgt)
Ablehnungsbereich = {12; 13; …; 40}
Entscheidungsregel:
Wenn mindestens 12 der 40 geprüften Restaurants Hygienemängel haben, wird die Nullhypothese verworfen und man geht davon aus, dass die Wahrscheinlichkeit für ein Restaurant mit Hygienemängel größer als $\frac{1}{5}$ ist. Ansonsten wird die Nullhypothese nicht verworfen.

6 Reißnägel

X: Anzahl schräg gelandeter Reißnägel
X ist im Extremfall binomialverteilt mit $n = 100$ und $p = 0{,}6$.
Nullhypothese H_0: $p = 0{,}6$
Alternative H_1: $p > 0{,}6$
Signifikanzniveau $\alpha = 0{,}05$
$P(X \geq 68) = 1 - P(X \leq 67) \approx 0{,}0615 > \alpha$
Da das Ergebnis größer als das Signifikanzniveau ist und damit nicht im Ablehnungsbereich liegt, kann sie der im Artikel behaupteten Prozentzahl zustimmen.

7 Flaschen-Abfüll-Anlage

X: Anzahl nicht richtig verschlossener Flaschen
X ist im Extremfall binomialverteilt mit $n = 800$ und $p = 0{,}02$.
Nullhypothese H_0: $p = 0{,}02$
Alternative H_1: $p > 0{,}02$
Signifikanzniveau $\alpha = 0{,}1$
$P(X \geq g) = 1 - P(X \leq g - 1) \leq 0{,}1$
$P(X \leq g - 1) \geq 0{,}9$
(Erwartungswert: $E(X) = 800 \cdot 0{,}02 = 16$)

g − 1	P(X ≤ g − 1)
20	0,8704
21	0,9129

$g = 22$ (da dies aus $g - 1 = 21$ folgt)
Ablehnungsbereich = {22; 23; …; 800}
Entscheidungsregel:
Wenn mindestens 22 der 800 geprüften Flaschen nicht richtig verschlossen sind, wird die Nullhypothese verworfen und man geht davon aus, dass die Wahrscheinlichkeit, dass eine Flasche nicht richtig verschlossen ist größer als 2 % ist.
Die vom Abteilungsleiter gezählten 20 Flaschen sind also tatsächlich noch akzeptabel.

8 Metallbänder

X: Anzahl unbrauchbarer Teile
X ist im Extremfall binomialverteilt mit $n = 100$ und $p = 0{,}03$.
Nullhypothese H_0: $p = 0{,}03$
Alternative H_1: $p > 0{,}03$
Signifikanzniveau $\alpha = 0{,}05$
$P(X \geq g) = 1 - P(X \leq g - 1) \leq 0{,}05$
$P(X \leq g - 1) \geq 0{,}95$
(Erwartungswert: $E(X) = 100 \cdot 0{,}03 = 3$)

g − 1	P(X ≤ g − 1)
5	0,9192
6	0,9688

$g = 7$ (da dies aus $g - 1 = 6$ folgt)
Ablehnungsbereich = {7; 8; …; 100}
Entscheidungsregel:
Wenn unter den 100 produzierten Teilen mindestens 7 Mängel aufweisen, wird die Nullhypothese verworfen und man geht davon aus, dass die Wahrscheinlichkeit, dass ein Teil Mängel hat, größer als 3 % ist.
Der Mitarbeiter hat nicht recht, denn es könnten bis zu 6 Teile Mängel aufweisen ohne, dass man die Nullhypothese verwerfen müsste.

9 **Mangelhafte Smartphones**
X: Anzahl mangelhafter Smartphones
X ist im Extremfall binomialverteilt mit $n = 280$ und $p = 0{,}03$.
Nullhypothese H_0: $p \leq 0{,}03$
Alternative H_1: $p > 0{,}03$
Signifikanzniveau $\alpha = 0{,}05$
$P(X \geq g) = 1 - P(X \leq g - 1) \leq 0{,}05$
$P(X \leq g - 1) \geq 0{,}95$
(Erwartungswert: $E(X) = 280 \cdot 0{,}03 = 8{,}4$)

g − 1	P(X ≤ g − 1)
12	0,9182
13	0,9550

$g = 14$ (da dies aus $g - 1 = 13$ folgt)
Ablehnungsbereich = {14; 15; …; 280}
Da zehn mangelhafte Smartphones außerhalb des Ablehnungsbereichs liegen, kann man der Behauptung des Herstellers weiterhin vertrauen.
Entscheidungsregel:
Wenn mindestens 14 der 280 verkauften Smartphones Mängel aufweisen, wird die Nullhypothese verworfen und man geht davon aus, dass die Wahrscheinlichkeit, dass ein Smartphone Mängel hat, größer als 3 % ist.

SCHRITT 25

Das brauchst du wieder
Linksseitig:

g	P(X ≤ g)
23	0,0314
24	0,0573

Taschenrechner: $g = 23$
Ablehnungsbereich = {0; 1; …; 23}
Rechtsseitig:

g	P(X ≤ g − 1)
35	0,9460
36	0,9720

Taschenrechner: $g - 1 = 36$; $g = 37$
Ablehnungsbereich = {37; …; 50}

1 **„Du bist dran" aus dem „So geht's"-Kasten**
Lege die Art des zu verwendenden Tests fest:
a) Die Ärzte wollen nachweisen, dass es mehr Kinder mit Übergewicht gibt, sie werden daher einen rechtsseitigen Test durchführen. ($E(X) = \frac{1}{5} \cdot 300 = 60$, d.h. $77 > E(X)$)
Notiere die Zufallsgröße und die Daten für den Test:
b) X: Anzahl der Kinder mit Übergewicht
X ist im Extremfall binomialverteilt mit $n = 300$ und $p = \frac{1}{5} = 0{,}2$.
Schreibe die Bedingung für einen entsprechenden Hypothesentest auf:
Die Behauptung hier lautet:
Höchstens 20 % der Kinder haben Übergewicht.
Nullhypothese H_0: $p \leq 0{,}2$
Man prüft, ob es nicht mehr sind.
Alternative H_1: $p > 0{,}2$
Signifikanzniveau $\alpha = 0{,}05$
Gesucht: kleinste Zahl g mit
$P(X \geq g) = 1 - P(X \leq g - 1) \leq 0{,}05$
bzw. $P(X \leq g - 1) \geq 0{,}95$
Notiere einen Auszug aus dem Taschenrechner und das passende g:
(Da der Erwartungswert $E(X) = 300 \cdot 0{,}2 = 60$ beträgt, suchst du g rechts davon in nicht allzu großer Entfernung.)

g − 1	P(X ≤ g − 1)
71	0,9492
72	0,9621

$g = 73$ (da $g - 1 = 72$)
Schreibe den Ablehnungsbereich auf:
Ablehnungsbereich = {73; 74; …; 300}
Entscheidungsregel:
Wenn von 300 Kindern mindestens 73 übergewichtig sind, wird die Nullhypothese verworfen und man geht davon aus, dass mehr als jedes fünfte Kind übergewichtig ist.
Ansonsten wird die Nullhypothese nicht verworfen.
Das Untersuchungsergebnis 77 liegt im Ablehnungsbereich. Daher können die Ärzte die Nullhypothese verwerfen und das Ergebnis der Studie anfechten.

2 **Entscheidung für links- oder rechtsseitigen Test**
a) Hier wäre ein rechtsseitiger Hypothesentest angemessen, da die Nullhypothese H_0: $p \leq 0{,}15$ ist und die Alternative davon ausgeht, dass mehr Kunden daran interessiert sind.
b) Hier wäre ein linksseitiger Hypothesentest angemessen, da die Nullhypothese H_0: $p \geq \frac{2}{3}$ ist und die Alternative davon ausgeht, dass weniger Schüler aufs Gymnasium gehen möchte.
c) Hier wäre ein rechtsseitiger Hypothesentest angemessen, da die Nullhypothese H_0: $p \leq \frac{1}{5}$ ist und die Alternative davon ausgeht, dass mehr Studenten unzufrieden sind.
d) Hier wäre ein linksseitiger Hypothesentest angemessen, da die Nullhypothese H_0: $p \geq \frac{1}{3}$ ist und die Alternative davon ausgeht, dass weniger als jeder dritte Badegast übergewichtig ist.

3 Mathematik ohne Grenzen

X: Anzahl der Schüler, die die Anforderungen nicht erfüllt.
X ist im Extremfall binomialverteilt mit $n = 86$ und $p = \frac{1}{5}$.

a) linksseitiger Test:
Nullhypothese H_0: $p \geq \frac{1}{5}$
Alternative H_1: $p < \frac{1}{5}$
Die Behauptung zur Nullhypothese wäre hier, dass mindestens $\frac{1}{5}$ der Kinder die Anforderungen nicht erfüllt. Man prüft, ob es nicht weniger sind.

b) rechtsseitiger Test:
Nullhypothese H_0: $p \leq \frac{1}{5}$
Alternative H_1: $p > \frac{1}{5}$
Die Behauptung zur Nullhypothese wäre hier, dass höchstens $\frac{1}{5}$ der Kinder die Anforderungen nicht erfüllt. Man prüft, ob es nicht mehr sind.

c) Da in der Aufgabenstellung von höchstens $\frac{1}{5}$ die Rede ist, prüft man mit einem rechtsseitigen Test.
Signifikanzniveau $\alpha = 0{,}1$
$P(X \geq g) = 1 - P(X \leq g - 1) \leq 0{,}1$
$P(X \leq g - 1) \geq 0{,}9$
(Erwartungswert: $E(X) = 86 \cdot \frac{1}{5} = 17{,}2$)

$g - 1$	$P(X \leq g - 1)$
21	0,8754
22	0,9201

$g = 23$ (da $g - 1 = 22$)
Ablehnungsbereich = {23; 24; …; 86}
Entscheidungsregel:
Wenn mindestens 23 Schüler die Anforderungen nicht ganz erfüllen, wird die Nullhypothese verworfen und man geht davon aus, dass der Anteil der Schüler, der die Anforderungen nicht erfüllt, größer als $\frac{1}{5}$ ist. Ansonsten wird die Nullhypothese nicht verworfen.
Es dürfen daher maximal 22 Schüler sein, die die Aufgaben nicht erfüllen.

4 Onlinehilfen für Mathematik

X: Anzahl der Schüler, die Onlinehilfen nutzen.
X ist im Extremfall binomialverteilt mit $n = 173$; $p = 0{,}12$, und $k = 36$.

a) Erwartungswert: $E(X) = 173 \cdot 0{,}12 = 20{,}76$
Da die zu prüfende Anzahl 36 größer als der Erwartungswert ist, bietet sich ein rechtsseitiger Test an.

b) Nullhypothese H_0: $p = 0{,}12$
Alternative H_1: $p > 0{,}12$
Signifikanzniveau $\alpha = 0{,}1$
$P(X \geq g) = 1 - P(X \leq g - 1) \leq 0{,}1$
$P(X \leq g - 1) \geq 0{,}9$

$g - 1$	$P(X \leq g - 1)$
25	0,8652
26	0,9071

$g = 27$ (da $g - 1 = 26$)
Ablehnungsbereich = {27; 28; …; 173}
Entscheidungsregel:
Wenn von 173 Befragten mindestens 27 Onlinehilfen nutzen, wird die Nullhypothese verworfen und man geht davon aus, dass mehr als 12 % der Befragten Onlinehilfen nutzen. Ansonsten wird die Nullhypothese nicht verworfen. Die gegebene Wahrscheinlichkeit sollte, aufgrund des im Ablehnungsbereichs liegenden Befragungsergebnisses von 36, daher nach oben korrigiert werden.

c) Gesucht wird eine neue Wahrscheinlichkeit p, für die gilt $P(X \geq 36) \geq 0{,}1$. Also so, dass die Anzahl von 36 Schülern noch im Annahmebereich liegt.
$P(X \geq 36) \geq 0{,}1$
$1 - P(X \leq 35) \geq 0{,}1$
$-P(X \leq 35) \geq -0{,}9$
$P(X \leq 35) \leq 0{,}9$
$p = 0{,}16$: $P(X \leq 35) \approx 0{,}9440$
$p = 0{,}17$: $P(X \leq 35) \approx 0{,}8893$
Der Anteil an Schülern die Onlinehilfen in Mathe verwenden, liegt also aktuell eher bei mindestens 17 %.

SCHRITT 26

Das brauchst du wieder

Signifikanzniveau $\alpha = 0{,}05$

Linksseitig:	$P(X \leq g) \leq 0{,}05$; $g = 3$
	Ablehnungsbereich = {0; 1; 2; 3}
Rechtsseitig:	$P(X \geq g) \leq 0{,}05$
	$P(X \leq g - 1) \geq 0{,}95$
	$g - 1 = 10$; $g = 11$
	Ablehnungsbereich = {11; 12; …; 15}

Signifikanzniveau $\alpha = 0{,}15$

Linksseitig:	$P(X \leq g) \leq 0{,}15$; $g = 4$
	Ablehnungsbereich = {0; 1; …; 4}
Rechtsseitig:	$P(X \geq g) \leq 0{,}15$
	$P(X \leq g - 1) \geq 0{,}85$
	$g - 1 = 9$; $g = 10$
	Ablehnungsbereich = {10; 11; …; 15}

1 „Du bist dran" aus dem „So geht's"-Kasten

Definiere die Zufallsvariable X und ihre Verteilung:
X: Anzahl der gewürfelten Vierer
X ist im Extremfall binomialverteilt mit $n = 120$ und $p = \frac{1}{6}$.
Schreibe die Nullhypothese H_0, die Alternative H_1 und das Signifikanzniveau α auf:
Nullhypothese H_0: $p = \frac{1}{6}$
Alternative H_1: $p \neq \frac{1}{6}$
Signifikanzniveau $\alpha = 0{,}05$; $\frac{\alpha}{2} = 0{,}025$

1. Linksseitig: Schreibe die Bedingung für die Grenze g_1 des Ablehnungsbereichs auf:
$P(X \leq g_1) \leq 0{,}025$
Berechne mit dem Taschenrechner einen Auszug und bestimme das größte g_1:

g_1	$P(X \leq g_1)$
11	0,0139
12	0,0275

$g_1 = 11$
Schreibe den Ablehnungsbereich auf:
Ablehnungsbereich = {0; 1; …; 11}
2. Rechtsseitig: Schreibe die Bedingung für die Grenze g_2 des Ablehnungsbereichs auf:
$P(X \geq g_2) \leq 0{,}025$
$P(X \leq g_2 - 1) \geq 0{,}975$
Berechne mit dem Taschenrechner einen Auszug und bestimme das kleinste g_2:

$g_2 - 1$	$P(X \leq g_2 - 1)$
27	0,9627
28	0,9777

$g_2 = 29$ (da $g_2 - 1 = 28$)
Schreibe den Ablehnungsbereich auf:
Ablehnungsbereich = {29; 30; …; 120}
Formuliere eine Entscheidungsregel für dein Ergebnis:
Entscheidungsregel:
Wenn die Vier weniger als 12-mal oder mehr als 28-mal gewürfelt wird, wird die Nullhypothese verworfen. Ansonsten wird die Nullhypothese nicht verworfen und das bedeutet, dass die Korrektheit des Würfels zu 95 % gegeben ist.

2 Zweiseitiger Hypothesentest mit vorberechneten Tabellen
X: Anzahl Treffer
X ist im Extremfall binomialverteilt mit $n = 80$ und $p = 0{,}7$.
Nullhypothese H_0: $p = 0{,}7$
Alternative H_1: $p \neq 0{,}7$
Signifikanzniveau $\alpha = 0{,}1$; $\frac{\alpha}{2} = 0{,}05$
Linksseitiger Test:
$P(X \leq g_1) \leq 0{,}05$
Aus der Tabelle erhält man $g_1 = 48$.
Linker Ablehnungsbereich = {0; 1; …; 48}
Rechtsseitiger Test:
$P(X \geq g_2) \leq 0{,}05$
$P(X \leq g_2 - 1) \geq 0{,}95$
Aus der Tabelle erhält man $g_2 - 1 = 63$ und damit ist $g_2 = 64$.
Rechter Ablehnungsbereich = {64; 65; …; 80}
Entscheidungsregel:
Bei weniger als 49 und mehr als 63 Treffern wird die Nullhypothese verworfen. Ansonsten wird die Nullhypothese nicht verworfen.

3 Spielautomat
X: Anzahl der Hauptgewinne
X ist im Extremfall binomialverteilt mit $n = 100$ und $p = 0{,}1$
Nullhypothese H_0: $p = 0{,}1$
Alternative H_1: $p \neq 0{,}1$
Signifikanzniveau $\alpha = 0{,}1$; $\frac{\alpha}{2} = 0{,}05$
Linksseitiger Test:
$P(X \leq g_1) \leq 0{,}05$

g_1	$P(X \leq g_1)$
4	0,0237
5	0,0576

$g_1 = 4$
Linker Ablehnungsbereich = {0; 1; …; 4}
Rechtsseitiger Test:
$P(X \geq g_2) \leq 0{,}05$
$P(X \leq g_2 - 1) \geq 0{,}95$

$g_2 - 1$	$P(X \leq g_2 - 1)$
14	0,9274
15	0,9601

$g_2 = 16$ (da $g_2 - 1 = 15$)
Ablehnungsbereich = {16; 17; …; 100}
Entscheidungsregel:
Wenn der Hauptgewinn weniger als 5-mal oder mehr als 15-mal auftritt, wird die Nullhypothese verworfen.

4 Puzzle
X: Teile die Wasser zeigen
X ist im Extremfall binomialverteilt mit $n = 100$ und $p = 0{,}5$.
Nullhypothese H_0: $p = 0{,}5$
Alternative H_1: $p \neq 0{,}5$
Signifikanzniveau $\alpha = 0{,}2$; $\frac{\alpha}{2} = 0{,}1$
a) Linksseitiger Test:
$P(X \leq g_1) \leq 0{,}1$

g_1	$P(X \leq g_1)$
43	0,0967
44	0,1356

$g_1 = 43$
Linker Ablehnungsbereich = {0; 1; …; 43}
Rechtsseitiger Test:
$P(X \geq g_2) \leq 0{,}1$
$P(X \leq g_2 - 1) \geq 0{,}9$

$g_2 - 1$	$P(X \leq g_2 - 1)$
55	0,8644
56	0,9033

$g_2 = 57$ (da $g_2 - 1 = 56$)

Ablehnungsbereich = {57; 58; ...; 100}
Entscheidungsregel:
Wenn weniger als 44 oder mehr als 56 Teile Wasser zeigen und blau sind, wird die Nullhypothese verworfen.
b) Bei 43 oder weniger Teilen hat Käthe nicht recht.
c) Bei 57 oder mehr Teilen hat Leah nicht recht.
d) Sind es mehr als 43 und weniger als 57 Teile, können beide beanspruchen, recht gehabt zu haben.

5 Gummibärchen
X: Anzahl Gummibärchen einer bestimmten Farbe.
X ist im Extremfall binomialverteilt mit je nach Person unterschiedlichen n und $p = \frac{1}{4}$.
Nullhypothese H_0: $p = \frac{1}{4}$
Alternative H_1: $p \neq \frac{1}{4}$
Signifikanzniveau $\alpha = 0{,}15$; $\frac{\alpha}{2} = 0{,}075$
Linksseitiger Test:
$P(X \le g_1) \le 0{,}075$
Anja (n = 48):

g_1	$P(X \le g_1)$
7	0,0611
8	0,1190

$g_1 = 7$
Linker Ablehnungsbereich = {0; 1; ...; 7}
Paula (n = 50):

g_1	$P(X \le g_1)$
7	0,0453
8	0,0916

$g_1 = 7$
Linker Ablehnungsbereich = {0; 1; ...; 7}
Regina (n = 52):

g_1	$P(X \le g_1)$
8	0,0697
9	0,1292

$g_1 = 8$
Linker Ablehnungsbereich = {0; 1; ...; 8}
Rechtsseitiger Test:
$P(X \ge g_2) \le 0{,}075$
$P(X \le g_2 - 1) \ge 0{,}925$
Anja (n = 48):

$g_2 - 1$	$P(X \le g_2 - 1)$
15	0,8768
16	0,9296

$g_2 = 17$ (da $g_2 - 1 = 16$)
Rechter Ablehnungsbereich = {17; 18; ...; 48}
Paula (n = 50):

$g_2 - 1$	$P(X \le g_2 - 1)$
16	0,9017
17	0,9449

$g_2 = 18$ (da $g_2 - 1 = 17$)
Rechter Ablehnungsbereich = {18; 19; ...; 50}
Regina (n = 52):

$g_2 - 1$	$P(X \le g_2 - 1)$
17	0,9219
18	0,9570

$g_2 = 19$ (da $g_2 - 1 = 18$)
Rechter Ablehnungsbereich = {19; 20; ...; 52}
Entscheidungsregel:
Anja: Bei weniger als 8 und mehr als 16 Bärchen einer Farbe wird die Nullhypothese verworfen. Das trifft bei ihr nur auf die grünen zu.
Paula: Bei weniger als 8 und mehr als 17 Bärchen einer Farbe wird die Nullhypothese verworfen. Dies trifft bei ihr auf keine der Farben zu.
Regina: Bei weniger als 9 und mehr als 18 Bärchen einer Farbe wird die Nullhypothese verworfen. Das trifft bei ihr auf die grünen und orangenen zu.
Da die grünen Bärchen bei zwei Personen im Ablehnungsbereich sind, scheint ihr Anteil nicht zu stimmen, sie treten seltener auf als angegeben. Die orangenen Bärchen liegen nur bei einer Person im Ablehnungsbereich, ihr Anteil ist somit wahrscheinlich korrekt angegeben oder minimal größer. Der Anteil der roten und gelben Bärchen, scheint dagegen wie angegeben zu stimmen.

SCHRITT 27

Das brauchst du wieder

k	3	4	8	9
$P(X = k)$	0,1339	0,1897	0,0609	0,0271
$P(X \le k)$	0,2252	0,4148	0,9591	0,9861

Signifikanzniveau $\alpha = 0{,}05$
Linksseitig: $P(X \le g) \le 0{,}05$;
$g = 1$; $P(X \le 1) \approx 0{,}0243$
Ablehnungsbereich = {0; 1}
Rechtsseitig: $P(X \ge g) \le 0{,}05$
$P(X \le g - 1) \ge 0{,}95$
$g - 1 = 8$; $g = 9$; $P(X \ge 9) \approx 0{,}0409$
Ablehnungsbereich = {9; 10; ...; 20}

Signifikanzniveau $\alpha = 0{,}1$

Linksseitig: $P(X \leq g) \leq 0{,}1$
$g = 2$; $P(X \leq 2) \approx 0{,}0913$
Ablehnungsbereich = {0; 1; 2}

Rechtsseitig: $P(X \geq g) \leq 0{,}1$
$P(X \leq g - 1) \geq 0{,}9$
$g - 1 = 8$; $g = 9$; $P(X \geq 9) \approx 0{,}0409$
Ablehnungsbereich = {9; 10; …; 20}

1 „Du bist dran" aus dem „So geht's"-Kasten für den Fehler 1. Art

Definiere die Zufallsvariable X und ihre Verteilung:
X: Anzahl der angeschlagenen Äpfel
X ist im Extremfall binomialverteilt mit $n = 25$ und $p = 0{,}2$.
Schreibe die Nullhypothese H_0, die Alternative H_1 und das Signifikanzniveau α auf:
Nullhypothese H_0: $p \leq 0{,}2$
Alternative H_1: $p > 0{,}2$
Signifikanzniveau $\alpha = 0{,}1$
Schreibe die Bedingung für die Grenze g des Ablehnungsbereichs auf:
$P(X \geq g) \leq 0{,}1$
$P(X \leq g - 1) \geq 0{,}9$
Berechne mit dem Taschenrechner einen Auszug und bestimme das kleinste g:

$g - 1$	$P(X \leq g - 1)$
7	0,8909
8	0,9532

$g = 9$ (da $g - 1 = 8$)
Gib den Ablehnungsbereich an und bestimme die Irrtumswahrscheinlichkeit:
Ablehnungsbereich = {9; 10; …; 25}
$P(X \geq 9) = 1 - P(X \leq 8) \approx 0{,}0468$
Die Irrtumswahrscheinlichkeit und damit die Wahrscheinlichkeit für den Fehler 1. Art beträgt 4,68 %.
Beschreibe die Bedeutung des Fehlers:
Aufgrund des Ablehnungsbereichs des Tests würde man bei 9 oder mehr angeschlagenen Äpfeln dem Händler nicht glauben. Aber wenn der Händler dennoch recht hat, begeht man einen Fehler, die Entscheidung war also ein Irrtum. Denn die Möglichkeit, 9 oder mehr angeschlagene Äpfel zu erhalten, hat, wenn der Händler die Wahrheit sagt, eine Wahrscheinlichkeit von immerhin 4,68 %.

2 Fehler 1. Art mit verschiedenen Signifikanzniveaus

X: Anzahl Treffer
X ist im Extremfall binomialverteilt mit $n = 300$ und $p = 0{,}4$.
Nullhypothese H_0: $p \geq 0{,}4$
Alternative H_1: $p < 0{,}4$

a) Signifikanzniveau $\alpha = 0{,}1$
$P(X \leq g) \leq 0{,}1$

g	$P(X \leq g)$
108	0,0871
109	0,1075

$g = 108$
Ablehnungsbereich = {0; 1; …; 108}
$P(X \leq 108) \approx 0{,}0871$
Die Irrtumswahrscheinlichkeit und damit die Wahrscheinlichkeit für den Fehler 1. Art beträgt 8,71 %.

b) Signifikanzniveau $\alpha = 0{,}05$
$P(X \leq g) \leq 0{,}05$

g	$P(X \leq g)$
105	0,0429
106	0,0550

$g = 105$
Ablehnungsbereich = {0; 1; …; 105}
$P(X \leq 105) \approx 0{,}0429$
Die Irrtumswahrscheinlichkeit und damit die Wahrscheinlichkeit für den Fehler 1. Art beträgt 4,29 %.

c) Signifikanzniveau $\alpha = 0{,}01$
$P(X \leq g) \leq 0{,}01$

g	$P(X \leq g)$
99	0,0074
100	0,0102

$g = 99$
Ablehnungsbereich = {0; 1; …; 99}
$P(X \leq 99) \approx 0{,}0074$
Die Irrtumswahrscheinlichkeit und damit die Wahrscheinlichkeit für den Fehler 1. Art beträgt 0,74 %.

3 Aussagen prüfen

a) Diese Aussage ist falsch. Ein größeres Signifikanzniveau bedeutet auch eine größere Irrtumswahrscheinlichkeit. Je größer die Irrtumswahrscheinlichkeit ist, desto größer ist auch die Wahrscheinlichkeit, die Nullhypothese fälschlicherweise zu verwerfen.
b) Diese Aussage ist wahr. Die Wahrscheinlichkeit für den Fehler 1. Art entspricht der Irrtumswahrscheinlichkeit und diese ist maximal so groß wie das Signifikanzniveau.
c) Diese Aussage ist falsch. Nach den Erläuterungen aus a) müsste man das Signifikanzniveau hierfür möglichst klein machen.

4 „Du bist dran" aus dem „So geht's"-Kasten für den Fehler 2. Art

Gebe den Ablehnungsbereich der ursprünglichen Behauptung an:

Ablehnungsbereich = {9; 10; …; 24}

Notiere die Werte der tatsächlichen Binomialverteilung:

X ist tatsächlich binomialverteilt mit n = 25 und $p = \frac{1}{4}$.

Bestimme mit diesen Werten die Wahrscheinlichkeit ein Ergebnis außerhalb des ursprünglichen Ablehnungsbereichs zu erhalten:

$P(X \leq 8) \approx 0{,}8506$

Die Wahrscheinlichkeit des Fehlers 2. Art liegt bei 85,06 %.

Beschreibe die Bedeutung des Fehlers:

Der Fehler 2. Art gibt an, wie wahrscheinlich es ist, ein Ergebnis zu erhalten, aufgrund dessen man dem Obsthändler glaubt (da es im ursprünglichen Annahmebereich liegt), auch wenn er gelogen hat.

5 Fehler 2. Art bei verschiedenen wahren Wahrscheinlichkeiten

X: Anzahl Treffer

X ist im Extremfall binomialverteilt mit n = 250 und p = 0,8.

Erwartungswert: $E(X) = 250 \cdot 0{,}8 = 200$

Da die akzeptierten 192 Treffer links vom Erwartungswert liegen, handelt es sich um einen linksseitigen Test mit dem Ablehnungsbereich {0; 1; …; 191}.

a) X ist tatsächlich binomialverteilt mit n = 250 und p = 0,75.

Berechnung der Wahrscheinlichkeit des Fehlers 2. Art:

$P(X \geq 192) = 1 - P(X \leq 191) \approx 0{,}2823$

Die Wahrscheinlichkeit für den Fehler 2. Art liegt bei 28,23 %.

b) X ist tatsächlich binomialverteilt mit n = 250 und p = 0,7.

Berechnung der Wahrscheinlichkeit des Fehlers 2. Art:

$P(X \geq 192) = 1 - P(X \leq 191) \approx 0{,}0101$

Die Wahrscheinlichkeit für den Fehler 2. Art liegt bei 1,01 %.

6 Fehler 2. Art bei einem zweiseitigen Hypothesentest

X: Anzahl Treffer

X ist im Extremfall binomialverteilt mit n = 1240 und p = 0,68

Nullhypothese H_0: p = 0,68

Alternative H_1: $p \neq 0{,}68$

Signifikanzniveau $\alpha = 0{,}1$; $\frac{\alpha}{2} = 0{,}05$

Linksseitiger Test:

$P(X \leq g_1) \leq 0{,}05$

g_1	$P(X \leq g_1)$
815	0,0465
816	0,0526

$g_1 = 815$

Linker Ablehnungsbereich = {0; 1; …; 815}

Rechtsseitiger Test:

$P(X \geq g_2) \leq 0{,}05$

$P(X \leq g_2 - 1) \geq 0{,}95$

$g_2 - 1$	$P(X \leq g_2 - 1)$
869	0,9460
870	0,9524

$g_2 = 871$ (da $g_2 - 1 = 870$)

Ablehnungsbereich = {871; 872; …; 1240}

Die Hypothese wird nicht verworfen für $816 \leq X \leq 870$.

a) X ist tatsächlich binomialverteilt mit n = 1240 und p = 0,7.

Berechnung der Wahrscheinlichkeit des Fehlers 2. Art:

$P(816 \leq X \leq 870) = P(X \leq 870) - P(X \leq 815) \approx 0{,}5593$

b) X ist tatsächlich binomialverteilt mit n = 1240 und p = 0,65.

Berechnung der Wahrscheinlichkeit des Fehlers 2. Art:

$P(816 \leq X \leq 870) = P(X \leq 870) - P(X \leq 815) \approx 0{,}2865$

c) X ist tatsächlich binomialverteilt mit n = 1240 und p = 0,6.

Berechnung der Wahrscheinlichkeit des Fehlers 2. Art:

$P(816 \leq X \leq 870) = P(X \leq 870)\text{-}P(X \leq 815) \approx 0$

7 Klausuraufgaben zu Hypothesentests

a) Sie begeht einen Fehler 1. Art, wenn sie ihm nicht glaubt, obwohl er recht hat.

b) Sie begeht einen Fehler 2. Art wenn sie ihm glaubt, obwohl er nicht recht hat und doch eine Aufgabe zu Hypothesentests in der Klausur drankommt.

8 Fehler beim Würfeln

X: Anzahl gewürfelter Sechsen

X ist im Extremfall binomialverteilt mit n = 400 und $p = \frac{1}{6}$.

Nullhypothese H_0: $p \geq \frac{1}{6}$

Alternative H_1: $p < \frac{1}{6}$

Signifikanzniveau $\alpha = 0{,}05$

$P(X \leq g) \leq 0{,}05$

g − 1	$P(X \leq g)$
54	0,0485
55	0,0644

g = 54

Ablehnungsbereich = {0; 1; …; 54}

a) $P(X \leq 54) \approx 0{,}0485$

Die Irrtumswahrscheinlichkeit und damit die Wahrscheinlichkeit für den Fehler 1. Art beträgt 4,85 %.

b) X ist tatsächlich binomialverteilt mit n = 400 und p = 0,12.

$P(X \geq 55) = 1 - P(X \leq 54) \approx 0{,}1585$

Die Wahrscheinlichkeit für den Fehler 2. Art beträgt 15,85 %.

9 Herstellung von Drahtstiften
X: Anzahl fehlerhafter Drahtstifte
X ist im Extremfall binomialverteilt mit $n = 500$ und $p = 0{,}05$.
Nullhypothese H_0: $p \leq 0{,}05$
Alternative H_1: $p > 0{,}05$
Signifikanzniveau $\alpha = 0{,}1$
$P(X \geq g) \leq 0{,}1$
$P(X \leq g - 1) \geq 0{,}9$

$g - 1$	$P(X \leq g - 1)$
30	0,8691
31	0,9055

$g = 32$; (da $g - 1 = 31$)
Ablehnungsbereich = {32; 33; …; 500}
a) $P(X \geq 32) = 1 - P(X \leq 31) \approx 0{,}0945$
Die Irrtumswahrscheinlichkeit und damit die Wahrscheinlichkeit für den Fehler 1. Art beträgt 9,45 %.
b) Wird das Signifikanzniveau kleiner, wird auch die Wahrscheinlichkeit für den Fehler erster Art kleiner, denn diese kann immer maximal so groß sein wie das Signifikanzniveau.
c) X ist tatsächlich binomialverteilt mit $n = 500$ und $p = 0{,}06$.
$P(X \leq 31) \approx 0{,}6209$
Die Wahrscheinlichkeit für den Fehler 2. Art beträgt 62,09 %.
d) Die Wahrscheinlichkeit für den Fehler zweiter Art wird größer, wenn das Signifikanzniveau verkleinert wird, da dann der Annahmebereich und die Menge der darin liegenden Werte für X größer werden.

TRAINING 4

1 Linkshänder
a)

Jahr	1960	1970	1980	1990	2000	2010
Relative Häufigkeit „Linkshänder“	$\frac{3}{62} \approx$ 0,0484	$\frac{5}{65} \approx$ 0,0769	$\frac{8}{73} \approx$ 0,1096	$\frac{8}{66} \approx$ 0,1212	$\frac{13}{62} \approx$ 0,2097	$\frac{17}{65} \approx$ 0,2615

b) Der Anteil der Linkshänder an der Grundschule selbst nimmt zu, daraus kann man aber nicht schließen, ob generell auf das ganze Land oder die Erdbevölkerung bezogen ebenfalls der Anteil an Linkshändern größer wird und damit anteilig mehr Linkshänder geboren werden. (Zudem wurden in früheren Jahren viele Linkshänder bereits als Kinder darauf trainiert, mit Rechts zu schreiben.)
c) $p \approx 26{,}15\,\%$ (entspricht der relativen Häufigkeit im Jahr 2010)
Anzahl $= p \cdot n = 0{,}2615 \cdot 73 = 19{,}0895$
Die Schule kann mit etwa 19 Linkshändern rechnen.

2 Medikament
X: Patienten mit Allergie
X ist im Extremfall binomialverteilt mit $n = 650$ und $p = 0{,}1$.
Nullhypothese H_0: $p \leq 0{,}1$
Alternative H_1: $p > 0{,}1$
Signifikanzniveau $\alpha = 0{,}01$
$P(X \geq g) = 1 - P(X \leq g - 1) \leq 0{,}01$
$P(X \leq g - 1) \geq 0{,}99$
(Erwartungswert: $E(X) = 650 \cdot 0{,}1 = 65$)

$g - 1$	$P(X \leq g - 1)$
82	0,9869
83	0,9905

$g = 84$ (da dies aus $g - 1 = 83$ folgt)
Ablehnungsbereich = {84; 85; …; 650}
Entscheidungsregel:
Wenn bei mindestens 84 der 650 getesteten Patienten Allergien auftreten, wird die Nullhypothese verworfen und man geht davon aus, dass die Wahrscheinlichkeit für das Auftreten von Allergien größer als 10 % ist. Ansonsten wird die Nullhypothese nicht verworfen.

3 Ausländisches Kennzeichen
a) X: Auto mit ausländischem Kennzeichen
X ist im Extremfall binomialverteilt mit $n = 683$ und $p = 0{,}25$
Nullhypothese H_0: $p = 0{,}25$
Alternative H_1: $p \neq 0{,}25$
Signifikanzniveau $\alpha = 0{,}1$; $\frac{\alpha}{2} = 0{,}05$
Linksseitiger Test:
$P(X \leq g_1) \leq 0{,}05$

g_1	$P(X \leq g_1)$
151	0,0431
152	0,0520

$g_1 = 151$
Linker Ablehnungsbereich = {0; 1; …; 151}
Rechtsseitiger Test:
$P(X \geq g_2) \leq 0{,}05$
$P(X \leq g_2 - 1) \geq 0{,}95$

$g_2 - 1$	$P(X \leq g_2 - 1)$
188	0,9404
189	0,9500

$g_2 = 190$ (da $g_2 - 1 = 189$)
Ablehnungsbereich = {190; 191; …; 683}
Entscheidungsregel:
Wenn weniger als 152 oder mehr als 189 Autos ein ausländisches Kennzeichen haben, wird die Nullhypothese verworfen. Da hier 151 Autos gezählt wurden, wird die Nullhypothese verworfen und der Anteil der Autos mit ausländischem Kennzeichen ist kleiner als 25 %.

b) Es gilt $P(X \le 151) \approx 0{,}0431$. Würde man ein Signifikanzniveau von $\alpha = 0{,}08$ bzw. $\frac{\alpha}{2} = 0{,}04$ ansetzen, hätte man für den linken Ablehnungsbereich die Bedingung $P(X \le g_1) \le 0{,}04$ und damit wäre die Zahl von 151 Autos im Annahmebereich.
Das Signifikanzniveau zu verkleinern senkt die Genauigkeit des Tests und damit seine Aussagekraft über die gemachte Behauptung.

4 Tulpenzwiebeln

a) X: Keimende Tulpenzwiebeln
X ist im Extremfall binomialverteilt mit $n = 400$ und $p = 0{,}85$.
Nullhypothese H_0: $p \ge 0{,}85$
Alternative H_1: $p < 0{,}85$
Signifikanzniveau $\alpha = 0{,}1$
$P(X \le g) \le 0{,}1$
(Erwartungswert: $E(X) = 50 \cdot 0{,}95 = 340$)

g	$P(X \le g)$
330	0,0936
331	0,1181

$g = 330$
Ablehnungsbereich = $\{0; 1; \ldots; 330\}$
Entscheidungsregel:
Wenn von den 400 untersuchten Tulpenzwiebeln 330 oder weniger keimen, wird die Nullhypothese verworfen und man geht davon aus, dass die Wahrscheinlichkeit dafür, dass eine Tulpenzwiebel keimt, kleiner als 85 % ist. Ansonsten wird die Nullhypothese nicht verworfen.

b) $P(X \le 330) \approx 0{,}0936$
Die Irrtumswahrscheinlichkeit und damit die Wahrscheinlichkeit für den Fehler 1. Art beträgt 9,36 %.

c) X wäre hier binomialverteilt $n = 400$ und $p = 0{,}88$
$P(X \le 330) \approx 0{,}0008$
Die Wahrscheinlichkeit, die Nullhypothese fälschlicherweise zu verwerfen,
also ebenfalls einen Fehler 1. Art zu begehen liegt bei ca. 0,08 %.

d) Den Fehler 2. Art begeht man hier, wenn man bei der Stichprobe von 400 Tulpenzwiebeln ein Ergebnis erhält, aufgrund dessen man die Nullhypothese nicht verwirft, obwohl sie falsch ist. Dies ist der Fall, wenn das Ergebnis im Annahmebereich der ursprünglichen Nullhypothese liegt.
Berechnung der Wahrscheinlichkeit des Fehlers 2. Art:
X wäre hier binomialverteilt mit $n = 400$ und $p = 0{,}79$.
$P(X \ge 331) = 1 - P(X \le 330) \approx 0{,}0353$
Die Wahrscheinlichkeit für den Fehler 2. Art läge in diesem Fall bei 3,53 %.

5 Cafeteria

X: Unzufriedene Schülerinnen und Schüler
X ist im Extremfall binomialverteilt mit $n = 640$ und $p = 0{,}5$.
Signifikanzniveau $\alpha = 0{,}1$
(Erwartungswert: $E(X) = 640 \cdot 0{,}5 = 320$)

a) Die Schülervertretung geht von wesentlich mehr Unzufriedenen aus und wird daher einen rechtsseitigen Hypothesentest durchführen.
Nullhypothese H_0: $p \le 0{,}5$
Alternative H_1: $p > 0{,}5$

b) Der Betreiber geht von wesentlich weniger Unzufriedenen aus und wird daher einen linksseitigen Hypothesentest durchführen.
Nullhypothese H_0: $p \ge 0{,}5$
Alternative H_1: $p < 0{,}5$

c) Linksseitiger Test:
$P(X \le g) \le 0{,}1$

g	$P(X \le g)$
303	0,0960
304	0,1102

$g = 303$
Ablehnungsbereich = $\{0; 1; \ldots; 303\}$
Rechtsseitiger Test:
$P(X \ge g) \le 0{,}1$
$P(X \le g - 1) \ge 0{,}9$

$g_2 - 1$	$P(X \le g_2 - 1)$
335	0,8898
336	0,9040

$g_2 = 337$ (da $g - 1 = 336$)
Ablehnungsbereich = $\{337; 338; \ldots; 640\}$
Gemeinsame Entscheidungsregel:
Wenn von den 640 befragten Schülerinnen und Schülern weniger als 304 oder mehr als 336 mit dem Angebot der Cafeteria unzufrieden sind, wird die Nullhypothese verworfen und man geht davon aus, dass die Wahrscheinlichkeit dafür, dass ein Befragter mit der Mensa unzufrieden ist, kleiner oder größer als 50 % ist. Das Ergebnis des Betreibers liegt mit 303 Unzufriedenen innerhalb des Annahmebereichs seines Tests, das der Schülervertretung mit 343 Zufriedenen innerhalb des Ablehnungsbereichs ihres Tests. In diesem Fall werden also mehr als 50 % der Schülerinnen und Schüler mit dem Angebot der Cafeteria unzufrieden sein.

Beilage zum Arbeitsbuch Mathematik Stochastik

ISBN: 978-3-12-735996-1

Endlich verständlich! Alle sicher zum Abitur.

Die Arbeitsbücher Mathematik Oberstufe bieten die Grundlagen fürs Mathe-Abi:
- mit Wiederholungen aus der Sekundarstufe I,
- dem Abi-Stoff in kleinen und verständlichen Schritten,
- vielen Beispielen und Aufgaben zum Nachvollziehen,
- vielen einfachen Tipps, schrittweisen Erklärungen und Erklärfilmen,
- Trainingsseiten zur regelmäßigen Selbstkontrolle
- und Lösungen zu allen Aufgaben.

Die Arbeitsbücher können flexibel eingesetzt werden:
im Unterricht zusätzlich zum Lehrwerk oder als zentrales Arbeitsbuch;
selbstständig zum Erarbeiten (auch im Rahmen von flipped classroom), Wiederholen, Festigen und zum Vorbereiten auf Klausuren und die Abiturprüfung.
Ebenfalls in dieser Reihe:
- Analysis I
- Analysis II
- Analytische Geometrie